AF249599

ENCYCLOPÉDIE-RORET.

BARÈME

DES

POIDS ET MESURES.

AVIS.

Le mérite des ouvrages de l'*Encyclopédie-Roret* leur a valu les honneurs de la traduction, de l'imitation et de la contrefaçon. Pour distinguer ce volume, il portera à l'avenir la signature de l'Editeur.

NOUVEAU BARÈME

COMPLET

DES

OIDS ET MESURES,

avec conversion facile

DE L'ANCIEN SYSTÈME AU NOUVEAU,

PAR M. BAGILET,

ancien instituteur.

PARIS,

LA LIBRAIRIE ENCYCLOPÉDIQUE DE RORET,

RUE HAUTEFEUILLE, 10 BIS.

1844

AVERTISSEMENT.

Depuis longtemps le besoin d'un Barème, ou comptes faits, se faisait sentir parmi les personnes qui n'ont pu s'habituer aux nouveaux Poids et aux nouvelles Mesures, devenus de rigueur depuis le 1er janvier 1840. C'est donc pour remplir cette lacune que nous publions un Ouvrage dans lequel on trouvera la conversion facile des anciennes Mesures en nouvelles pour tous les besoins de la vie.

Cet ouvrage contient six cent dix-neuf Tables. Pour former ces tables, nous n'avons pas pris pour base les anciennes mesures qui existaient avant la grande révolution : nous nous sommes servi de celles qui existaient et étaient en vigueur depuis 1812 jusqu'à 1840.

Ce Barème pourra être utile à toutes sortes de personnes. Par exemple, un tailleur qui sait combien il lui fallait d'aunes et de parties d'aune de drap ou de toute autre étoffe pour habiller une personne, trouvera dans la première table combien il lui faudra de mètres et de parties décimales du mètre de la même étoffe. Il en est de même d'un tapissier, d'une couturière et de toute personne travaillant à l'aiguille : ces personnes, sachant le nombre d'aunes de marchandise qu'il leur faut pour faire un ouvrage, trouveront, dans la même table, le nombre de mètres qu'il leur faudra.

Un menuisier, un charpentier ou toute autre personne travaillant sur le bois ou sur toute matière pour laquelle il employait la toise, le pied, le pouce, la ligne, sachant de combien de toises, de pieds, de pouces ou de lignes il aurait besoin, trouvera dans la deuxième table combien il lui faudra de mètres et parties décimales du mètre.

Ceux qui avaient besoin d'un certain nombre de livres, d'onces, de gros ou de grains, trouveront également dans la table troisième, combien il leur faudra de kilogrammes, d'hectogrammes, de décagrammes, de grammes, de décigrammes, de centigrammes et de milligrammes.

Les personnes qui, sachant combien elles vendaient ou achetaient l'aune d'une marchandise, depuis un liard jusqu'à cent francs, voudraient savoir combien elles devront vendre ou payer un certain nombre de mètres, de décimètres, etc., le trouveront en francs et en centimes, depuis la table 4 jusqu'à la table 182.

Enfin, sachant combien on vendait ou on payait un grain, un gros, une once ou une livre, si on voulait savoir combien on devra vendre ou payer un certain nombre de milligrammes, de centigrammes, de décigrammes, de grammes, de décagrammes, d'hectogrammes et de kilogrammes, on le trouvera dans les tables 183 et suivantes.

Dans les Tables, les prix commencent par un liard,
à trois deniers, et continuent en augmentant, liard
par liard, jusqu'à vingt sous ou un franc; ensuite,
cela va par franc, depuis 1 jusqu'à 100, excepté dans
les kilogrammes, où les francs ne vont 1 à 1 que jusqu'à
40; ensuite c'est par dizaines : 80, 90, 100.

Les numéros des tables vont un à un jusqu'à 20, et
le reste par dizaines jusqu'à 10,000. De cette manière,
on ne trouvera pas ensemble, dans les tables, le montant de 25 mètres ou de 48 kilogrammes. On pourra
suppléer à cela de cette manière : on prendra d'abord
le montant de 20 mètres, que l'on écrira à part; on
prendra ensuite, dans la même table, le montant de
5 mètres, que l'on écrira au-dessous du premier
nombre trouvé; ajoutant ensemble ces deux nombres,
on aura le montant de 25 mètres. Il en est de même
de tous les autres nombres composés au-dessus de 20.
Par exemple, si on désirait de savoir le montant de
34 mètres d'une marchandise du prix de 37 francs
l'aune, on cherchera 30 mètres dans la table 119, et
on trouvera 925 francs, que l'on écrira sur un papier
à part . . . .   925 f. 00 c.

On cherchera ensuite dans la même
colonne 4 mètres, et l'on trouvera . .   123   33
que l'on écrira sous 925 fr.; puis on
tirera un trait sous ces deux nombres,
on les ajoutera ensemble et l'on trouvera.   1,048   33
pour somme totale du montant de 34 mètres à raison
de 37 fr. l'aune.

Veut-on savoir à combien se montent 975 kilogrammes d'une marchandise dont la livre se vendait

15 sous 9 deniers? On prend, dans la table 530, l₁
montant de 900 kilogrammes, qui est   .   1,417 f. 50 c
que l'on écrit à part, comme il se voit
ici.

On prend ensuite, dans la même table,
le montant de 70 kilogrammes, qui est   110   25
que l'on écrit sous 1417 fr. 50 cent.

On cherche encore 5 dans la colonne
des kilogrammes, et l'on trouve . . .   7   88
pour le montant de 5 kilogrammes, que
l'on écrit sous les deux autres nombres.
Tirant un trait au-dessous et ajoutant,

on trouve . . . . , ...   1,535   63
pour le montant de 975 kilogrammes, à raison de 1
sous 9 deniers la livre. On agira de même pour tou
les autres nombres composés au-dessus de 20.

TABLE 1.

S'il fallait un certain nombre d'aunes pour confectionner un certain ouvrage, combien faudra-t-il de mètres pour un pareil ouvrage ? S'il fallait

	mèt		mèt.
1 aune, il faudra	1.2	2000 aunes, il faut	2400
2	2.4	3000	3600
3	3.6	4000	4800
4	4.8	5000	6000
5	6.0	6000	7200
6	7.2	7000	8400
7	8.4	8000	9600
8	9.6	9000	10800
9	10.8	10000	12000

	mèt		mèt.
10	12.0		
11	13.2	Pour $1/2$ aune, il faut	0.6
12	14.4	$1/4$	0.3
13	15.6	$3/4$	0.9
14	16.8	$1/8$	0.15
15	18.0	$3/8$	0.45
16	19.2	$5/8$	0.75
17	20.4	$7/8$	1.05
18	21.6	$1/16$	0.075
19	22.8	$3/16$	0.225
20	24.0	$5/16$	0.375
30	36	$9/16$	0.675
40	48	$11/16$	0.825
50	60	$13/16$	0.975
60	72	$15/16$	1.125
70	84	$1/3$	0.4
80	96	$2/3$	0.8
90	108	$1/6$	0.2
100	120	$5/6$	1.0
200	240	$1/12$	0.1
300	360	$5/12$	0.5
400	480	$7/12$	0.7
500	600	$11/12$	1.1
600	720		
700	840		
800	960		
900	1080		
1000	1200		

TABLE 2.

S'il fallait un certain nombre de lignes, de pouces, de pieds, de toises, au lieu de

	mèt.		mèt.
1 ligne, il faudra	0.002	6 toises, il faudra	12
2	0.005	7	14
3	0.007	8	16
4	0.009	9	18
5	0.012	10	20
6	0.014	20	40
7	0.016	30	60
8	0.019	40	80
9	0.021	50	100
10	0.023	60	120
11	0.025	70	140
1 pouce	0.028	80	160
2	0.056	90	180
3	0.083	100	200
4	0.111	200	400
5	0.139	300	600
6	0.167	400	800
7	0.194	500	1000
8	0.222	600	1200
9	0.250	700	1400
10	0.278	800	1600
11	0.306	900	1800
1 pied	0.333	1000	2000
2	0.667	2000	4000
3	1.000	3000	6000
4	1.333	4000	8000
5	1.667	5000	10000
1 toise	2	6000	12000
2	4	7000	14000
3	6	8000	16000
4	8	9000	18000
5	10	10000	20000

S'il fallait un certain nombre de grains, de gros, d'onces ou de livres, il faudra, au lieu de

	kil.gram.millig.			kil.gram.millig.
1 grain	0.000.054	11 onces		0.543.750
2	0.000.109	12		0.375.000
3	0.000.163	13		0 406.050
4	0.000.217	14		0.437.500
5	0.000.271	15		0.468.750
6	0.000.327	1 livre		0.500
7	0.000.380	2		1.
8	0.000.434	3		1.500
9	0.000.488	4		2.
10	0.000.543	5		2.500
20	0.001.085	6		3.
30	0.001.628	7		3.500
40	0.002.170	8		4.
50	0.002.713	9		4.500
60	0.003.255	10		5
70	0.003.798	20		10
1 gros	0.003.906	30		15
2	0.007.812	40		20
3	0 014.719	50		25
4	0.015.625	60		30
5	0.019.531	70		35
6	0.023.437	80		40
7	0.027.344	90		45
1 once	0.031.250	100		50
2	0.062.500	200		100
3	0.093.750	300		150
4	0.125.000	400		200
5	0.156.250	500		250
6	0.187.500	600		300
7	0.218.750	700		350
8	0.250.000	800		400
9	0.281.250	900		450
10	0.312.500	1000		500

TABLE 4.

Si on payait une aune un liard, on paiera

	fr. c.		fr. c.
1 mètre	0.01	60 mètres	0.62
2	0.02	70	0.75
3	0.03	80	0.83
4	0.04	90	0.94
5	0.05	100	1.04
6	0.06	200	2.08
7	0.07	300	3.12
8	0.08	400	4.16
9	0.09	500	5.21
10	0.10	600	6.25
11	0.11	700	7.29
12	0.12	800	8.33
13	0.14	900	9.37
14	0.15	1000	10.42
15	0.16	2000	20.83
16	0.17	3000	31.25
17	0.18	4000	41.67
18	0.19	5000	52.08
19	0.20	6000	62.50
20	0.21	7000	72.91
30	0.31	8000	83.33
40	0.42	9000	93.74
50	0.52	10000	104.16

Si on vendait une aune 2 liards, ou 6 deniers, on vendra

	fr. c.		fr. c.
1 mètre	0.02	60 mètres	1.25
2	0.04	70	1.46
3	0.06	80	1.67
4	0.08	90	1.87
5	0.10	100	2.08
6	0.12	200	4.17
7	0.15	300	6.25
8	0.17	400	8.33
9	0.19	500	10.42
10	0.21	600	12.50
11	0.23	700	14.58
12	0.25	800	16.67
13	0.27	900	18.75
14	0.29	1000	20.83
15	0.31	2000	41.67
16	0.33	3000	62.50
17	0.35	4000	83.33
18	0.37	5000	104.17
19	0.40	6000	125.00
20	0.42	7000	145.83
30	0.62	8000	166.67
40	0.83	9000	187.50
50	1.04	10000	208.33

Si on vendait une aune 2 liards, ou 6 deniers, on vendra

TABLE 6.

Si une aune se vendait 5 liards, ou 9 deniers, on vendra

	fr. c.		fr. c.
1 mètre	0.03	60 mètres	1.88
2	0.06	70	2.19
3	0.09	80	2.50
4	0.13	90	2.81
5	0.16	100	3.13
6	0.19	200	6.25
7	0.22	300	9.38
8	0.25	400	12.50
9	0.28	500	15.63
10	0.31	600	18.75
11	0.34	700	21.88
12	0.37	800	25.00
13	0.41	900	28.13
14	0.44	1000	31.25
15	0.47	2000	62.50
16	0.50	3000	93.75
17	0.53	4000	125.00
18	0 56	5000	156.25
19	0.59	6000	187.50
20	0.63	7000	218.75
30	0.94	8000	250.00
40	1.25	9000	281.25
50	1 56	10000	312 50

Si on vendait une aune 1 sou, ou 5 centimes, on vendra

	fr. c.		fr. c.
1 mètre	0.04	300 mètres	12.50
2	0 08	400	16.67
3	0.12	500	20.83
4	0.17	600	25.00
5	0.21	700	29.17
6	0.25	800	33.33
7	0.29	900	37.50
8	0.33	1000	41.67
9	0.37	2000	83.33
10	0.42	3000	125.00
11	0.46	4000	166.67
12	0.50	5000	208.33
13	0.54	6000	250.00
14	0.58	7000	291.67
15	0.62	8000	333.33
16	0.67	9000	375.00
17	0.71	10000	416.67
18	0.75		
19	0.79		
20	0.83		fr. c.
30	1.25	1 décimètre	0.00
40	1.67	2	0.01
50	2.08	3	0.01
60	2.50	4	0.02
70	2.92	5	0.02
80	3.33	6	0.03
90	3.75	7	0.03
100	4.17	8	0.03
200	8.33	9	0.04

TABLE 8.

Si on payait une aune 5 liards, ou 1 sou 3 deniers,
on paiera

	fr. c.		fr. c.
1 mètre	0.05	300 mètres	15.62
2	0.10	400	20.83
3	0.16	500	26.04
4	0.21	600	31.25
5	0.26	700	36.46
6	0.31	800	41.66
7	0.36	900	46.87
8	0.42	1000	52.08
9	0.46	2000	104.17
10	0.52	3000	156.25
11	0.57	4000	208.33
12	0.62	5000	260.42
13	0.68	6000	312.50
14	0.73	7000	364.58
15	0.78	8000	416.67
16	0.83	9000	468.75
17	0.89	10000	520.83
18	0.93		
19	0.99		fr. c.
20	1.04		
30	1.56	1 décimètre	0.01
40	2.08	2	0.01
50	2.60	3	0.02
60	3.12	4	0.02
70	3.65	5	0.03
80	4.17	6	0.03
90	4.69	7	0.04
100	5.21	8	0.04
200	10.42	9	0.05

Si on vendait une aune 6 liards, ou 1 sou 6 deniers, on vendra

	fr. c.		fr. c.
1 mètre	0.06	300 mètres	18.75
2	0.13	400	25.00
3	0.19	500	31.25
4	0.25	600	37.50
5	0.31	700	43.75
6	0.38	800	50.00
7	0.44	900	56.25
8	0.50	1000	62.50
9	0.56	2000	125.00
10	0.62	3000	187.50
11	0.68	4000	250.00
12	0.75	5000	312.50
13	0.81	6000	375.00
14	0.87	7000	437.50
15	0.94	8000	500.00
16	1.00	9000	562.50
17	1.06	10000	625.00
18	1.13		
19	1.19		
20	1.25		fr. c.
30	1.88	1 décimètre	0.01
40	2.50	2	0.01
50	3.13	3	0.02
60	3.75	4	0.03
70	4.38	5	0.03
80	5.00	6	0.04
90	5.63	7	0.04
100	6.25	8	0.05
200	12.50	9	0.06

TABLE 10.

Si on payait une aune 1 sou 9 deniers, on paiera

	fr. c.		fr. c.
1 mètre	0.07	300 mètres	21.88
2	0.15	400	29.17
3	0.22	500	36.46
4	0.29	600	43.75
5	0.36	700	51.04
6	0.44	800	58.33
7	0.51	900	65.63
8	0.58	1000	72.92
9	0.66	2000	145.83
10	0.73	3000	218.75
11	0.80	4000	291.67
12	0.88	5000	364.58
13	0.95	6000	437.50
14	1.02	7000	510.42
15	1.09	8000	583.33
16	1.17	9000	656.25
17	1.24	10000	729.17
18	1.31		
19	1.39		
20	1.46		fr. c.
30	2.19	1 décimètre	0.01
40	2.92	2	0.02
50	3.65	3	0.02
60	4.38	4	0.03
70	5.10	5	0.04
80	5.83	6	0.04
90	6.56	7	0.05
100	7.29	8	0.06
200	14.58	9	0.07

i on vendait une aune 2 sous, ou 10 centimes, on vendra

	fr. c.		fr. c.
1 mètre	0.08	300 mètres	25.00
2	0 17	400	33.33
3	0.25	500	41.67
4	0.33	600	50.00
5	0.42	700	58.33
6	0.50	800	66.67
7	0.58	900	75.00
8	0.67	1000	83.33
9	0.75	2000	166.67
10	0.83	3000	250.00
11	0.92	4000	333.33
12	1.00	5000	416.67
13	1.08	6000	500.00
14	1.17	7000	583.33
15	1.25	8000	666.67
16	1.33	9000	750.00
17	1.42	10000	833.33
18	1.50		
19	1.58		
20	1.67		fr. c.
30	2.50	1 décimètre	0.01
40	3.33	2	0.02
50	4.17	3	0.03
60	5.00	4	0.03
70	5.83	5	0.04
80	6.67	6	0.05
90	7.50	7	0.06
100	8.33	8	0.07
200	16.67	9	0.08

TABLE 12.

Si on payait une aune 2 sous 9 deniers, on paiera

	fr. c.		fr. c.
1 mètre	0.09	300 mètres	27.83
2	0.19	400	37.10
3	0.28	500	46.38
4	0.37	600	55.65
5	0.46	700	64.93
6	0.56	800	74.20
7	0.65	900	83.48
8	0.74	1000	92.75
9	0.83	2000	185.50
10	0.93	3000	278.25
11	1.02	4000	371.00
12	1.11	5000	463.75
13	1.21	6000	556.50
14	1.30	7000	649.25
15	1.39	8000	742.00
16	1.48	9000	834.75
17	1.58	10000	927.50
18	1.67		
19	1.76		
20	1.86		fr. c.
30	2.78	1 décimètre	0.01
40	3.71	2	0.02
50	4.64	3	0.03
60	5.57	4	0.04
70	6.49	5	0.05
80	7.42	6	0.06
90	8.35	7	0.07
100	9.28	8	0.07
200	18.55	9	0.08

Si on vendait une aune 2 sous $\frac{1}{2}$, ou 2 sous 6 deniers,
on vendra

	fr. c.		fr. c.
1 mètre	0.10	300 mètres	31.25
2	0.21	400	41.67
3	0.31	500	52.08
4	0.42	600	62.50
5	0.52	700	72.92
6	0.62	800	83.33
7	0.73	900	93.75
8	0.83	1000	104.17
9	0.94	2000	208.33
10	1.04	3000	312.50
11	1.15	4000	416.67
12	1.25	5000	520.83
13	1.35	6000	625.00
14	1.46	7000	729.17
15	1.56	8000	833.33
16	1.67	9000	937.50
17	1.77	10000	1041.67
18	1.88		
19	1.98		
20	2.08		fr. c.
30	3.12	1 décimètre	0.01
40	4.17	2	0.02
50	5.21	3	0.03
60	6.25	4	0.04
70	7.29	5	0.05
80	8.33	6	0.06
90	9.37	7	0.07
100	10.42	8	0.08
200	20.83	9	0.09

TABLE 14.

Si on payait une aune 2 sous 9 deniers, on paiera

	fr. c.		fr. c.
1 mètre	0.11	300 mètres	34.37
2	0.23	400	45.83
3	0.34	500	57.20
4	0.46	600	68.75
5	0.57	700	80.21
6	0.69	800	91.67
7	0.80	900	103.12
8	0.92	1000	114.58
9	1.03	2000	229.17
10	1.15	3000	343.75
11	1.26	4000	458.33
12	1.37	5000	572.92
13	1.49	6000	687.50
14	1.60	7000	802.08
15	1.72	8000	916.67
16	1.83	9000	1031.25
17	1.95	10000	1145.83
18	2.06		
19	2.18		
20	2.29		fr. c.
30	3.44	1 décimètre	0.01
40	4.58	2	0.02
50	5.73	3	0.03
60	6.87	4	0.05
70	8.02	5	0.06
80	9.17	6	0.07
90	10.31	7	0.08
100	11.46	8	0.09
200	22.92	9	0.10

Si on vendait une aune 3 sous, ou 15 centimes, on vendra

	fr. c.		fr. c.
1 mètre	0.13	300 mètres	37.50
2	0.25	400	50.00
3	0.38	500	62.50
4	0.50	600	75.00
5	0.63	700	87.50
6	0.75	800	100.00
7	0.88	900	112.50
8	1.00	1000	125.
9	1.13	2000	250.
10	1.25	3000	375.
11	1.38	4000	500.
12	1.50	5000	625.
13	1.63	6000	750.
14	1.75	7000	875.
15	1.88	8000	1000.
16	2.00	9000	1125.
17	2.13	10000	1250.
18	2.25		
19	2.38		
20	2.50		fr. c.
30	3.75	1 décimètre	0.01
40	5.00	2	0.02
50	6.25	3	0.03
60	7.50	4	0.05
70	8.75	5	0.06
80	10.00	6	0.07
90	11.25	7	0.08
100	12.50	8	0.10
200	25.00	9	0.11

TABLE 16.

Si on payait une aune 3 sous et 1 liard, ou 3 sous 5 deniers, on paiera

	fr. c.		fr. c.
1 mètre	0.14	300 mètres	40.62
2	0.27	400	54.17
3	0.41	500	67.71
4	0.54	600	81.25
5	0.68	700	94.79
6	0.81	800	108.33
7	0.95	900	121.87
8	1.08	1000	135.42
9	1.22	2000	270.83
10	1.35	3000	406.25
11	1.49	4000	541.67
12	1.62	5000	677.05
13	1.76	6000	812.50
14	1.90	7000	947.92
15	2.03	8000	1083.33
16	2.17	9000	1218.75
17	2.30	10000	1354.17
18	2.44		
19	2.57		
20	2.71		fr. c.
30	4.06	1 décimètre	0.01
40	5.42	2	0.03
50	6.77	3	0.04
60	8.12	4	0.05
70	9.48	5	0.07
80	10.83	6	0.08
90	12.19	7	0.09
100	13.54	8	0.10
200	27.08	9	0.12

Si on vendait une aune 3 sous $^1/_2$, ou 3 sous 6 deniers, on vendra

	fr. c.		fr. c.
1 mètre	0.15	300 mètres	43.75
2	0.29	400	58.33
3	0.44	500	72.91
4	0.58	600	87.50
5	0.73	700	102.08
6	0.87	800	116.67
7	1.02	900	131.25
8	1.17	1000	145.83
9	1.31	2000	291.67
10	1.46	3000	437.50
11	1.60	4000	583.33
12	1.75	5000	729.17
13	1.89	6000	875.00
14	2.04	7000	1020.83
15	2.18	8000	1166.67
16	2.33	9000	1312.50
17	2.48	10000	1458.33
18	2.62		
19	2.77		
20	2.91		fr. c.
30	4.37	1 décimètre	0.01
40	5.83	2	0.03
50	7.29	3	0.04
60	8.75	4	0.06
70	10.20	5	0.07
80	11.67	6	0.09
90	13.12	7	0.10
100	14.58	8	0.12
200	29.17	9	0.13

TABLE 18.

Si on payait une aune 5 sous 9 deniers, on paiera

	fr. c.		fr. c.
1 mètre	0.16	300 mètres	36.88
2	0.31	400	62.50
3	0.47	500	78.13
4	0.63	600	93.75
5	0.78	700	109.38
6	0.94	800	125.00
7	1.09	900	140.63
8	1.25	1000	156.25
9	1.41	2000	312.50
10	1.56	3000	468.75
11	1.72	4000	625.
12	1.88	5000	781.25
13	2.03	6000	937.50
14	2.18	7000	1093.75
15	2.34	8000	1250.
16	2.50	9000	1406.25
17	2.66	10000	1562.50
18	2.81		
19	2.97		
20	3.13		fr. c.
30	4.69	1 décimètre	0.02
40	6.25	2	0.03
50	7.81	3	0.05
60	9.38	4	0.06
70	10.94	5	0.08
80	12.50	6	0.09
90	14.06	7	0.11
100	15.63	8	0.13
200	31.25	9	0.14

Si on vendait une aune 4 sous, ou 20 centimes, on vendra

	fr. c.		fr. c.
1 mètre	0.17	300 mètres	50.
2	0.33	400	66.67
3	0.50	500	83.03
4	0.67	600	100.
5	0.83	700	116.67
6	1.	800	133.33
7	1.17	900	150.
8	1.33	1000	166.67
9	1.50	2000	333.33
10	1.67	3000	500.
11	1.83	4000	666.67
12	2.	5000	833.33
13	2.17	6000	1000.
14	2.33	7000	1166.67
15	2.50	8000	1333.33
16	2.67	9000	1500.
17	2.83	10000	1666.67
18	3.		
19	3.17		
20	3.33		fr. c.
30	5.	1 décimètre	0.02
40	6.67	2	0.03
50	8.33	3	0.05
60	10.	4	0.07
70	11.67	5	0.08
80	13.33	6	0.10
90	15.	7	0.12
100	16.67	8	0.13
200	33.33	9	0.15

TABLE 20.

Si on payait une aune 4 sous et 1 liard, ou 4 sous 3 deniers, on paiera

	fr. c.		fr. c.
1 mètre	0.18	300 mètres	53.12
2	0.35	400	70.83
3	0.53	500	88.54
4	0.71	600	106.25
5	0.89	700	123.96
6	1.06	800	141.67
7	1.24	900	159.37
8	1.42	1000	177.08
9	1.59	2000	354.17
10	1.77	3000	531.25
11	1.95	4000	708.33
12	2.12	5000	885.42
13	2.30	6000	1062.50
14	2.48	7000	1239.58
15	2.66	8000	1416.67
16	2.83	9000	1593.75
17	3.01	10000	1770.83
18	3.19		
19	3.36		
20	3.54		fr. c.
30	5.31	1 décimètre	0.02
40	7.08	2	0.04
50	8.86	3	0.05
60	10.62	4	0.07
70	12.40	5	0.09
80	14.17	6	0.11
90	15.94	7	0.12
100	17.71	8	0.14
200	35.42	9	0.16

Si on vendait une aune 4 sous ¹/₂, ou 4 sous 6 deniers, on vendra

	fr. c.		fr. c.
1 mètre	0.19	300 mètres	56.25
2	0.38	400	75.00
3	0.56	500	93.75
4	0.75	600	112.50
5	0.94	700	131.25
6	1.13	800	150.
7	1.31	900	168.75
8	1.50	1000	187.50
9	1.69	2000	375.
10	1.88	3000	562.50
11	2.06	4000	750.
12	2.25	5000	937.50
13	2.44	6000	1125.
14	2.63	7000	1312.50
15	2.81	8000	1500.
16	3.00	9000	1687.50
17	3.19	10000	1875.
18	3.38		
19	3.56		
20	3.75		fr. c.
30	5.63	1 décimètre	0.02
40	7.50	2	0.04
50	9.38	3	0.06
60	11.25	4	0.08
70	13.13	5	0.09
80	15.00	6	0.11
90	16.88	7	0.13
100	18.75	8	0.15
200	37.50	9	0.17

TABLE 22.

Si on payait une aune 4 sous 9 deniers, on paiera

	fr. c.		fr. c.
1 mètre	0.20	300 mètres	59.37
2	0.40	400	79.17
3	0.59	500	98.96
4	0.79	600	118.75
5	0.99	700	138.54
6	1.19	800	158.33
7	1.39	900	178.12
8	1.58	1000	197.92
9	1.78	2000	395.83
10	1.98	3000	593.75
11	2.18	4000	791.67
12	2.37	5000	989.58
13	2.57	6000	1187.50
14	2.77	7000	1385.42
15	2.97	8000	1583.33
16	3.17	9000	1781.25
17	3.36	10000	1979.17
18	3.56		
19	3.76		
20	3.96		fr. c.
30	5.94	1 décimètre	0.02
40	7.92	2	0.04
50	9.90	3	0.06
60	11.87	4	0.08
70	13.85	5	0.10
80	15.83	6	0.12
90	17.81	7	0.14
100	19.79	8	0.16
200	39.58	9	0.18

Si on vendait une aune 5 sous ou 25 centimes, on vendra

	fr. c.		fr. c.
1 mètre	0.21	300 mètres	62.50
2	0.42	400	83.33
3	0.62	500	104.17
4	0.83	600	125.
5	1.04	700	145.83
6	1.25	800	166.67
7	1.46	900	197.50
8	1.67	1000	208.33
9	1.87	2000	416.67
10	2.08	3000	625.
11	2.29	4000	833.33
12	2.50	5000	1041.67
13	2.71	6000	1250.
14	2.92	7000	1458.33
15	3.12	8000	1666.67
16	3.33	9000	1875.
17	3.54	10000	2083.33
18	3.75		
19	3.96		
20	4.17		fr. c.
30	6.25	1 décimètre	0.02
40	8.33	2	0.04
50	10.42	3	0.06
60	12.50	4	0.08
70	14.58	5	0.10
80	16.67	6	0.12
90	18.75	7	0.14
100	20.83	8	0.17
200	41.67	9	0.19

TABLE 24.

Si on payait une aune 3 sous et 1 liard, ou 3 sous 3 deniers, on paiera

	fr. c.		fr. c.
1 mètre	0.22	300 mètres	65.63
2	0.44	400	87.50
3	0.66	500	109.38
4	0.88	600	131.23
5	1.09	700	153.13
6	1.31	800	175.
7	1.53	900	196.88
8	1.75	1000	218.75
9	1.97	2000	437.50
10	2.19	3000	656.25
11	2.41	4000	875.
12	2.63	5000	1083.75
13	2.84	6000	1312.50
14	3.06	7000	1531.25
15	3.28	8000	1750.
16	3.50	9000	1968.75
17	3.72	10000	2187.50
18	3.94		
19	4.16		
20	4.38		fr. c.
30	6.56	1 décimètre	0.02
40	8.75	2	0.04
50	10.94	3	0.07
60	13.13	4	0.09
70	15.31	5	0.11
80	17.50	6	0.13
90	19.69	7	0.15
100	21.88	8	0.18
200	43.75	9	0.20

on vendait une aune 3 sous ¹⁄₂ , ou 3 sous 6 deniers, on vendra

	fr. c.		fr. c.
1 mètre	0.23	300 mètres	68.75
2	0.46	400	91.67
3	0.69	500	114.58
4	0.92	600	137.50
5	1.15	700	160.42
6	1.37	800	183.33
7	1.60	900	206.25
8	1.83	1000	229.17
9	2.06	2000	458.33
10	2.29	3000	687.50
11	2.52	4000	916.67
12	2.75	5000	1145.83
13	2.98	6000	1375.
14	3.21	7000	1604.17
15	3.44	8000	1833.33
16	3.67	9000	2062.50
17	3.90	10000	2291.67
18	4.12		
19	4.35		
20	4.58		fr. c.
30	6.87	1 décimètre	0.02
40	9.17	2	0.05
50	11.46	3	0.07
60	13.75	4	0.09
70	16.04	5	0.11
80	18.33	6	0.14
90	20.62	7	0.16
100	22 92	8	0.18
200	45.83	9	0.21

Si on payait une aune 5 sous 9 deniers, on paiera

	fr. c.		fr. c.
1 mètre	0.24	300 mètres	71.87
2	0.48	400	95.83
3	0.72	500	119.79
4	0.96	600	143.75
5	1.20	700	167.71
6	1.44	800	191.67
7	1.68	900	215.62
8	1.92	1000	239.58
9	2.16	2000	479.17
10	2.40	3000	718.75
11	2.64	4000	958.33
12	2.87	5000	1197.92
13	3.11	6000	1437.50
14	3.35	7000	1677.08
15	3.59	8000	1916.67
16	3.83	9000	2156.25
17	4.07	10000	2395.83
18	4.31		
19	4.55		
20	4.79		fr. c.
30	7.19	1 décimètre	0.02
40	9.58	2	0.05
50	11.98	3	0.07
60	14.37	4	0.10
70	16.77	5	0.12
80	19.17	6	0.14
90	21.56	7	0.17
100	23.96	8	0.19
200	47.92	9	0.22

Si on vendait une aune 6 sous, ou 30 centimes, on vendra

	fr. c.		fr. c.
1 mètre	0.25	300 mètres	75.
2	0.50	400	100.
3	0.75	500	125.
4	1.	600	150.
5	1.25	700	175.
6	1.50	800	200.
7	1.75	900	225.
8	2.	1000	250.
9	2.25	2000	500.
10	2.50	3000	750.
11	2.75	4000	1000.
12	3.	5000	1250.
13	3.25	6000	1500.
14	3.50	7000	1750.
15	3.75	8000	2000.
16	4.	9000	2250.
17	4.25	10000	2500.
18	4.50		
19	4.75		
20	5.		fr. c.
30	7.50	1 décimètre	0.03
40	10.	2	0.05
50	12.50	3	0.08
60	15.	4	0.10
70	17.50	5	0.13
80	20.	6	0.15
90	22 50	7	0.18
100	25.	8	0.20
200	50.	9	0.23

TABLE 28.

Si on payait une aune 6 sous et 1 liard, ou 6 sous 5 deniers, on paiera

	fr. c.		fr. c.
1 mètre	0.26	300 mètres	78.12
2	0.52	400	104.17
3	0.78	500	130.21
4	1.04	600	156.25
5	1.30	700	182.29
6	1.56	800	208.33
7	1.82	900	234.37
8	2.08	1000	260.42
9	2.34	2000	520.83
10	2.60	3000	781.25
11	2.86	4000	1041.67
12	3.12	5000	1302.08
13	3.39	6000	1562.50
14	3.65	7000	1822.92
15	3.90	8000	2083.33
16	4.17	9000	2343.75
17	4.43	10000	2604.17
18	4.69		
19	4.95		
20	5.21		fr. c
30	7.81	1 décimètre	0.03
40	10.42	2	0.05
50	13.02	3	0.08
60	15.62	4	0.10
70	18.23	5	0.13
80	20.83	6	0.16
90	23.44	7	0.18
100	26.04	8	0.21
200	52.08	9	0.23

Si une aune se vendait 6 sous ¹/₂, ou 6 sous 6 deniers, on vendra

	fr. c.		fr. c.
1 mètre	0.27	300 mètres	81.25
2	0.54	400	108.33
3	0.81	500	135.42
4	1.08	600	162.50
5	1.35	700	189.58
6	1.62	800	216.67
7	1.90	900	243.75
8	2.17	1000	270.83
9	2.44	2000	541.67
10	2.71	3000	812.50
11	2.98	4000	1083.33
12	3.25	5000	1354.17
13	3.52	6000	1625.
14	3.79	7000	1895.83
15	4.06	8000	2166.67
16	4.33	9000	2437.50
17	4.60	10000	2708.33
18	4.87		
19	5.15		
20	5.42		fr. c.
30	8.12	1 décimètre	0.03
40	10.83	2	0.05
50	13.54	3	0.08
60	16.25	4	0.11
70	18.96	5	0.14
80	21.67	6	0.16
90	24.37	7	0.19
100	27.08	8	0.22
200	54.17	9	0.24

TABLE 30.

Si on payait une aune 6 sous 9 deniers , on paiera

	fr. c.		fr. c.
1 mètre	0.28	300 mètres	84.38
2	0.56	400	112.50
3	0.84	500	140.63
4	1.13	600	168.75
5	1.41	700	196.88
6	1.69	800	225.
7	1.97	900	253.13
8	2.25	1000	281.25
9	2.53	2000	562.50
10	2.81	3000	843.75
11	3.09	4000	1125.
12	3.38	5000	1406.25
13	3.66	6000	1687.50
14	3.94	7000	1968.75
15	4.22	8000	2250.
16	4.50	9000	2531.25
17	4.78	10000	2812.50
18	5.06		
19	5.34		
20	5.63		fr. c.
30	8.44	1 décimètre	0.03
40	11.25	2	0.06
50	14.06	3	0.08
60	16.88	4	0.11
70	19.69	5	0.14
80	22.50	6	0.17
90	25.31	7	0 20
100	28.13	8	0.23
200	56.25	9	0.25

Si on vendait une aune 7 sous, ou 35 centimes, on vendra

	fr. c.		fr. c.
1 mètre	0.29	300 mètres	87.50
2	0.58	400	116.67
3	0.88	500	145.83
4	1.17	600	175.
5	1.46	700	204.17
6	1.75	800	233.33
7	2.04	900	262.50
8	2.33	1000	291.67
9	2.62	2000	583.33
10	2.92	3000	875.
11	3.21	4000	1166.67
12	3.50	5000	1458.33
13	3.79	6000	1750.
14	4.08	7000	2041.67
15	4.37	8000	2333.33
16	4.67	9000	2625.
17	4.96	10000	2916.67
18	5.25		
19	5.54		
20	5.83		fr. c.
30	8.75	1 décimètre	0.03
40	11.67	2	0.06
50	14.58	3	0.09
60	17.50	4	0.12
70	20.42	5	0.15
80	23.33	6	0.17
90	26.25	7	0.20
100	29.17	8	0.23
200	58.33	9	0.26

TABLE 32.

Si on payait une aune 7 sous et 1 liard, ou 7 sous 3 deniers, on paiera

	fr. c.		fr. c.
1 mètre	0.50	300 mètres	90.62
2	0.60	400	120.83
3	0.91	500	151.04
4	1.21	600	181.25
5	1.51	700	211.46
6	1.81	800	241.67
7	2.11	900	271.87
8	2.42	1000	302.08
9	2.72	2000	604.17
10	3.02	3000	906.25
11	3.32	4000	1208.33
12	3.62	5000	1510.42
13	3.93	6000	1812.50
14	4.23	7000	2114.58
15	4.53	8000	2416.67
16	4.83	9000	2718.75
17	5.14	10000	3020.83
18	5.44		
19	5.74		
20	6.04		fr. c.
30	9.06	1 décimètre	0.03
40	12.08	2	0.06
50	15.10	3	0.09
60	18.12	4	0.12
70	21.13	5	0.15
80	24.17	6	0.18
90	27.19	7	0.21
100	30.21	8	0.24
200	60.42	9	0.27

Si on vendait une aune 7 sous ¹/₂, ou 7 sous 6 deniers,
on vendra

	fr. c.		fr. c.
1 mètre	0.31	300 mètres	93.75
2	0.63	400	125.
3	0.94	500	156.25
4	1.25	600	187.50
5	1.56	700	218.75
6	1.88	800	250.
7	2.19	900	281.25
8	2.50	1000	312.50
9	2.81	2000	625.
10	3.13	3000	937.50
11	3.44	4000	1250.
12	3.75	5000	1562.50
13	4.06	6000	1875.
14	4.38	7000	2187.50
15	4.69	8000	2500.
16	5.	9000	2812.50
17	5.31	10000	3125.
18	5.63		
19	5.94		
20	6.25		fr. c.
30	9.38	1 décimètre	0.03
40	12.50	2	0.06
50	15.63	3	0.09
60	18.75	4	0.13
70	21.88	5	0 16
80	25.	6	0.19
90	28.13	7	0.22
100	31.25	8	0.25
200	62.50	9	0.28

TABLE 34.

Si on payait une aune 7 sous 9 deniers, on paiera

	fr. c.		fr. c.
1 mètre	0.52	300 mètres	96.97
2	0.65	400	129.17
3	0.97	500	161.46
4	1.29	600	193.75
5	1.61	700	226.04
6	1.94	800	258.33
7	2.26	900	290.62
8	2.58	1000	322.92
9	2.91	2000	645.83
10	3.23	3000	968.75
11	3.55	4000	1291.67
12	3.87	5000	1614.58
13	4.20	6000	1937.50
14	4.52	7000	2260.42
15	4.84	8000	2583.33
16	5.17	9000	2906.25
17	5.49	10000	3229.17
18	5.81		
19	6.14		
20	6.46		fr. c.
30	9.69	1 décimètre	0.03
40	12.92	2	0.06
50	16.15	3	0.10
60	19.37	4	0.13
70	22.60	5	0.16
80	25.83	6	0.19
90	29.06	7	0.23
100	32.29	8	0.26
200	64.58	9	0.29

Si une aune se payait 8 sous, ou 40 centimes, on paiera

	fr. c.			fr. c.
1 mètre	0.33	300 mètres		100.
2	0.67	400		133.33
3	1.	500		166.67
4	1.33	600		200.
5	1.67	700		233.33
6	2.	800		266.67
7	2.33	900		300.
8	2.67	1000		333.33
9	3.	2000		666.67
10	3.33	3000		1000.
11	3.67	4000		1333.33
12	4.	5000		1666.67
13	4.33	6000		2000.
14	4.67	7000		2333.33
15	5.	8000		2666.67
16	5.33	9000		3000.
17	5.67	10000		3333.33
18	6.			
19	6.33			
20	6.67			fr. c.
30	10.	1 décimètre		0.03
40	13.33	2		0.07
50	16.67	3		0.10
60	20.	4		0.13
70	23.33	5		0.17
80	26.67	6		0.20
90	30.	7		0.23
100	33.33	8		0.27
200	66.67	9		0.30

TABLE 36.

Si on payait une aune 8 sous et 1 liard, ou 8 sous 5 deniers, on paiera

	fr. c.		fr. c.
1 mètre	0.54	300 mètres	103.13
2	0.69	400	137.50
3	1.03	500	171.88
4	1.38	600	206.25
5	1.72	700	240.63
6	2.06	800	275.
7	2.41	900	309.35
8	2.75	1000	343.75
9	3.09	2000	687.50
10	3.44	3000	1031.25
11	3.78	4000	1375.
12	4.13	5000	1718.75
13	4.47	6000	2062.50
14	4.81	7000	2406.25
15	5.16	8000	2750.
16	5.50	9000	3093.75
17	5.84	10000	3437.50
18	6.19		
19	6.53		
20	6.88		fr. c.
30	10.31	1 décimètre	0.03
40	13.75	2	0.07
50	17.19	3	0.10
60	20.63	4	0.14
70	24.06	5	0.17
80	27.50	6	0.21
90	30.94	7	0.24
100	34.38	8	0.28
200	68.75	9	0.31

Si on vendait une aune 8 sous ¹/₂ , ou 8 sous 6 deniers,
on vendra

	fr. c.		fr. c.
1 mètre	0.35	300 mètres	106.25
2	0.71	400	141.67
3	1.06	500	177.08
4	1.42	600	212.50
5	1.77	700	247.92
6	2.12	800	283.33
7	2.48	900	318.75
8	2.83	1000	354.17
9	3.19	2000	708.33
10	3.54	3000	1062.50
11	3.90	4000	1416.67
12	4.25	5000	1770.83
13	4.60	6000	2125.
14	4.96	7000	2479.17
15	5.31	8000	2833.33
16	5.67	9000	3187.50
17	6.02	10000	3541.67
18	6.37		
19	6.73		
20	7.08		fr. c.
30	10.06	1 décimètre	0.04
40	14.17	2	0.07
50	17.71	3	0.11
60	21.25	4	0.14
70	24.79	5	0.18
80	28.33	6	0.21
90	31.87	7	0.25
100	35.42	8	0.28
200	70.83	9	0.32

TABLE 38.

Si on payait une aune 8 sous 9 deniers, on paiera

	fr. c.		fr. c.
1 mètre	0.36	300 mètres	109.37
2	0.73	400	145.83
3	1.09	500	182.29
4	1.46	600	218.75
5	1.82	700	255.21
6	2.19	800	291.67
7	2.55	900	328.12
8	2.92	1000	364.58
9	3.28	2000	729.17
10	3.65	3000	1093.75
11	4.01	4000	1458.33
12	4.37	5000	1822.92
13	4.74	6000	2187.50
14	5.10	7000	2552.08
15	5.47	8000	2916.17
16	5.83	9000	3281.25
17	6.20	10000	3645.83
18	6.56		
19	6.93		
20	7.29		fr. c.
30	10.94	1 décimètre	0.04
40	14.58	2	0.07
50	18.23	3	0.11
60	21.87	4	0.15
70	25.52	5	0.18
80	29.17	6	0.22
90	32.81	7	0.26
100	36.46	8	0.29
200	72.92	9	0.33

Si on vendait une aune 9 sous, ou 45 centimes, on vendra

	fr. c.		fr. c.
1 mètre	0.38	300 mètres	112.50
2	0.75	400	150.
3	1.13	500	187.50
4	1.50	600	225.
5	1.88	700	262.50
6	2.25	800	300.
7	2.63	900	337.50
8	3.	1000	375.
9	3.37	2000	750.
10	3.75	3000	1125.
11	4.13	4000	1500.
12	4.50	5000	1875.
13	4.88	6000	2250.
14	5.25	7000	2625.
15	5.63	8000	3000.
16	6.	9000	3375.
17	6.38	10000	3750.
18	6.75		
19	7.13		
20	7.50		fr. c.
30	11.25	1 décimètre	0.04
40	15.	2	0.08
50	18.75	3	0.11
60	22.50	4	0.15
70	26.25	5	0.19
80	30.	6	0.23
90	33.75	7	0.26
100	37.50	8	0.30
200	75.	9	0.33

Si on payait une aune 9 sous et 1 liard, ou 9 sous 5 deniers, on paiera

	fr. c.		c. fr.
1 mètre	0.59	500 mètres	115.62
2	0.77	400	154.17
5	1.16	500	192.71
4	1.54	600	231.25
5	1.95	700	279.79
6	2.31	800	508.53
7	2.70	900	546.87
8	5.08	1000	585.42
9	5.47	2000	770.83
10	5.85	5000	1156.25
11	4.25	4000	1541.67
12	4.62	5000	1927.08
15	5.01	6000	1512.50
14	5 40	7000	2697.92
15	5.78	8000	5085.55
16	6.17	9000	5468.75
17	6.55	10000	5854.17
18	6.94		
19	7.52		
20	7.71		fr. c.
50	11.56	1 décimètre	0.04
40	15.42	2	0.08
50	19.27	5	0.12
60	25.12	4	0.15
70	26.98	5	0.19
80	50.83	6	0.23
90	54.69	7	0.27
100	58.54	8	0.51
200	77.85	9	0.55

Si on vendait une aune 9 sous ¹/₂ , ou 9 sous 6 deniers ,
on vendra

	fr. c.		fr. c.
1 mètre	0.40	300 mètres	118.75
2	0.79	400	158.33
3	1.19	500	197.92
4	1.58	600	237.50
5	1.98	700	270.83
6	2.37	800	316.67
7	2.77	900	356.25
8	3.17	1000	395.83
9	3.56	2000	791.67
10	3.96	3000	1187.50
11	4.35	4000	1583.33
12	4.75	5000	1979.17
13	5.15	6000	2375.
14	5.54	7000	2770.83
15	5.94	8000	3166.67
16	6.33	9000	3562.50
17	6.72	10000	3958.33
18	7.12		
19	7.52		
20	7.92		fr. c.
30	11.87	1 décimètre	0.04
40	15.83	2	0.08
50	19.79	3	0.12
60	23.75	4	0.16
70	27.71	5	0.20
80	31.67	6	0.24
90	35.62	7	0.28
100	39.58	8	0.32
200	79.17	9	0.36

TABLE 42.

Si on payait une aune 9 sous 9 deniers, on paiera

	fr. c.		fr. c.
1 mètre	0 41	300 mètres	121.88
2	0 81	400	162.50
3	1.22	500	203.13
4	1.63	600	243.75
5	2.03	700	284.38
6	2.44	800	325.
7	2.84	900	365.63
8	3.25	1000	406.25
9	3.66	2000	812.50
10	4.06	3000	1218.75
11	4.47	4000	1625.
12	4.88	5000	2031.25
13	5.28	6000	2437.50
14	5.68	7000	2843.75
15	6.09	8000	3250.
16	6 50	9000	3656.25
17	6 91	10000	4062.50
18	7.31		
19	7.72		
20	8.12		fr. c.
30	12.19	1 décimètre	0.04
40	16.25	2	0.08
50	20.31	3	0.12
60	24.38	4	0.16
70	28.44	5	0.20
80	32.50	6	0.24
90	36.56	7	0.28
100	40.63	8	0.33
200	81.25	9	0.37

Si on vendait une aune 10 sous, ou 50 centimes, on paiera

	fr. c.		fr. c.
1 mètre	0.42	1000 mètres	416.67
2	0.83	2000	833.33
3	1.25	3000	1250.
4	1 67	4000	1666.67
5	2.08	5000	2083.33
6	2 50	6000	2500.
7	2.92	7000	2916.67
8	3.33	8000	3333.33
9	3.75	9000	3750.
10	4.17	10000	4166.67
11	4.58		
12	5.		
13	5.42		
14	5 83		fr. c.
15	6.25	1 décimètre	0.04
16	6.67	2	0.08
17	7.08	3	0.12
18	7.50	4	0.17
19	7.92	5	0.21
20	8.33	6	0.25
30	12.50	7	0.29
40	16.67	8	0.33
50	20.83	9	0.37
60	25.		
70	29.17		
80	33.33		
90	37.50		fr. c.
100	41.67	1 centimètre	0.00
200	83.33	2	0.01
300	125.	3	0.01
400	166.67	4	0.02
500	208.33	5	0.02
600	250.	6	0.03
700	291.67	7	0.03
800	333.33	8	0.03
900	375.	9	0.04

TABLE 44.

Si on payait une aune 10 sous et 1 liard, ou 10 sous 3 deniers, on paiera

	fr. c.		fr. c.
1 mètre	0.43	1000 mètres	427.08
2	0 85	2000	854.17
3	1.28	3000	1281.25
4	1.71	4000	1708.33
5	2.14	5000	2135.42
6	2.56	6000	2562.50
7	2.99	7000	2989.58
8	3.42	8000	3416.67
9	3.84	9000	3843.75
10	4.27	10000	4270.83
11	4.70		
12	5.12		
13	5.55		
14	5.98		fr. c.
15	6.41	1 décimètre	0.04
16	6.83	2	0.09
17	7.26	3	0.13
18	7.64	4	0.17
19	8.11	5	0.21
20	8.54	6	0.26
30	12.81	7	0.30
40	17.08	8	0.34
50	21.31	9	0.38
60	25.62		
70	29.90		
80	34.17		
90	38.44		fr. c.
100	42.71	1 centimètre	0.00
200	85.42	2	0.01
300	128.12	3	0.01
400	170.83	4	0.02
500	213.54	5	0.02
600	256.25	6	0.03
700	298.96	7	0.03
800	341.67	8	0.03
900	384.37	9	0.04

Si on vendait une aune 10 sous $^1/_2$, ou 10 sous 6 deniers, on vendra

	fr. c.		fr. c.
1 mètre	0.44	1000 mètres	437.50
2	0.88	2000	875.
3	1.31	3000	1312.50
4	1.75	4000	1750.
5	2.19	5000	2187.50
6	2.63	6000	2625.
7	3.06	7000	3062.50
8	3.50	8000	3500.
9	3.94	9000	3937.50
10	4.38	10000	4375.
11	4.81		
12	5.25		
13	5.69		
14	6.13		fr. c.
15	6.56	1 décimètre	0.04
16	7.	2	0.09
17	7.44	3	0.13
18	7.88	4	0.18
19	8.31	5	0.22
20	8.75	6	0.26
30	13.13	7	0.31
40	17.50	8	0.35
50	21.88	9	0.39
60	26.25		
70	30.63		
80	35.		
90	39.38		fr. c.
100	43.75	1 centimètre	0.00
200	87.50	2	0.01
300	131.25	3	0.01
400	175.	4	0.02
500	218.75	5	0.02
600	262.50	6	0.03
700	306.25	7	0.03
800	350.	8	0.04
900	393.75	9	0.04

TABLE 46.

Si on payait une aune 10 sous 9 deniers, on paiera

	fr. c.		fr. c.
1 mètre	0.45	1000 mètres	447.92
2	0.90	2000	895.83
3	1.34	3000	1343.75
4	1.79	4000	1791.67
5	2.24	5000	2239.58
6	2.69	6000	2687.50
7	3.14	7000	3145.42
8	3.58	8000	3583.33
9	4.03	9000	4031.25
10	4.48	10000	4479.17
11	4.93		
12	5.37		
13	5.82		
14	6.27		fr. c.
15	6.72	1 décimètre	0 04
16	7.17	2	0.09
17	7.61	3	0.13
18	8.06	4	0.18
19	8.51	5	0.22
20	8.96	6	0.27
30	13.44	7	0.31
40	17.92	8	0.36
50	22.40	9	0.40
60	26.87		
70	31.35		
80	35.83		
90	40.31		fr. c.
100	44.79	1 centimètre	0.00
200	89.58	2	0.01
300	134.37	3	0.01
400	179.17	4	0.02
500	223.96	5	0.02
600	268.75	6	0.03
700	313.54	7	0.03
800	358.33	8	0.04
900	403.12	9	0.04

Si on vendait une aune 11 sous, ou 55 centimes, on vendra

	fr. c.		fr. c.
1 mètre	0.46	1000 mètres	458.33
2	0.92	2000	916.67
3	1.37	3000	1375.
4	1.83	4000	1833.33
5	2.29	5000	2291.67
6	2.75	6000	2750.
7	3.21	7000	3208.33
8	3.67	8000	3666.67
9	4.12	9000	4125.
10	4.58	10000	4583.33
11	5.04		
12	5.50		
13	5.96		fr. c.
14	6.42		
15	6.88	1 décimètre	0.05
16	7.33	2	0.09
17	7.79	3	0.14
18	8.25	4	0.18
19	8.71	5	0.23
20	9.17	6	0.27
30	13.75	7	0.32
40	18.33	8	0.37
50	22.92	9	0.41
60	27.50		
70	32.08		
80	36.67		fr. c.
90	41.25		
100	45.83	1 centimètre	0.00
200	91.67	2	0.01
300	137.50	3	0.01
400	183.33	4	0.02
500	229.17	5	0.02
600	275.	6	0.03
700	320.83	7	0.03
800	366.67	8	0.04
900	412.50	9	0.04

TABLE 48.

Si on payait une aune 11 sous et 1 liard, ou 11 sous 3 deniers, on paiera

	fr. c.		fr. c.
1 mètre	0.47	1000 mètres	468.75
2	0.94	2000	937.50
3	1.41	3000	1406.25
4	1.88	4000	1875.
5	2.34	5000	2343.75
6	2.81	6000	2812.50
7	3.28	7000	3281.25
8	3.75	8000	3750.
9	4.22	9000	4218.75
10	4.69	10000	4687.50
11	5.16		
12	5.63		
13	6.09		fr. c.
14	6.56	1 décimètre	0.05
15	7.03	2	0.09
16	7.50	3	0.14
17	7.97	4	0.19
18	8.44	5	0.23
19	8.91	6	0.28
20	9.38	7	0.33
30	14.06	8	0.38
40	18.75	9	0.42
50	23.44		
60	28.13		
70	32.81		
80	37.50		fr. c.
90	42.19	1 centimètre	0.00
100	46.88	2	0.01
200	93.75	3	0.01
300	140.63	4	0 02
400	187.50	5	0.02
500	234.38	6	0.03
600	281.25	7	0.03
700	328.13	8	0.04
800	375.	9	0.04
900	421.88		

*Si on vendait une aune 11 sous ¹/₂ , ou 11 sous 6 deniers,
on vendra*

	fr. c.		fr. c.
1 mètre	0.48	1000 mètres	479.17
2	0.96	2000	958.33
3	1.44	3000	1437.50
4	1.92	4000	1916.67
5	2.40	5000	2395.83
6	2.87	6000	2875.
7	3.35	7000	3354.17
8	3.83	8000	3833.33
9	4.31	9000	4312.50
10	4.79	10000	4791.67
11	5.27		
12	5.75		
13	6.23		
14	6.71		fr. c.
15	7 19	1 décimètre	0.05
16	7.67	2	0.10
17	8.15	3	0.14
18	8.62	4	0.19
19	9.10	5	0.24
20	9.58	6	0.29
30	14.37	7	0.34
40	19.17	8	0.38
50	23.96	9	0.43
60	28.75		
70	33.54		
80	38.33		
90	43.12		fr. c.
100	47.92	1 centimètre	0.00
200	95.83	2	0.01
300	143.75	3	0.01
400	191.67	4	0.02
500	239.58	5	0.02
600	287.50	6	0.03
700	335.42	7	0.03
800	383.33	8	0.04
900	431.25	9	0.04

TABLE 50.

Si on payait une aune 11 sous 9 deniers, on paiera

	fr. c.		fr. c.
1 mètre	0.49	1000 mètres	489.58
2	0.98	2000	979.17
3	1.47	3000	1468.75
4	1.96	4000	1958.33
5	2.45	5000	2447.92
6	2.94	6000	2937.50
7	3.43	7000	3427.08
8	3.92	8000	3916.67
9	4.41	9000	4406.25
10	4.90	10000	4895.83
11	5.39		
12	5.87		
13	6.36		fr. c.
14	6.85		
15	7.34	1 décimètre	0.05
16	7.83	2	0.10
17	8.32	3	0.15
18	8.81	4	0.20
19	9.30	5	0.24
20	9.79	6	0.29
30	14.69	7	0.34
40	19.58	8	0.39
50	24.48	9	0.44
60	29.37		
70	34.27		
80	39.17		fr. c.
90	44.06		
100	48.96	1 centimètre	0.00
200	97.92	2	0.01
300	146.87	3	0.01
400	195.83	4	0.02
500	244.79	5	0.02
600	293.75	6	0.03
700	342.71	7	0.03
800	391.67	8	0.04
900	440.62	9	0.04

Si on vendait une aune 12 sous, ou 60 centimes, on vendra

	fr. c		fr. c
1 mètre	0.50	1000 mètres	500.
2	1.	2000	1000.
3	1.50	3000	1500.
4	2.	4000	2000.
5	2.50	5000	2500.
6	3.	6000	3000.
7	3.50	7000	3500.
8	4.	8000	4000.
9	4.50	9000	4500.
10	5.	10000	5000.
11	5.50		
12	6.		

	fr. c		fr. c
13	6.50		
14	7.		
15	7.50	1 décimètre	0.05
16	8.	2	0.10
17	8.50	3	0.15
18	9.	4	0.20
19	9.50	5	0.25
20	10.	6	0.30
30	15.	7	0.35
40	20.	8	0.40
50	25.	9	0.45
60	30.		
70	35.		

	fr. c		fr. c
80	40.		
90	45.		
100	50.	1 centimètre	0.01
200	100.	2	0.01
300	150.	3	0.02
400	200.	4	0.02
500	250.	5	0.03
600	300.	6	0.03
700	350.	7	0.04
800	400.	8	0.04
900	450.	9	0.05

Si une aune valait 12 sous et 1 liard, ou 12 sous 3 deniers, on paiera

	fr. c.		fr. c.
1 mètre	0.51	1000 mètres	510.42
2	1.02	2000	1020.83
3	1.53	3000	1531.25
4	2.04	4000	2041.67
5	2.55	5000	2552.08
6	3.06	6000	3062.50
7	3.57	7000	3572.92
8	4.08	8000	4083.33
9	4.59	9000	4593.75
10	5.10	10000	5104.17
11	5.61		
12	6.12		
13	6.63		fr. c.
14	7.15		
15	7.66	1 décimètre	0.05
16	8.17	2	0.10
17	8.68	3	0.15
18	9.19	4	0.20
19	9.70	5	0.26
20	10.21	6	0.31
30	15.31	7	0.36
40	20.42	8	0.41
50	25.52	9	0.46
60	30.62		
70	35.73		
80	40.83		fr. c.
90	45.94		
100	51.04	1 centimètre	0.01
200	102.08	2	0.01
300	153.12	3	0.02
400	204.17	4	0.02
500	255.21	5	0.03
600	306.25	6	0.03
700	357.29	7	0.04
800	408.33	8	0.04
900	459.37	9	0.05

Si on vendait une aune 12 sous $\frac{1}{2}$, ou 12 sous 6 deniers,
on vendra

	fr. c.		fr. c.
1 mètre	0.52	1000 mètres	520.83
2	1.04	2000	1041.67
3	1.56	3000	1562.50
4	2.08	4000	2083.33
5	2.60	5000	2604.17
6	3.12	6000	3125.
7	3.65	7000	3645.83
8	4.17	8000	4166.67
9	4.69	9000	4687.50
10	5.21	10000	5208.33
11	5.73		
12	6.25		
13	6.77		fr. c.
14	7.29		
15	7.81	1 décimètre	0.05
16	8.33	2	0.10
17	8.85	3	0.16
18	9.37	4	0.21
19	9.90	5	0.26
20	10.42	6	0.31
30	15.62	7	0.36
40	20.83	8	0.42
50	26.04	9	0.47
60	31.25		
70	36.46		
80	41.67		fr. c.
90	46.87		
100	52.08	1 centimètre	0.01
200	104.17	2	0.01
300	156.25	3	0.02
400	208.33	4	0.02
500	260.42	5	0.03
600	312.50	6	0.03
700	364.58	7	0.04
800	416.67	8	0.04
900	468.75	9	0.05

TABLE 54.

Si on payait une aune 12 sous 9 deniers, on paiera

	fr. c.		fr. c.
1 mètre	0.53	1000 mètres	531.25
2	1.06	2000	1062.50
3	1.59	3000	1593.75
4	2.13	4000	2125.
5	2.66	5000	2656.25
6	3.19	6000	3187.50
7	3.72	7000	3718.75
8	4 25	8000	4250.
9	4.78	9000	4781.25
10	5.31	10000	5312.50
11	5.84		
12	6.38		
13	6.91		
14	7.44		fr. c.
15	7.97	1 décimètre	0.05
16	8.50	2	0.11
17	9.03	3	0.16
18	9.56	4	0.21
19	10.09	5	0.27
20	10.63	6	0.32
30	15.94	7	0.37
40	21.25	8	0.43
50	26.56	9	0.48
60	31.88		
70	37.19		
80	42.50		
90	47.81		fr. c.
100	53.13	1 centimètre	0.01
200	106.25	2	0.01
300	159.38	3	0.02
400	212.50	4	0 02
500	265.63	5	0.03
600	318.75	6	0.03
700	371.88	7	0.04
800	425..	8	0.04
900	478.13	9	0.05

Si on vendait une aune 13 sous, ou 65 centimes, on vendra

	fr. c.		fr. c.
1 mètre	0.54	1000 mètres	541.67
2	1.08	2000	1083.33
3	1.62	3000	1625.
4	2.17	4000	2166.67
5	2.71	5000	2708.33
6	3.25	6000	3250.
7	3.79	7000	3791.67
8	4.33	8000	4333.33
9	4.87	9000	4875.
10	5.42	10000	5416.67
11	5.96		
12	6.50		
13	7.04		fr. c.
14	7.58		
15	8.12	1 décimètre	0.05
16	8.67	2	0.11
17	9.21	3	0.16
18	9.75	4	0.22
19	10.29	5	0.27
20	10.83	6	0.32
30	16.25	7	0.38
40	21.67	8	0.43
50	27.08	9	0.50
60	32.50		
70	37.92		
80	43.33		
90	48.75		fr. c.
100	54.17	1 centimètre	0.01
200	108.33	2	0.01
300	162.50	3	0.02
400	216.67	4	0.02
500	270.08	5	0.03
600	325.	6	0.03
700	379.17	7	0.04
800	433.33	8	0.04
900	487.50	9	0.05

TABLE 56.

Si on payait une aune 15 sous et 1 liard, ou 13 sous 3 deniers, on paiera

	fr. c		fr. c.
1 mètre	0.55	1000 mètres	552.08
2	1.10	2000	1104.17
3	1.66	3000	1656.25
4	2.21	4000	2808.33
5	2.76	5000	2760.42
6	3.31	6000	3312.50
7	3.86	7000	3864.58
8	4.42	8000	4416.67
9	4.97	9000	4968.75
10	5.52	10000	5520.83
11	6.07		
12	6 62		
13	7.18		
14	7.73		fr. c.
15	8.28	1 décimètre	0.06
16	8.83	2	0.11
17	9.39	3	0.17
18	9.94	4	0.22
19	10.49	5	0.28
20	11.04	6	0.33
30	16.36	7	0.39
40	22.08	8	0.44
50	27.60	9	0.50
60	33.12		
70	38.65		
80	44.17		fr. c.
90	49.69	1 centimètre	0.01
100	55.21	2	0.01
200	110.42	3	0.02
300	165 62	4	0.02
400	220.83	5	0.03
500	276.04	6	0.03
600	331.25	7	0.04
700	386.40	8	0.04
800	441.67	9	0.05
900	496.87		

Si on vendait une aune 13 sous ¹/₂, ou 13 sous 6 deniers, on vendra

	fr. c.		fr. c.
1 mètre	0.56	1000 mètres	562.50
2	1.13	2000	1125.
3	1.69	3000	1687.50
4	2.25	4000	2250.
5	2.81	5000	2812.50
6	3.38	6000	3375.
7	3.94	7000	3937.50
8	4.50	8000	4500.
9	5.06	9000	5062.50
10	5.63	10000	5625.
11	6.19		
12	6.75		
13	7.31		fr. c.
14	7.88		
15	8.44	1 décimètre	0.06
16	9.	2	0.11
17	9.56	3	0.17
18	10.13	4	0.23
19	10.69	5	0.28
20	11.25	6	0.34
30	16.88	7	0.39
40	22.50	8	0.45
50	28.13	9	0.50
60	33.75		
70	39.38		fr. c.
80	45.		
90	50.63		
100	56.25	1 centimètre	0.01
200	112.50	2	0.01
300	168.75	3	0.02
400	225.	4	0.02
500	281.25	5	0.03
600	337.50	6	0.03
700	393.75	7	0.04
800	450.	8	0.05
900	506.25	9	0.05

TABLE 58.

Si on payait une aune 13 sous 9 deniers, on paiera

	fr. c.		fr. c.
1 mètre	0.57	1000 mètres	572.92
2	1.15	2000	1145.83
3	1.72	3000	1718.75
4	2.29	4000	2291.67
5	2.86	5000	2864.58
6	3.44	6000	3437.50
7	4.01	7000	4010.42
8	4.58	8000	4583.33
9	5.16	9000	5156.25
10	5.73	10000	5729.17
11	6.30		
12	6.87		
13	7.45		
14	8.02		fr. c.
15	8.59	1 décimètre	0.06
16	9.17	2	0.11
17	9.74	3	0.17
18	10.31	4	0.23
19	10.89	5	0.29
20	11.46	6	0.34
30	17.19	7	0.40
40	22.92	8	0.46
50	28.65	9	0.52
60	34.37		
70	40.10		
80	45.83		
90	51.56		fr. c.
100	57.29	1 centimètre	0.01
200	114.58	2	0.01
300	171.87	3	0.02
400	229.17	4	0.02
500	286.46	5	0.03
600	343.75	6	0.03
700	401.04	7	0.04
800	458.33	8	0.05
900	515.62	9	0.05

Si on vendait une aune 14 sous, ou 70 centimes, on vendra

	fr. c.		fr. c.
1 mètre	0.58	1000 mètres	583.33
2	1.17	2000	1166.67
3	1.75	3000	1750.
4	2.33	4000	2333.33
5	2.92	5000	2916.67
6	3.50	6000	3500.
7	4.08	7000	4083.33
8	4.67	8000	4666.67
9	5.25	9000	5250.
10	5.83	10000	5833.33
11	6.42		
12	7.		
13	7.58		fr. c.
14	8.17		
15	8.75	1 décimètre	0.06
16	9.33	2	0.12
17	9.92	3	0.17
18	10 50	4	0.23
19	11.08	5	0.29
20	11.67	6	0.35
30	17.50	7	0.40
40	23.33	8	0.47
50	29.17	9	0.52
60	35.		
70	40.83		fr. c.
80	46.67		
90	52 50	1 centimètre	0.01
100	58.33	2	0 01
200	116.67	3	0.02
300	175.	4	0.02
400	233.33	5	0.03
500	291.67	6	0.04
600	350.	7	0.04
700	408.33	8	0.03
800	466 67	9	0.03
900	525.		

Si on vendait une aune 14 sous, ou 70 centimes, on vendra

TABLE 60.

Si on payait une aune 14 sous et 1 liard, ou 14 sous 3 deniers, on paiera

	fr. c.		fr. c.
1 mètre	0.59	1000 mètres	593.75
2	1.19	2000	1187.50
3	1.78	3000	1781.25
4	2.38	4000	2375.
5	2.97	5000	2968.75
6	3.56	6000	3562 50
7	4.16	7000	4156.25
8	4.75	8000	4750.
9	5.34	9000	5343.75
10	5.94	10000	5937.50
11	6.53		
12	7.13		
13	7.72		fr. c.
14	8.31		
15	8.91	1 décimètre	0.06
16	9.50	2	0.12
17	10.09	3	0.18
18	10.69	4	0.24
19	11.28	5	0.30
20	11.88	6	0.36
30	17.81	7	0.42
40	23.75	8	0.48
50	29.69	9	0.53
60	35.63		
70	41.56		
80	47.50		fr. c.
90	53.44		
100	59.38	1 centimètre	0.01
200	118.75	2	0.01
300	178.13	3	0.02
400	237.50	4	0.02
500	296.88	5	0.03
600	356.25	6	0.03
700	415.63	7	0 04
800	475.	8	0 05
900	534.38	9	0.05

*Si on vendait une aune 14 sous ¹/₂ , ou 14 sous 6 deniers,
on vendra*

	fr. c.		fr. c.
1 mètre	0.60	1000 mètres	604.17
2	1.21	2000	1208.33
3	1.81	3000	1812.50
4	2.42	4000	2416.67
5	3.02	5000	3020.83
6	3.62	6000	3625.
7	4.23	7000	4229.17
8	4.83	8000	4833.33
9	5.44	9000	5437.50
10	6.04	10000	6041.67
11	6.65		
12	7.25		
13	7.85		fr. c.
14	8.45	1 décimètre	0.06
15	9.06	2	0.12
16	9.67	3	0.18
17	10.27	4	0.24
18	10.87	5	0.30
19	11.48	6	0.36
20	12.08	7	0.42
30	18.12	8	0.48
40	24.17	9	0.54
50	30.21		
60	36.25		fr. c.
70	42.20		
80	48.33		
90	54.37		fr. c.
100	60.42	1 centimètre	0.01
200	120.83	2	0.01
300	180.25	3	0.02
400	241.67	4	0.02
500	302.08	5	0.03
600	362.50	6	0.04
700	422.92	7	0.04
800	483.33	8	0.05
900	543.75	9	0.05

TABLE 62.

Si on payait une aune 14 sous 9 deniers, on paiera

	fr. c.		fr. c.
1 mètre	0.61	1000 mètres	614.58
2	1.23	2000	1229.17
3	1.84	3000	1843.75
4	2.46	4000	2458.33
5	3.07	5000	3072.92
6	3.69	6000	3687.50
7	4.30	7000	4302.08
8	4.92	8000	4916.67
9	5.53	9000	5531.25
10	6.15	10000	6145.83
11	6.76		
12	7.37		
13	7.99		
14	8.60		fr. c.
15	9.22	1 décimètre	0.06
16	9.85	2	0.12
17	10.45	3	0.18
18	11.06	4	0.25
19	11.68	5	0.31
20	12.29	6	0.37
30	18.44	7	0.43
40	24.58	8	0.49
50	30.73	9	0.55
60	36.87		
70	43.02		
80	49.17		
90	55.31		fr. c.
100	61.46	1 centimètre	0.01
200	122.92	2	0.01
300	184.37	3	0.02
400	245.83	4	0.02
500	307.29	5	0.03
600	368.75	6	0.04
700	430.21	7	0.04
800	491.67	8	0.05
900	553.12	9	0.06

Si on vendait une aune 15 sous, ou 75 centimes, on vendra

	fr. c.		fr. c.
1 mètre	0.63	1000 mètres	625.
2	1.25	2000	1250.
3	1.88	3000	1875.
4	2.50	4000	2500.
5	3.13	5000	3125.
6	3.75	6000	3750.
7	4.38	7000	4375.
8	5.	8000	5000.
9	5.63	9000	5625.
10	6.25	10000	6250.
11	6.88		
12	7.50		
13	8.13		
14	8.75		fr. c.
15	9.38	1 décimètre	0.06
16	10.	2	0.13
17	10.63	3	0.19
18	11.25	4	0.25
19	11.88	5	0.31
20	12.50	6	0.38
30	18.75	7	0.44
40	25.	8	0.50
50	31.25	9	0.56
60	37.50		
70	43.75		
80	50.		
90	56.25		fr. c.
100	62.50	1 centimètre	0.01
200	125.	2	0 01
300	187.50	3	0.02
400	250.	4	0.03
500	312.50	5	0.03
600	375.	6	0.04
700	437.50	7	0.04
800	500.	8	0.05
900	562.50	9	0.06

TABLE 64.

Si on vendait une aune 15 sous et 1 liard, ou 15 sous 3 deniers, on vendra

	fr. c.		fr. c.
1 mètre	0.64	1000 mètres	635.42
2	1.27	2000	1270.83
3	1.91	3000	1906.25
4	2.54	4000	2541.67
5	3.18	5000	3177.08
6	3.81	6000	3812.50
7	4.45	7000	4447.92
8	5.08	8000	5083.33
9	5.72	9000	5718.75
10	6.35	10000	6354.17
11	6.99		
12	7.62		
13	8.26		fr. c.
14	8.90	1 décimètre	0.06
15	9.53	2	0.13
16	10.17	3	0.19
17	10.80	4	0.25
18	11.44	5	0.32
19	12.07	6	0.38
20	12.71	7	0.44
30	19.06	8	0.51
40	25.42	9	0.57
50	31.77		
60	38.12		
70	44.48		fr. c.
80	50.83	1 centimètre	0.01
90	57.19	2	0.01
100	63.54	3	0.02
200	127.08	4	0.03
300	190.62	5	0.03
400	254.17	6	0.04
500	317.71	7	0.04
600	381.25	8	0.05
700	444.79	9	0.06
800	508.33		
900	571.87		

Si on vendait une aune 15 sous ¹/₂, ou 15 sous 6 deniers, on vendra

	fr. c.		fr. c.
1 mètre	0.65	1000 mètres	645.83
2	1.29	2000	1291.67
3	1.94	3000	1937.50
4	2.58	4000	2583.33
5	3.23	5000	3229.17
6	3.87	6000	3875.
7	4.52	7000	4520.83
8	5.17	8000	5166.67
9	5.81	9000	5812.50
10	6.46	10000	6458.33
11	7.10		
12	7.75		
13	8.40		
14	9.04		fr. c.
15	9.69	1 décimètre	0.06
16	10.33	2	0.13
17	10.98	3	0.19
18	11.62	4	0.26
19	12.27	5	0.32
20	12.92	6	0.39
30	19.37	7	0.45
40	25.83	8	0.52
50	32.29	9	0.58
60	38.75		
70	45.21		
80	51.67		
90	58.12		fr. c.
100	64.58	1 centimètre	0.01
200	129.17	2	0.01
300	193.75	3	0.02
400	258.33	4	0.03
500	322.92	5	0.03
600	387.50	6	0.04
700	452.08	7	0.05
800	516.67	8	0.05
900	581.25	9	0.06

TABLE 66.

Si on payait une aune 15 sous 9 deniers, on paiera

	fr. c.		fr. c.
1 mètre	0.66	1000 mètres	656.25
2	1.31	2000	1312.50
3	1.97	3000	1968.75
4	2.63	4000	2625.
5	3.28	5000	3281.25
6	3.94	6000	3937.50
7	4.59	7000	4593.75
8	5.25	8000	5250.
9	5.90	9000	5906.25
10	6.56	10000	6562.50
11	7.22		
12	7.88		
13	8.53		
14	9.19		fr. c.
15	9.84	1 décimètre	0.07
16	10.50	2	0.13
17	11.16	3	0.20
18	11.81	4	0.26
19	12.47	5	0.33
20	13.13	6	0.39
30	19.69	7	0.46
40	26.25	8	0.53
50	32.81	9	0.59
60	39.38		
70	45.94		
80	52.50		
90	59.06		fr. c.
100	65.63	1 centimètre	0.01
200	131.25	2	0.01
300	196.88	3	0.02
400	262.50	4	0.03
500	328.13	5	0.03
600	393.75	6	0.04
700	459.38	7	0.05
800	525.	8	0.05
900	590.63	9	0.06

Si on vendait une aune 16 sous, ou 80 centimes, on vendra

	fr. c.		fr. c.
1 mètre	0.67	1000 mètres	666.67
2	1.33	2000	1333.33
3	2.	3000	2000.
4	2.67	4000	2666.67
5	3.33	5000	3333.33
6	4.	6000	4000.
7	4.67	7000	4666.67
8	5.33	8000	5333.33
9	6.	9000	6000.
10	6.67	10000	6666.67
11	7.33		
12	8.		
13	8.67		
14	9.33		fr. c.
15	10.	1 décimètre	0.07
16	10.67	2	0.13
17	11.33	3	0.20
18	12.	4	0.27
19	12.67	5	0.33
20	13.33	6	0.40
30	20.	7	0.47
40	26.67	8	0.53
50	33.33	9	0.60
60	40.		
70	46.67		
80	53.33		
90	60.		fr. c.
100	66.67	1 centimètre	0.01
200	133.33	2	0.01
300	200.	3	0.02
400	266.67	4	0.03
500	333.33	5	0.03
600	400.	6	0.04
700	466.67	7	0.05
800	533.33	8	0.05
900	600.	9	0.06

Si on payait une aune 16 sous et 1 liard, ou 16 sous 3 deniers, on paiera

	fr. c.		fr. c.
1 mètre	0.68	1000 mètres	677.08
2	1 55	2000	1354.17
3	2.05	3000	2031.25
4	2.71	4000	2708.33
5	3.39	5000	3385.42
6	4.06	6000	4062.50
7	4.74	7000	4739.58
8	5.43	8000	5416.67
9	6.09	9000	6093.75
10	6.77	10000	6770.83
11	7.43		
12	8.12		
13	8.80		
14	9.48		
15	10.16		fr. c.
16	10.83	1 décimètre	0.07
17	11.51	2	0.14
18	12.19	3	0.20
19	12 86	4	0.27
20	13.54	5	0.34
30	20.31	6	0.41
40	27.08	7	0.47
50	33.85	8	0.54
60	40 62	9	0.61
70	47.40		
80	54.17		
90	60.94		fr. c.
100	67.71	1 centimètre	0.01
200	155.42	2	0.01
300	203.12	3	0 02
400	270.83	4	0.03
500	338.54	5	0.03
600	406.25	6	0.04
700	473.96	7	0.05
800	541.67	8	0.05
900	609.37	9	0.06

Si on vendait une aune 16 sous ¹⁄₂, ou 16 sous 6 deniers,
on vendra

	fr. c.		fr. c.
1 mètre	0.69	1000 mètres	687.50
2	1.38	2000	1375
3	2.06	3000	2062.50
4	2.75	4000	2750.
5	3.44	5000	3437.50
6	4.13	6000	4125.
7	4.81	7000	4812.50
8	5.50	8000	5500.
9	6 19	9000	6187.50
10	6.88	10000	6875.
11	7.56		
12	8.25		
13	8 94		
14	9.63		fr. c.
15	10.31	1 décimètre	0.07
16	11.	2	0.14
17	11.69	3	0.21
18	12.38	4	0.28
19	13.06	5	0.34
20	13.75	6	0.41
30	20.63	7	0.48
40	27.50	8	0.55
50	34.38	9	0.62
60	41.25		
70	48.13		
80	55.		
90	61.88		fr. c.
100	68.75	1 centimètre	0.01
200	137.50	2	0.01
300	206.25	3	0.02
400	275.	4	0.03
500	343.75	5	0 03
600	412.50	6	0.04
700	481.25	7	0.05
800	550.	8	0.05
900	618.75	9	0.06

TABLE 70.

Si on payait une aune 16 sous 9 deniers, on paiera

	fr. c.		fr. c.
1 mètre	0.70	1000 mètres	697.92
2	1.40	2000	1395.83
3	2 09	3000	2093.75
4	2.79	4000	2791.67
5	3.50	5000	3489.58
6	4 19	6000	4187.50
7	4.89	7000	4885.42
8	5.58	8000	5583.33
9	6.28	9000	6281.25
10	6.98	10000	6979.17
11	7.68		
12	8.37		
13	9.07		
14	9.77		fr. c.
15	10.47	1 décimètre	0.07
16	11.17	2	0.14
17	11.86	3	0.21
18	12.56	4	0.28
19	13.26	5	0.35
20	13.96	6	0.42
30	20.94	7	0.49
40	27.92	8	0.56
50	34.90	9	0.63
60	41.87		
70	48.85		
80	55.83		
90	62.81		fr. c.
100	69.79	1 centimètre	0.01
200	139.58	2	0.01
300	209.37	3	0.02
400	279.17	4	0.03
500	348.96	5	0.04
600	418.75	6	0.04
700	488.54	7	0 05
800	558.33	8	0.06
900	628.12	9	0.06

Si on vendait une aune 17 sous, ou 85 centimes, on vendra

	fr. c.		fr. c.
1 mètre	0.71	1000 mètres	708.33
2	1.42	2000	1416 67
3	2.12	3000	2125.
4	2 83	4000	2833.33
5	3.54	5000	3541.67
6	4.25	6000	4250.
7	4.96	7000	4958.33
8	5.67	8000	5666.67
9	6 37	9000	6375.
10	7.08	10000	7083.33
11	7.79		
12	8.50		
13	9.21		
14	9 92		fr. c.
15	10.62	1 décimètre	0.07
16	11.33	2	0.14
17	12.04	3	0.21
18	12.75	4	0.28
19	13.46	5	0.35
20	14.17	6	0.42
30	21.25	7	0.50
40	28.33	8	0.57
50	35.42	9	0.64
60	42.50		
70	49.58		
80	56 67		
90	63.75		fr. c.
100	70.83	1 centimètre	0.01
200	141.67	2	0.01
300	212.50	3	0 02
400	283.33	4	0.03
500	354.17	5	0.04
600	425.	6	0.04
700	495 83	7	0.05
800	566.67	8	0.06
900	637.50	9	0.06

TABLE 72.

Si on payait une aune 17 sous et 1 liard, ou 17 sous 3 deniers, on paiera

	fr. c.		fr. c.
1 mètre	0.72	1000 mètres	718.75
2	1.44	2000	1437.50
3	2.16	3000	2156.25
4	2.88	4000	2875.
5	3.59	5000	3593.75
6	4.31	6000	4312.50
7	5.03	7000	5031.25
8	5.75	8000	5750.
9	6.47	9000	6468.75
10	7.19	10000	7187.50
11	7.91		
12	8.63		
13	9.34		fr. c.
14	10.06		
15	10.78	1 décimètre	0.07
16	11.50	2	0.14
17	12.22	3	0.22
18	12.94	4	0.29
19	13.66	5	0.36
20	14.38	6	0.43
30	21.56	7	0.50
40	28.75	8	0.58
50	35.94	9	0.64
60	43.13		
70	50.31		
80	57.50		fr. c.
90	64.69		
100	71.88	1 centimètre	0.01
200	143.75	2	0.01
300	215.63	3	0.02
400	287.50	4	0.03
500	359.38	5	0.04
600	431.25	6	0.04
700	503.13	7	0.05
800	575.	8	0.06
900	646.88	9	0.06

Si on vendait une aune 17 sous $^1/_2$, ou 17 sous 6 deniers,
on vendra

	fr. c.		fr. c
1 mètre	0.73	1000 mètres	729.17
2	1.46	2000	1458.33
3	2.19	3000	2187.50
4	2.92	4000	2916.67
5	3.65	5000	3645.83
6	4.37	6000	4375.
7	5.10	7000	5104.17
8	5.83	8000	5833.33
9	6.56	9000	6562.50
10	7.29	10000	7291.67
11	8.02		
12	8.75		
13	9.48		
14	10.21		fr. c.
15	10.94	1 décimètre	0.07
16	11.67	2	0.15
17	12.40	3	0.22
18	13.12	4	0.29
19	13.85	5	0.36
20	14.58	6	0.44
30	21.87	7	0.51
40	29.17	8	0.58
50	36.46	9	0.66
60	43.75		
70	51.04		
80	58.33		fr. c.
90	65.62		
100	72.92	1 centimètre	0.01
200	145.83	2	0.01
300	218.75	3	0.02
400	291.67	4	0.03
500	364.58	5	0.04
600	437.50	6	0.04
700	510.42	7	0.05
800	583.33	8	0.06
900	656.25	9	0.07

Si on payait une aune 17 sous 9 deniers, on paiera

	fr. c.		fr. c.
1 mètre	0.74	1000 mètres	739.58
2	1.48	2000	1479.17
3	2.22	3000	2218.75
4	2.96	4000	2958.33
5	3.70	5000	3697.92
6	4.44	6000	4437.50
7	5.18	7000	5177.08
8	5.92	8000	5916.67
9	6.66	9000	6656.25
10	7.40	10000	7395.83
11	8.14		
12	8.87		
13	9.61		
14	10.35		fr. c.
15	11.09	1 décimètre	0.07
16	11.83	2	0.15
17	12.57	3	0.22
18	13.31	4	0.30
19	14.05	5	0.37
20	14.79	6	0.44
30	22.19	7	0.52
40	29.58	8	0.59
50	36.98	9	0.67
60	44.37		
70	51.77		
80	59.17		
90	66.56		fr. c.
100	73.96	1 centimètre	0.01
200	147.92	2	0.02
300	221.87	3	0.02
400	295.83	4	0.03
500	369.79	5	0.04
600	443.75	6	0.04
700	517.71	7	0.05
800	591.67	8	0.06
900	665.62	9	0.07

Si on vendait une aune 18 sous ou 90 centimes, on vendra

	fr. c.		fr. c.
1 mètre	0.75	1000 mètres	750.
2	1.50	2000	1500.
3	2.25	3000	2250.
4	3.	4000	3000.
5	3.75	5000	3750.
6	4.50	6000	4500.
7	5.25	7000	5250.
8	6.	8000	6000.
9	6.75	9000	6750.
10	7.50	10000	7500.
11	8.25		
12	9.		
13	9.75		
14	10.50		fr. c.
15	11.25	1 décimètre	0.08
16	12.	2	0.15
17	12.75	3	0.23
18	13.50	4	0.30
19	14.25	5	0.38
20	15.	6	0.45
30	22.50	7	0.53
40	30.	8	0.60
50	37.50	9	0.68
60	45.		
70	52.50		
80	60.		
90	67.50		fr. c.
100	75.	1 centimètre	0.01
200	150.	2	0.02
300	225.	3	0.02
400	300.	4	0.03
500	375.	5	0.04
600	450.	6	0.05
700	525.	7	0.05
800	600.	8	0.06
900	675.	9	0.07

TABLE 76.

Si on payait une aune 18 sous et 1 liard, ou 18 sous 3 deniers, on paiera

	fr. c.		fr. c.
1 mètre	0.76	1000 mètres	760.42
2	1.52	2000	1520.85
3	2.28	3000	2281.25
4	3.04	4000	3041.67
5	3.80	5000	3802.08
6	4.56	6000	4562.50
7	5.32	7000	5322.92
8	6.08	8000	6083.33
9	6.84	9000	6843.75
10	7.60	10000	7604.17
11	8.36		
12	9.12		
13	9.89		fr. c.
14	10.65		
15	11.41	1 décimètre	0.08
16	12.17	2	0.15
17	12.93	3	0.23
18	13.69	4	0.30
19	14.45	5	0.38
20	15.21	6	0.46
30	22.81	7	0.53
40	30.42	8	0.60
50	38.02	9	0.68
60	45.62		
70	53.23		fr. c.
80	60.83		
90	68.44	1 centimètre	0.01
100	76.04	2	0.02
200	152.08	3	0.02
300	228.12	4	0.03
400	304.17	5	0.04
500	380.20	6	0.05
600	456.25	7	0.05
700	532.29	8	0.06
800	608.33	9	0.07
900	684.37		

Si on vendait une aune 18 sous ¹/₂, ou 18 sous 6 deniers,
on vendra

	fr. c.		fr. c.
1 mètre	0.77	1000 mètres	770.83
2	1.54	2000	1541.67
3	2.31	3000	2312.50
4	3.08	4000	3083.33
5	3.85	5000	3854.17
6	4.62	6000	4625.
7	5.40	7000	5395.83
8	6.17	8000	6166.67
9	6.94	9000	6937.50
10	7.71	10000	7708.33
11	8.48		
12	9.25		
13	10.02		fr. c.
14	10.79		
15	11.56	1 décimètre	0.08
16	12.33	2	0.15
17	13.10	3	0.23
18	13.87	4	0.31
19	14.65	5	0.39
20	15.42	6	0.46
30	23.12	7	0.54
40	30.83	8	0.62
50	38.54	9	0.69
60	46.25		
70	53.96		
80	61.67		fr. c.
90	69.37		
100	77.08	1 centimètre	0.01
200	154.17	2	0.02
300	231.25	3	0.02
400	308.33	4	0.03
500	385.42	5	0.04
600	462.50	6	0.05
700	539.58	7	0.05
800	616.67	8	0.06
900	693.75	9	0.07

TABLE 78.

Si on payait une aune 18 sous 9 deniers, on paiera

	fr. c.		fr. c.
1 mètre	0.78	1000 mètres	781.25
2	1.56	2000	1562.50
3	2.34	3000	2343.75
4	3.13	4000	3125.
5	3.91	5000	3906.25
6	4.69	6000	4687.50
7	5.47	7000	5468.75
8	6.25	8000	6250.
9	7.03	9000	7031.25
10	7.81	10000	7812.50
11	8.59		
12	9.38		
13	10.16		fr. c.
14	10.94		
15	11.72	1 décimètre	0.08
16	12.50	2	0.16
17	13.28	3	0.23
18	14.06	4	0.31
19	14.84	5	0.39
20	15.63	6	0.47
30	23.44	7	0.55
40	31.25	8	0.63
50	39.06	9	0.70
60	46.88		
70	54.69		
80	62.50		fr. c.
90	70.31		
100	78.13	1 centimètre	0.01
200	156.25	2	0.02
300	234.38	3	0.02
400	312.50	4	0.03
500	390.63	5	0.04
600	468.75	6	0.05
700	546.88	7	0.06
800	625.	8	0.06
900	703.13	9	0.07

Si on vendait une aune 19 sous, ou 95 centimes, on vendra

	fr. c.		fr. c.
1 mètre	0.79	1000 mètres	791.67
2	1.58	2000	1583.33
3	2.37	3000	2375.
4	3.17	4000	3166.67
5	3.96	5000	3958.33
6	4.75	6000	4750.
7	5.54	7000	5541.67
8	6.33	8000	6333.33
9	7.12	9000	7125.
10	7.92	10000	7916.67
11	8.71		
12	9.50		
13	10.29		
14	11.08		fr. c.
15	11.87	1 décimètre	0.08
16	12.67	2	0.16
17	13.46	3	0.24
18	14.25	4	0.32
19	15.04	5	0.40
20	15.83	6	0.47
30	23.75	7	0.55
40	31.67	8	0.63
50	39.58	9	0.71
60	47.50		
70	55.42		
80	63.33		
90	71.25		fr. c.
100	79.17	1 centimètre	0.01
200	158.33	2	0.02
300	237.50	3	0.02
400	316.67	4	0.03
500	395.83	5	0.04
600	475.	6	0.05
700	554.17	7	0.06
800	633.33	8	0.06
900	712.50	9	0.07

TABLE 80.

Si on payait une aune 19 sous et 1 liard, ou 19 sous 3 deniers, on paiera

	fr. c.		fr. c.
1 mètre	0.80	1000 mètres	802.08
2	1.60	2000	1604.17
3	2.40	3000	2406.25
4	3.21	4000	3208.33
5	4.01	5000	4010.42
6	4.81	6000	4812.50
7	5.61	7000	5614.58
8	6.42	8000	6416.67
9	7.22	9000	7218.75
10	8.02	10000	8020.83
11	8.82		
12	9.62		
13	10.43		fr. c.
14	11.23		
15	12.03	1 décimètre	0.08
16	12.83	2	0.16
17	13.64	3	0.24
18	14.44	4	0.32
19	15.24	5	0.40
20	16.04	6	0.48
30	24.06	7	0.56
40	32.08	8	0.64
50	40.10	9	0.72
60	48.12		
70	56.15		
80	64.17		fr. c.
90	72.19		
100	80.21	1 centimètre	0.01
200	160.42	2	0.02
300	240.62	3	0.02
400	320.83	4	0.03
500	401.04	5	0.04
600	481.25	6	0.05
700	561.46	7	0.06
800	641.67	8	0.06
900	721.87	9	0.07

Si on vendait une aune 19 sous ¹/₂, ou 19 sous 6 deniers, on vendra

	fr. c.		fr. c.
1 mètre	0.81	1000 mètres	812.50
2	1.63	2000	1625.
3	2.44	3000	2437.50
4	3.25	4000	3250.
5	4.06	5000	4062.50
6	4.88	6000	4875.
7	5.69	7000	5687.50
8	6.50	8000	6500.
9	7.31	9000	7312.50
10	8.13	10000	8125.
11	8.94		
12	9.75		
13	10.56		
14	11.38		fr. c.
15	12.19	1 décimètre	0.08
16	13.	2	0.16
17	13.81	3	0.24
18	14.63	4	0.33
19	15.44	5	0.41
20	16.25	6	0.49
30	24.38	7	0.57
40	32.50	8	0.65
50	40.63	9	0.73
60	48.75		
70	56.88		
80	65.		
90	73.13		fr. c.
100	81.25	1 centimètre	0.01
200	162.50	2	0.02
300	243.75	3	0.02
400	325.	4	0.03
500	406.25	5	0.04
600	487.50	6	0.05
700	568.75	7	0.06
800	650.	8	0.07
900	731.25	9	0.07

Si on payait une aune 19 sous 9 deniers, on paiera

	fr. c.		fr. c.
1 mètre	0.82	1000 mètres	822.92
2	1.65	2000	1645.83
3	2.47	3000	2468.75
4	3.29	4000	3291.67
5	4.11	5000	4114.58
6	4.94	6000	4937.50
7	5.76	7000	5760.42
8	6.58	8000	6583.33
9	7.41	9000	7406.25
10	8.23	10000	8229.17
11	9.05		
12	9.87		
13	10.70		
14	11.52		fr. c.
15	12.34	1 décimètre	0 08
16	13.17	2	0.16
17	13.99	3	0.25
18	14.81	4	0.33
19	15.64	5	0.41
20	16.46	6	0.49
30	24.69	7	0.57
40	32.92	8	0.66
50	41.15	9	0.82
60	49.37		
70	57.60		
80	65.83		
90	74.06		fr. c.
100	82.29	1 centimètre	0.01
200	164.58	2	0.02
300	246.87	3	0.03
400	329.17	4	0.03
500	411.46	5	0.04
600	493.75	6	0.05
700	576.04	7	0.06
800	658.33	8	0.07
900	740.62	9	0.07

Si on vendait une aune 20 sous, ou 1 franc, on vendra

	fr. c.		fr. c.
1 mètre	0.83	1000 mètres	833.33
2	1.67	2000	1666.67
3	2.50	3000	2500.
4	3.33	4000	3333.33
5	4.17	5000	4166.67
6	5.	6000	5000.
7	5.83	7000	5833.33
8	6.67	8000	6666.67
9	7.50	9000	7500.
10	8.33	10000	8333.33
11	9.17		
12	10.		
13	10.83		
14	11.67		fr. c.
15	12.50	1 décimètre	0.08
16	13.33	2	0.17
17	14.17	3	0.25
18	15.	4	0.33
19	15.83	5	0.42
20	16.67	6	0.50
30	25.	7	0.58
40	33.33	8	0.67
50	41.67	9	0.75
60	50.		
70	58.33		
80	66.67		
90	75.		fr. c.
100	83.33	1 centimètre	0.01
200	166.67	2	0.02
300	250.	3	0.03
400	333.33	4	0.03
500	416.67	5	0.04
600	500.	6	0.05
700	583.33	7	0.06
800	666.67	8	0.07
900	750.	9	0.08

TABLE 84.

Si une aune coûtait 2 francs, on paiera

	fr. c.		fr. c.
1 mètre	1.67	1000 mètres	1666.67
2	3.33	2000	3333.33
3	5.00	3000	5000.
4	6.67	4000	6666.67
5	8.33	5000	8333.33
6	10.	6000	10000.
7	11.67	7000	11666.67
8	13.33	8000	13333.33
9	15.	9000	15000.
10	16.67	10000	16666.67
11	18.33		
12	20.		
13	21.67		
14	23.33		fr. c.
15	25.	1 décimètre	0.17
16	26.67	2	0.33
17	28.33	3	0.50
18	30.	4	0.67
19	31.67	5	0.83
20	33.33	6	1.00
30	50.	7	1.17
40	66.67	8	1.33
50	83.33	9	1.50
60	100.		
70	116.67		
80	133.33		
90	150.		fr. c.
100	166.67	1 centimètre	0.02
200	333.33	2	0.03
300	500.	3	0.05
400	666.67	4	0.07
500	833.33	5	0.08
600	1000.	6	0.10
700	1166.67	7	0.12
800	1333.33	8	0.13
900	1500.	9	0.15

Si on vendait une aune 5 francs, on vendra

	fr. c.		fr. c.
1 mètre	2.50	1000 mètres	2500.
2	5.	2000	5000.
5	7.50	5000	7500.
4	10.	4000	10000.
5	12.50	5000	12500.
6	15.	6000	15000.
7	17.50	7000	17500.
8	20.	8000	20000.
9	22.50	9000	22500.
10	25.	10000	25000.
11	27.50		
12	30.		
15	52.50		
14	55.		fr. c.
15	57.50	1 décimètre	0.25
16	40.	2	0.50
17	42.50	5	0.75
18	45.	4	1.
19	47.50	5	1.25
20	50.	6	1.50
50	75.	7	1.75
40	100.	8	2.
50	125.	9	2.25
60	150.		
70	175.		
80	200.		fr. c.
90	225.	1 centimètre	0.03
100	250.	2	0.05
200	500.	5	0.08
500	750.	4	0.10
400	1000.	5	0.13
500	1250.	6	0.15
600	1500.	7	0.18
700	1750.	8	0.20
800	2000.	9	0.23
900	2250.		

TABLE 86.

Si on vendait une aune 4 francs, on vendra

	fr. c.		fr. c.
1 mètre	3.33	1000 mètres	3333.33
2	6.67	2000	6666.67
3	10.	3000	10000.
4	13.33	4000	13333.33
5	16.67	5000	16666.67
6	20.	6000	20000.
7	23.33	7000	23333.33
8	26.67	8000	26666.67
9	30.	9000	30000.
10	33.33	10000	33333.33
11	36.67		
12	40.		
13	43.33		fr. c.
14	46.67		
15	50.	1 décimètre	0.33
16	53.33	2	0.67
17	56.67	3	1.
18	60.	4	1.33
19	63.33	5	1.67
20	66.67	6	2.
30	100.	7	2.33
40	133.33	8	2.67
50	166.67	9	3.
60	200.		
70	233.33		
80	266.67		
90	300.		fr. c.
100	333.33	1 centimètre	0.03
200	666.67	2	0.07
300	1000.	3	0.10
400	1333.33	4	0.13
500	1666.67	5	0.17
600	2000.	6	0.20
700	2333.33	7	0.23
800	2666.67	8	0.27
900	3000.	9	0.30

Si on vendait une aune 5 francs, on vendra

	fr. c.		fr. c.
1 mètre	4.17	1000 mètres	4166.67
2	8.33	2000	8333.33
3	12.50	3000	12500.
4	16.67	4000	16666.67
5	20.83	5000	20833.33
6	25.	6000	25000.
7	29.17	7000	29166.67
8	33.33	8000	33333.33
9	37.50	9000	37500.
10	41.67	10000	41666.67
11	45.83		
12	50.		
13	54.17		
14	58.33		fr. c.
15	62.50	1 décimètre	0.42
16	66.67	2	0.83
17	70.83	3	1.25
18	75.	4	1.67
19	79.17	5	2.08
20	83.33	6	2.50
30	125.	7	2.92
40	166.67	8	3.33
50	208.33	9	3.75
60	250.		
70	291.67		
80	333.33		
90	375.		fr. c.
100	416.67	1 centimètre	0.04
200	833.33	2	0.08
300	1250.	3	0.13
400	1666.67	4	0.17
500	2083.33	5	0.21
600	2500.	6	0.25
700	2916.67	7	0.29
800	3333.33	8	0.33
900	3750.	9	0.38

TABLE 88.

Si on payait une aune 6 francs, on paiera

	fr. c.		fr. c.
1 mètre	5.	1000 mètres	5000.
2	10.	2000	10000.
3	15.	3000	15000.
4	20.	4000	20000.
5	25.	5000	25000.
6	30.	6000	30000.
7	35.	7000	35000.
8	40.	8000	40000.
9	45.	9000	45000.
10	50.	10000	50000.
11	55.		
12	60.		
13	65.		
14	70.		fr. c.
15	75.	1 décimètre	0.50
16	80.	2	1.
17	85.	3	1.50
18	90.	4	2.
19	95.	5	2.50
20	100.	6	3.
30	150.	7	3.50
40	200.	8	4.
50	250.	9	4.50
60	300.		
70	350.		
80	400.		
90	450.		fr. c.
100	500.	1 centimètre	0.05
200	1000.	2	0.10
300	1500.	3	0.15
400	2000.	4	0.20
500	2500.	5	0.25
600	3000.	6	0.30
700	3500.	7	0.35
800	4000.	8	0.40
900	4500.	9	0.45

Si on vendait une aune 7 francs, on vendra

	fr. c.		fr. c.
1 mètre	5.83	1000 mètres	5833.33
2	11.67	2000	11666.67
3	17.50	3000	17500.
4	23.33	4000	23333.33
5	29.17	5000	29166.67
6	35.	6000	35000.
7	40.83	7000	40833.33
8	46.67	8000	46666.67
9	52.50	9000	52500.
10	58.33	10000	58333.33
11	64.17		
12	70.		
13	75.83		
14	81.67		fr. c.
15	87.50	1 décimètre	0.58
16	93.33	2	1.17
17	99.17	3	1.75
18	105.	4	2.33
19	110.83	5	2.92
20	116.67	6	3.50
30	175.	7	4.08
40	233.33	8	4.67
50	291.67	9	5.25
60	350.		
70	408.33		
80	466.67		
90	525.		fr. c.
100	583.33	1 centimètre	0.06
200	1166.67	2	0.12
300	1750.	3	0.18
400	2333.33	4	0.23
500	2916.67	5	0.29
600	3500.	6	0.35
700	4083.33	7	0.41
800	4666.67	8	0.47
900	5250.	9	0.53

TABLE 90.

Si on payait une aune 8 francs, on paiera

	fr. c.		fr. c.
1 mètre	6.67	1000 mètres	6666.67
2	13.33	2000	13333.33
3	20.	3000	20000.
4	26.67	4000	26666.67
5	33.33	5000	33333.33
6	40.	6000	40000.
7	46.67	7000	46666.67
8	53.33	8000	53333.33
9	60.	9000	60000.
10	66.67	10000	66666.67
11	73.33		
12	80.		
13	86.67		
14	93.33		fr. c.
15	100.	1 décimètre	0.67
16	106 67	2	1.33
17	113.33	3	2.
18	120.	4	2.67
19	126.67	5	3.33
20	133.33	6	4.
30	200.	7	4.67
40	266.67	8	5.33
50	333.33	9	6.
60	400.		
70	466.67		
80	533.33		
90	600.		fr. c.
100	666.67	1 centimètre	0.07
200	1333.33	2	0.13
300	2000.	3	0.20
400	2666.67	4	0.27
500	3333.33	5	0.33
600	4000.	6	0.40
700	4666.67	7	0.47
800	5333.33	8	0.53
900	6000.	9	0.60

Si on vendait une aune 9 francs, on vendra

	fr. c.		fr. c.
1 mètre	7.50	1000 mètres	7500.
2	15.	2000	15000.
3	22.50	3000	22500.
4	30.	4000	30000.
5	37.50	5000	37500.
6	45.	6000	45000.
7	52.50	7000	52500.
8	60.	8000	60000.
9	67.50	9000	67500.
10	75.	10000	75000.
11	82.50		
12	90.		
13	97.50		
14	105.		fr. c.
15	112.50	1 décimètre	0.75
16	120.	2	1.50
17	127.50	3	2.25
18	135.	4	3.
19	142.50	5	3.75
20	150.	6	4.50
30	225.	7	5.25
40	300.	8	6.
50	375.	9	6.75
60	450.		
70	525.		
80	600.		fr. c.
90	675.	1 centimètre	0.08
100	750.	2	0.15
200	1500.	3	0.23
300	2250.	4	0.30
400	3000.	5	0.38
500	3750.	6	0.45
600	4500.	7	0.53
700	5250.	8	0.60
800	6000.	9	0.68
900	6750.		

TABLE 92.

Si une aune coûtait 10 francs, on paiera

	fr. c.		fr. c.
1 mètre	8.33	1000 mètres	8333.33
2	16.67	2000	16666.67
3	25.	3000	25000.
4	33.33	4000	33333.33
5	41.67	5000	41666.67
6	50.	6000	50000.
7	58.33	7000	58333.33
8	66.67	8000	66666.67
9	75.	9000	75000.
10	83.33	10000	83333.33
11	91.67		
12	100.		
13	108.33		fr. c.
14	116.67	1 décimètre	0.83
15	125.	2	1.67
16	133.33	3	2.50
17	141.67	4	3.33
18	150.	5	4.17
19	158.33	6	5.
20	166.67	7	5.83
30	250.	8	6.67
40	333.33	9	7.50
50	416.67		
60	500.		fr. c.
70	583.33	1 centimètre	0.08
80	666.67	2	0.17
90	750.	3	0.25
100	833.33	4	0.33
200	1666.67	5	0.42
300	2500.	6	0.50
400	3333.33	7	0.58
500	4166.67	8	0.67
600	5000.	9	0.75
700	5833.33		
800	6666.67		
900	7500.		

Si on vendait une aune 11 francs, on vendra

	fr. c.		fr. c.
1 mètre	9.17	1000 mètres	9166.67
2	18.33	2000	18333.33
3	27.50	3000	27500.
4	36.67	4000	36666.67
5	45.83	5000	45833.33
6	55.	6000	55000.
7	64.17	7000	64166.67
8	73.33	8000	73333.33
9	82.50	9000	82500.
10	91.67	10000	91666.67
11	100.85		
12	110.		
13	119.17		fr. c.
14	128.33	1 décimètre	0.92
15	137.50	2	1.83
16	146.67	3	2.75
17	155.83	4	3.67
18	165.	5	4.58
19	174.17	6	5.50
20	183.33	7	6.42
30	275.	8	7.33
40	366.67	9	8.25
50	458.33		
60	550.		
70	641.67		fr. c.
80	733.33	1 centimètre	0.09
90	825.	2	0.18
100	916.67	3	0.28
200	1833.33	4	0.37
300	2750.	5	0.46
400	3666.67	6	0.55
500	4583.33	7	0.64
600	5500.	8	0.73
700	6416.67	9	0.83
800	7333.33		
900	8250.		

Si on payait une aune 12 francs, on paiera

	fr. c.		fr. c.
1 mètre	10.	1000 mètres	10000.
2	20.	2000	20000.
3	30.	3000	30000.
4	40.	4000	40000.
5	50.	5000	50000.
6	60.	6000	60000.
7	70.	7000	70000.
8	80.	8000	80000.
9	90.	9000	90000.
10	100.	10000	100000.
11	110.		
12	120.		
13	130.		fr. c.
14	140.		
15	150.	1 décimètre	1.
16	160.	2	2.
17	170.	3	3.
18	180.	4	4.
19	190.	5	5.
20	200.	6	6.
30	300.	7	7.
40	400.	8	8.
50	500.	9	9.
60	600.		
70	700.		
80	800.		fr. c.
90	900.		
100	1000.	1 centimètre	0.10
200	2000.	2	0.20
300	3000.	3	0.30
400	4000.	4	0.40
500	5000.	5	0.50
600	6000.	6	0.60
700	7000.	7	0.70
800	8000.	8	0.80
900	9000.	9	0.90

Si on vendait une aune 13 francs, on vendra

	fr. c.		fr. c.
1 mètre	10.83	1000 mètres	10833.33
2	21 67	2000	21666.67
3	32.50	3000	32500.
4	43.33	4000	43333.33
5	54.17	5000	54166.67
6	65.	6000	65000.
7	75.83	7000	75833.33
8	86.67	8000	86666.67
9	97.50	9000	97500.
10	108.33	10000	108333.33
11	119.17		
12	130.		
13	140.83		
14	151.67		fr. c.
15	162.50	1 décimètre	1.08
16	173.33	2	2.17
17	184.17	3	3.25
18	195.	4	4.33
19	205.83	5	5.42
20	216.67	6	6.50
30	325.	7	7.58
40	433.33	8	8.67
50	541.67	9	9.75
60	650.		
70	758.33		
80	866.67		
90	975.		fr. c.
100	1083.33	1 centimètre	0.11
200	2166.67	2	0.22
300	3250.	3	0.33
400	4333.33	4	0.43
500	5416.67	5	0 54
600	6500.	6	0.65
700	7583.33	7	0.76
800	8666.67	8	0.87
900	9750.	9	0.98

TABLE 96.

Si on payait une aune 14 francs, on paiera

	fr. c.		fr. c.
1 mètre	11.67	1000 mètres	11666.67
2	23.33	2000	23333.33
3	35.	3000	35000.
4	46.67	4000	46666.67
5	58.33	5000	58333.33
6	70.	6000	70000.
7	81.67	7000	81666.67
8	93.33	8000	93333.33
9	105.	9000	105000.
10	116.67	10000	116666.67
11	128.33		
12	140.		
13	151.67		
14	163.33		fr. c.
15	175.	1 décimètre	1.17
16	186.67	2	2.33
17	198.33	3	3.50
18	210.	4	4.67
19	221.67	5	5.83
20	233.33	6	7.
30	350.	7	8.17
40	466.67	8	9.33
50	583.33	9	10.50
60	700.		
70	816.67		
80	933.33		
90	1050.		fr. c.
100	1166.67	1 centimètre	0.12
200	2333.33	2	0.23
300	3500.	3	0.35
400	4666.67	4	0.47
500	5833.33	5	0.58
600	7000.	6	0.70
700	8166.67	7	0.82
800	9333.33	8	0.93
900	10500.	9	1.05

Si on vendait une aune 15 francs, on vendra

	fr. c.		fr. c.
1 mètre	12.50	1000 mètres	12500.
2	25.	2000	25000.
3	37.50	3000	37500.
4	50.	4000	50000.
5	62.50	5000	62500.
6	75.	6000	75000.
7	87.50	7000	87500.
8	100.	8000	100000.
9	112.50	9000	112500.
10	125.	10000	125000.
11	137.50		
12	150.		
13	162.50		
14	175.		
15	187.50	1 décimètre	1.25
16	200.	2	2.50
17	212.50	3	3.75
18	225.	4	5.
19	237.50	5	6.25
20	250.	6	7.50
30	375.	7	8.75
40	500.	8	10.
50	625.	9	11.25
60	750.		
70	875.		
80	1000.		
90	1125.		
100	1250.	1 centimètre	0.13
200	2500.	2	0 25
300	3750.	3	0.38
400	5000.	4	0.50
500	6250.	5	0.63
600	7500.	6	0.75
700	8750.	7	0.88
800	10000.	8	1.
900	11250.	9	1.13

TABLE 98.

Si on payait une aune 16 francs, on paiera

	fr. c.		fr. c.
1 mètre	13.33	1000 mètres	13333.33
2	26.67	2000	26666.67
3	40.	3000	40000.
4	53.33	4000	53333.33
5	66.67	5000	66666.67
6	80.	6000	80000.
7	93.33	7000	93333.33
8	106.67	8000	106666.67
9	120.	9000	120000.
10	133.33	10000	133333.33
11	146.67		
12	160.		
13	173.33		
14	186.67		
15	200.		fr. c.
16	213.33	1 décimètre	1.33
17	226.67	2	2.67
18	240.	3	4.
19	253.33	4	5.33
20	266.67	5	6.67
30	400.	6	8.
40	533.33	7	9.33
50	666.67	8	10.67
60	800.	9	12.
70	933.33		
80	1066.67		
90	1200.		
100	1333.33		fr. c.
200	2666.67	1 centimètre	0.13
300	4000.	2	0.27
400	5333.33	3	0.40
500	6666.67	4	0.53
600	8000.	5	0.67
700	9333.33	6	0.80
800	10666.67	7	0.93
900	12000.	8	1.07
		9	1.20

Si on vendait une aune 17 francs, on vendra

	fr. c.		fr. c.
1 mètre	14.17	1000 mètres	14166.67
2	28.33	2000	28333.33
3	42.50	3000	42500.
4	56.67	4000	56666.67
5	70.83	5000	70833.33
6	85.	6000	85000.
7	99.17	7000	99166.67
8	113.33	8000	113333.33
9	127.50	9000	127500.
10	141.67	10000	141666.67
11	155.83		
12	170.		
13	184.17		
14	198.33		
15	212.50		
16	226.67		
17	240.83		
18	255.		
19	269.17		
20	283.33		
30	425.		
40	566.67		
50	708.33		
60	850.		
70	991.67		
80	1133.33		
90	1275.		
100	1416.67		
200	2833.33		
300	4250.		
400	5666.67		
500	7083.33		
600	8500.		
700	9916.67		
800	11333.33		
900	12750.		

	fr. c.
1 décimètre	1.42
2	2.83
3	4.25
4	5.67
5	7.08
6	8.50
7	9.92
8	11.33
9	12.75

	fr. c.
1 centimètre	0.14
2	0.28
3	0.43
4	0.57
5	0.71
6	0.85
7	0.99
8	1.13
9	1.28

TABLE 100.

Si on payait une aune 18 francs, on paiera

	fr. c.		fr. c.
1 mètre	15.	1000 mètres	15000.
2	30.	2000	30000.
3	45.	3000	45000.
4	60.	4000	60000.
5	75.	5000	75000.
6	90.	6000	90000.
7	105.	7000	105000.
8	120.	8000	120000.
9	135.	9000	135000.
10	150.	10000	150000.
11	165.		
12	180.		
13	195.		fr. c.
14	210.		
15	225.	1 décimètre	1.50
16	240.	2	3.
17	255.	3	4.50
18	270.	4	6.
19	285.	5	7.50
20	300.	6	9.
30	450.	7	10.50
40	600.	8	12.
50	750.	9	13.50
60	900.		
70	1050.		
80	1200.		fr. c.
90	1350.		
100	1500.	1 centimètre	0.15
200	3000.	2	0.30
300	4500.	3	0.45
400	6000.	4	0.60
500	7500.	5	0.75
600	9000.	6	0.90
700	10500.	7	1.05
800	12000.	8	1.20
900	13500.	9	1.35

Si on vendait une aune 19 francs, on vendra

	fr. c.		fr. c.
1 mètre	15.83	1000 mètres	15833.33
2	31.67	2000	31666.67
3	47.50	3000	47500.
4	63.33	4000	63333.33
5	79.17	5000	79166.67
6	95.	6000	95000.
7	110.83	7000	110833.33
8	126.67	8000	126666.67
9	142.50	9000	142500.
10	158.33	10000	158333.33
11	174.17		
12	190.		
13	205.83		
14	221.67		fr. c.
15	237.50	1 décimètre	1.58
16	253.33	2	3.17
17	269.17	3	4.75
18	285.	4	6.33
19	300.83	5	7.92
20	316.67	6	9.50
30	475.	7	11.08
40	633.33	8	12.67
50	791.67	9	14.25
60	950.		
70	1108.33		
80	1266.67		
90	1425.		fr. c.
100	1583.33	1 centimètre	0.16
200	2166.67	2	0.33
300	4750.	3	0.48
400	6333.33	4	0.63
500	7916.67	5	0.79
600	9500.	6	0.95
700	11083.33	7	1.11
800	12666.67	8	1.27
900	14250.	9	1.43

TABLE 102.

Si on payait une aune 20 francs, on paiera

	fr. c.			fr. c.
1 mètre	16.67	1000 mètres		16666.67
2	33.33	2000		33333.33
3	50.	3000		50000.
4	66.67	4000		66666.67
5	83.33	5000		83333.33
6	100.	6000		100000.
7	116.67	7000		116666.67
8	133.33	8000		133333.33
9	150.	9000		150000.
10	166.67	10000		166666.67
11	183.33			
12	200.			
13	216.67			
14	233.33			fr. c.
15	250.	1 décimètre		1.67
16	266.67	2		3.33
17	283.33	3		5.
18	300.	4		6.67
19	316.67	5		8.33
20	333.30	6		10.
30	500.	7		11.67
40	666.67	8		13.33
50	833.33	9		15.
60	1000.			
70	1166.67			
80	1333.33			
90	1500.			fr. c.
100	1666.67	1 centimètre		0.17
200	3333.33	2		0.33
300	5000.	3		0.50
400	6666.67	4		0.67
500	8333.33	5		0.83
600	10000.	6		1.
700	11666.67	7		1.17
800	13333.33	8		1.33
900	15000.	9		1.50

Si on vendait une aune 21 francs, on vendra

	fr. c.		fr. c.
1 mètre	17.50	1000 mètres	17500.
2	35.	2000	35000.
3	52.50	3000	52500.
4	70.	4000	70000.
5	87.50	5000	87500.
6	105.	6000	105000.
7	122.50	7000	122500.
8	140.	8000	140000.
9	157.50	9000	157500.
10	175.	10000	175000.
11	192.50		
12	210.		
13	227.50		
14	245.		fr. c.
15	262.50	1 décimètre	1.75
16	280.	2	3.50
17	297.50	3	5.25
18	315.	4	7.
19	332.50	5	8.75
20	350.	6	10.50
30	525.	7	12.25
40	700.	8	14.
50	875.	9	15.75
60	1050.		
70	1225.		
80	1400.		
90	1575.		fr. c.
100	1750.	1 centimètre	0,18
200	3500.	2	0.35
300	5250.	3	0.53
400	7000.	4	0.70
500	8750.	5	0.88
600	10500.	6	1.05
700	12250.	7	1.23
800	14000.	8	1.40
900	15750.	9	1.58

TABLE 104.

Si on payait une aune 22 francs, on paiera

	fr. c.
1 mètre	18.33
2	36.67
3	55.
4	73.33
5	91.67
6	110.
7	128.33
8	146.67
9	165.
10	183.33
11	201.67
12	220.
13	238.33
14	256.67
15	275.
16	293.33
17	311.67
18	330.
19	348.33
20	366.67
30	550.
40	733.33
50	916.67
60	1100.
70	1283.33
80	1466.67
90	1650.
100	1833.33
200	3666.67
300	5500.
400	7333.33
500	9166.67
600	11000.
700	12833.33
800	14666.67
900	16500.

	fr. c.
1000 mètres	18333.33
2000	36666.67
3000	55000.
4000	73333.33
5000	91666.67
6000	110000.
7000	128333.33
8000	146666.67
9000	165000.
10000	183333.33

	fr. c.
1 décimètre	1.83
2	3.67
3	5.50
4	7.33
5	9.17
6	11.
7	12.83
8	14.67
9	16.50

	fr. c.
1 centimètre	0.18
2	0.37
3	0.55
4	0.73
5	0.92
6	1.10
7	1.28
8	1.47
9	1.65

Si on vendait une aune 23 francs, on vendra

	fr. c.		fr. c.
1 mètre	19.17	1000 mètres	19166.67
2	38.33	2000	38333.33
3	57.50	3000	57500.
4	76.67	4000	76666.67
5	95.83	5000	95833.33
6	115.	6000	115000.
7	134.17	7000	134166.67
8	153.33	8000	153333.33
9	172.50	9000	172500.
10	191.67	10000	191666.67
11	210.83		
12	230.		
13	249.17		fr. c.
14	268.33		
15	287.50	1 décimètre	1.92
16	306.67	2	3.83
17	325.83	3	5.75
18	345.	4	7.67
19	364.17	5	9.58
20	383.33	6	11.50
30	575.	7	13.42
40	766.67	8	15.33
50	958.33	9	17.25
60	1150.		
70	1341.67		
80	1533.33		fr. c.
90	1725.		
100	1916.67	1 centimètre	0.19
200	3833.33	2	0.38
300	5750.	3	0.58
400	7666.67	4	0.77
500	9583.33	5	0.96
600	11500.	6	1.15
700	13416.67	7	1.34
800	15333.33	8	1.53
900	17250.	9	1.73

TABLE 106.

Si on vendait une aune 24 francs, on vendra

	fr. c.		fr. c.
1 mètre	20.	1000 mètres	20000.
2	40.	2000	40000.
3	60.	3000	60000.
4	80.	4000	80000.
5	100.	5000	100000.
6	120.	6000	120000.
7	140.	7000	140000.
8	160.	8000	160000.
9	180.	9000	180000.
10	200.	10000	200000.
11	220.		
12	240.		
13	260.		
14	280.		fr. c.
15	300.	1 décimètre	2.
16	320.	2	4.
17	340.	3	6.
18	360.	4	8.
19	380.	5	10.
20	400.	6	12.
30	600.	7	14.
40	800.	8	16.
50	1000.	9	18.
60	1200.		
70	1400.		
80	1600.		
90	1800.		fr. c.
100	2000.	1 centimètre	0.20
200	4000.	2	0.40
300	6000.	3	0.60
400	8000.	4	0.80
500	10000.	5	1.
600	12000.	6	1.20
700	14000.	7	1.40
800	16000.	8	1.60
900	18000.	9	1.80

Si on vendait une aune 25 francs, on vendra

	fr. c.			fr. c.
1 mètre	20.85	1000 mètres		20833.33
2	41.67	2000		41666.67
3	62.50	3000		62500.
4	83.33	4000		83333.33
5	104.17	5000		104166.67
6	125.	6000		125000.
7	145.83	7000		145833.33
8	166.67	8000		166666.67
9	187.50	9000		187500.
10	208.33	10000		208333.33
11	229.17			
12	250.			
13	270.83			
14	291.67			fr. c.
15	312.50	1 décimètre		2.08
16	333.33	2		4.17
17	354.17	3		6.25
18	375.	4		8.33
19	395.83	5		10.42
20	416.67	6		12.50
30	625.	7		14.58
40	833.33	8		16.67
50	1041.67	9		18.75
60	1250.			
70	1458.33			
80	1666.67			
90	1875.			fr. c.
100	2083.33	1 centimètre		0.21
200	4166.67	2		0.41
300	6250.	3		0.63
400	8333.33	4		0.83
500	10416.67	5		1.04
600	12500.	6		1.25
700	14583.33	7		1.46
800	16666.67	8		1.67
900	18750.	9		1.88

TABLE 108.

Si on payait une aune 26 francs, on paiera

	fr. c.			fr. c.
1 mètre	21.67	1000 mètres		21666.67
2	43.33	2000		43333.33
3	65.	3000		65000.
4	86.67	4000		86666.67
5	108.33	5000		108333.33
6	130.	6000		130000.
7	151.67	7000		151666.67
8	173.33	8000		173333.33
9	195.	9000		195000.
10	216.67	10000		216666.67
11	238.33			
12	260.			
13	281.67			
14	303.33			fr. c.
15	325.	1 décimètre		2.17
16	346.67	2		4.33
17	368.33	3		6.50
18	390.	4		8.67
19	411.67	5		10.83
20	433.33	6		13.
30	650.	7		15.17
40	866.67	8		17.33
50	1083.33	9		19.50
60	1300.			
70	1516.67			
80	1733.33			
90	1950.			fr. c.
100	2166.67	1 centimètre		0.22
200	4333.33	2		0.43
300	6500.	3		0.65
400	8666.67	4		0.87
500	10833.33	5		1.08
600	13000.	6		1.30
700	15166.67	7		1.52
800	17333.33	8		1.73
900	19500.	9		1.95

Si on vendait une aune 27 francs, on vendra

	fr. c.		fr.
1 mètre	22.50	1000 mètres	22500.
2	45.	2000	45000.
3	67.50	3000	67500.
4	90.	4000	90000.
5	112.50	5000	112500.
6	135.	6000	135000.
7	157.50	7000	157500.
8	180.	8000	180000.
9	202.50	9000	202500.
10	225.	10000	225000.
11	247.50		
12	270.		
13	292.50		
14	315.		fr. c.
15	337.50	1 décimètre	2.25
16	360.	2	4.50
17	382.50	3	6.75
18	405.	4	9.
19	427.50	5	11.25
20	450.	6	13.50
30	675.	7	15.75
40	900.	8	18.
50	1120.	9	20.25
60	1350.		
70	1575.		
80	1800.		fr. c.
90	2025.	1 centimètre	0.23
100	2250.	2	0.45
200	4500.	3	0.68
300	6750.	4	0.90
400	9000.	5	1.13
500	11250.	6	1.35
600	13500.	7	1.58
700	15750.	8	1.80
800	18000.	9	2 03
900	20250.		

Si on payait une aune 28 francs, on paiera

	fr. c.		fr. c.
1 mètre	23.33	1000 mètres	23333.33
2	46 67	2000	46666.67
3	70.	3000	70000.
4	93.33	4000	93333.33
5	116.67	5000	116666.67
6	140.	6000	140000.
7	163.33	7000	163333.33
8	186.67	8000	186666.67
9	210.	9000	210000.
10	233.33	10000	233333.33
11	256.67		
12	280.		
13	303.33		
14	326.67		fr. c.
15	350.	1 décimètre	2.33
16	373.33	2	4.67
17	396.67	3	7.
18	420.	4	9.33
19	443.33	5	11.67
20	466.67	6	14.
30	700.	7	16.33
40	933.33	8	18.67
50	1166.67	9	21.
60	1400.		
70	1633.33		
80	1866.67		
90	2100.		fr. c.
100	2333.33	1 centimètre	0.23
200	4666.67	2	0.46
300	7000.	3	0.70
400	9333.33	4	0 93
500	11666.67	5	1.17
600	14000.	6	1.40
700	16333.33	7	1.63
800	18666.67	8	1.87
900	21000.	9	2.10

Si on vendait une aune 29 francs, on vendra

	fr. c.			fr. c.
1 mètre	24.17	1000 mètres		24166.67
2	48.33	2000		48333.33
3	72.50	3000		72500.
4	96.67	4000		96666.67
5	120.83	5000		120833.33
6	145.	6000		145000.
7	169.17	7000		169166.67
8	193.33	8000		193333.33
9	217.50	9000		217500.
10	241.67	10000		241666.67
11	265.83			
12	290.			
13	314.17			
14	338.33		fr. c.	
15	362.50	1 décimètre	2.42	
16	386.67	2	4.83	
17	410.83	3	7.25	
18	435.	4	9.67	
19	459.17	5	12.08	
20	483.33	6	14.50	
30	725.	7	16.92	
40	966.67	8	19.33	
50	1208.33	9	21.75	
60	1450.			
70	1691.67			
80	1933.33		fr. c.	
90	2175.	1 centimètre	0.24	
100	2416.67	2	0.48	
200	4833.33	3	0.73	
300	7250.	4	0.97	
400	9666.67	5	1.21	
500	12083.33	6	1.45	
600	14500.	7	1.69	
700	16916.67	8	1.93	
800	19333.33	9	2.18	
900	21750.			

TABLE 112.

Si on payait une aune 50 francs, on paiera

	fr. c.		fr. c.
1 mètre	25.	1000 mètres	25000.
2	50.	2000	50000.
3	75.	3000	75000.
4	100.	4000	100000.
5	125.	5000	125000.
6	150.	6000	150000.
7	175.	7000	175000.
8	200.	8000	200000.
9	225.	9000	225000.
10	250.	10000	250000.
11	275.		
12	300.		
13	325.		
14	350.		fr. c.
15	375.	1 décimètre	2.50
16	400.	2	5.
17	425.	3	7.50
18	450.	4	10.
19	475.	5	12.50
20	500.	6	15.
30	750.	7	17.50
40	1000.	8	20.
50	1250.	9	22.50
60	1500.		
70	1750.		
80	2000.		fr. c.
90	2250.		
100	2500.	1 centimètre	0.25
200	5000.	2	0.50
300	7500.	3	0.75
400	10000.	4	1.
500	12500.	5	1.25
600	15000.	6	1.50
700	17500.	7	1.75
800	20000.	8	2.
900	22500.	9	2.25

Si on vendait une aune 31 francs, on vendra

	fr. c.			fr. c.
1 mètre	25 83	1000 mètres		25833.33
2	51.67	2000		51666.67
3	77.50	3000		77500.
4	103.33	4000		103333.33
5	129 17	5000		129166.67
6	155.	6000		155000.
7	180.83	7000		180833.33
8	206.67	8000		206666.67
9	232.50	9000		232500.
10	258.33	10000		258333.33
11	284.17			
12	310.			
13	335.83			fr. c.
14	361.67			
15	387.50	1 décimètre		2.58
16	413.33	2		5.17
17	439.17	3		7.75
18	465.	4		10.33
19	490.83	5		12.92
20	516.67	6		15.50
30	775.	7		18.08
40	1033.33	8		20.67
50	1291.67	9		23.25
60	1550.			
70	1808.33			
80	2066.67			fr. c.
90	2325.			
100	2583.33	1 centimètre		0.26
200	5166.67	2		0.52
300	7750.	3		0.78
400	10333.33	4		1.03
500	12916.67	5		1.29
600	15500.	6		1.55
700	18083.33	7		1.81
800	20666 67	8		2.07
900	23250.	9		2.33

Si on payait une aune 32 francs, on paiera

	fr. c.		fr. c.
1 mètre	26.67	1000 mètres	26666.67
2	53.33	2000	53333.33
3	80.	3000	80000.
4	106.67	4000	106666 67
5	133.33	5000	133333.33
6	160.	6000	160000.
7	186.67	7000	186666.67
8	213.33	8000	213333.33
9	240.	9000	240000.
10	266.67	10000	266666.67
11	293.33		
12	320.		
13	346.67		
14	373.33		fr. c.
15	400.	1 décimètre	2.67
16	426.67	2	5.33
17	453.33	3	8.
18	480.	4	10.67
19	506.67	5	13.33
20	533.33	6	16.
30	800.	7	18.67
40	1066.67	8	21.33
50	1333.33	9	24.
60	1600.		
70	1866.67		
80	2133.33		
90	2400.		fr. c.
100	2666.67	1 centimètre	0.27
200	5333.33	2	0.50
300	8000.	3	0.80
400	10666.67	4	1.07
500	13333.33	5	1.33
600	16000.	6	1.60
700	18666.67	7	1.87
800	21333.33	8	2.13
900	24000.	9	2.40

Si on vendait une aune 55 francs, on vendra

	fr. c.		fr. c.
1 mètre	27.50	1000 mètres	27500.
2	55.	2000	55000.
3	82.50	3000	82500.
4	110.	4000	110000.
5	137.50	5000	137500.
6	165.	6000	165000.
7	192.50	7000	192500.
8	220.	8000	220000.
9	247.50	9000	247500.
10	275.	10000	275000.
11	302.50		
12	330.		
13	357.50		
14	385.		fr. c.
15	412.50	1 décimètre	2.75
16	440.	2	5.50
17	467.50	3	8.25
18	495.	4	11.
19	522.50	5	13.75
20	550.	6	16.50
30	825.	7	19.25
40	1100.	8	22.
50	1375.	9	24.75
60	1650.		
70	1925.		
80	2200.		
90	2475.		fr. c.
100	2750.	1 centimètre	0.28
200	5500.	2	0.55
300	8250.	3	0.83
400	11000.	4	1.10
500	13750.	5	1.38
600	16500.	6	1.65
700	19250.	7	1.93
800	22000.	8	2.20
900	24750.	9	2.48

TABLE 116.

Si on payait une aune 34 francs, on paiera

	fr. c.		fr. c.
1 mètre	28.33	1000 mètres	28333.33
2	56.67	2000	56666.67
3	85.	3000	85000.
4	113.33	4000	113333.33
5	141.67	5000	141666.67
6	170.	6000	170000.
7	198.33	7000	198333.33
8	226.67	8000	226666.67
9	255.	9000	255000.
10	283.33	10000	283333.33
11	311.67		
12	340.		
13	368.33		
14	396.67		fr. c.
15	425.	1 décimètre	2.83
16	453.33	2	5.67
17	481 67	3	8.50
18	510.	4	11.33
19	538.33	5	14.17
20	566.67	6	17.
30	850.	7	19.83
40	1133.33	8	22.67
50	1416.67	9	25.50
60	1700.		
70	1983.33		
80	2266.67		
90	2550.		fr. c.
100	2833.33	1 centimètre	0.28
200	5666.67	2	0.57
300	8500.	3	0.85
400	11333.33	4	1.13
500	14166.67	5	1.42
600	17000.	6	1.70
700	19833.33	7	1.98
800	22666.67	8	2.27
900	25500.	9	2.55

Si on vendait une aune 35 francs, on vendra

	fr. c.		fr. c.
1 mètre	29.17	1000 mètres	29166.67
2	58.33	2000	58333.33
3	87.50	3000	87500.
4	116.67	4000	116666.67
5	145.83	5000	145833.33
6	175.	6000	175000.
7	204.17	7000	204166.67
8	233.33	8000	233333.33
9	262.50	9000	262500.
10	291.67	10000	291666.67
11	320.83		
12	350.		
13	379.17		
14	408.33		fr. c.
15	437.50	1 décimètre	2.92
16	466.67	2	5.83
17	495.83	3	8.75
18	525.	4	11.67
19	554.17	5	14.58
20	583.33	6	17.50
30	875.	7	20.42
40	1166.67	8	23.33
50	1458.33	9	26.25
60	1750.		
70	2041.67		
80	2333.33		
90	2625.		fr. c.
100	2916.67	1 centimètre	0.29
200	5833.33	2	0.58
300	8750.	3	0.88
400	11666.67	4	1.17
500	14583.33	5	1.46
600	17500.	6	1.75
700	20416.67	7	2.04
800	23333.33	8	2.33
900	26250.	9	2.63

TABLE 118.

Si on payait une aune 30 francs, on paiera

	fr. c.		fr. c.
1 mètre	30.	1000 mètres	30000.
2	60.	2000	60000.
3	90.	3000	90000.
4	120.	4000	120000.
5	150.	5000	150000.
6	180.	6000	180000.
7	210.	7000	210000.
8	240.	8000	240000.
9	270.	9000	270000.
10	300.	10000	300000.
11	330.		
12	360.		
13	390.		
14	420.		fr. c.
15	450.	1 décimètre	3.
16	480.	2	6.
17	510.	3	9.
18	540.	4	12.
19	570.	5	15.
20	600.	6	18.
30	900.	7	21.
40	1200.	8	24.
50	1500.	9	27.
60	1800.		
70	2100.		
80	2400.		
90	2700.		fr. c.
100	3000.	1 centimètre	0.30
200	6000.	2	0.60
300	9000.	3	0.90
400	12000.	4	1.20
500	15000.	5	1.50
600	18000.	6	1.80
700	21000.	7	2.10
800	24000.	8	2.40
900	27000.	9	2.70

Si une aune coûtait 37 francs, on paiera

	fr. c.			fr. c.
1 mètre	30.83		1000 mètres	30833 33
2	61.67		2000	61666 67
3	92.50		3000	92500.
4	123.33		4000	123333.33
5	154.17		5000	154166.67
6	185.		6000	185000.
7	215.83		7000	215833.33
8	246.67		8000	246666 67
9	277.50		9000	277500.
10	308.33		10000	308333.33
11	339.17			
12	370.			
13	400.83			fr. c.
14	431.67			
15	462.50		1 décimètre	3.08
16	493.33		2	6.17
17	524.17		3	9.25
18	555.		4	12.33
19	585.83		5	15.42
20	616.67		6	18.50
30	925.		7	21.58
40	1233.33		8	24.67
50	1541.67		9	27.75
60	1850.			
70	2158.33			
80	2466.67			
90	2775.			fr. c.
100	3083.33		1 centimètre	0.31
200	6166.67		2	0.62
300	9250.		3	0.93
400	12333.33		4	1.23
500	15416.67		5	1.54
600	18500.		6	1.85
700	21583.33		7	2.16
800	24666.67		8	2.47
900	27750.		9	2.78

TABLE 120.

Si on payait une aune 38 francs, on paiera

	fr. c.		fr. c.
1 mètre	31.67	1000 mètres	31666.67
2	63.33	2000	63333.33
3	95.	3000	95000.
4	126.67	4000	126666.67
5	158.33	5000	158333.33
6	190.	6000	190000.
7	221.67	7000	221666.67
8	253.33	8000	253333.33
9	285.	9000	285000.
10	316.67	10000	316666.67
11	348.33		
12	380.		
13	411.67		
14	443.33		
15	475.	1 décimètre	3.17
16	506 67	2	6.33
17	538.33	3	9.50
18	570.	4	12.67
19	601.67	5	15.83
20	633.33	6	19.
30	950.	7	22.17
40	1266.67	8	25.33
50	1583.33	9	28.50
60	1900.		
70	2216.67		
80	2533.33		
90	2850.	1 centimètre	0.32
100	3166.67	2	0.63
200	6333.33	3	0.95
300	9500.	4	1.27
400	12666.67	5	1.58
500	15833.33	6	1.90
600	19000.	7	2.22
700	22166 67	8	2.53
800	25333.33	9	2.85
900	28500.		

Si on vendait une aune 39 francs, on vendra

	fr. c.		fr. c.
1 mètre	32.50	1000 mètres	32500.
2	65.	2000	65000.
3	97.50	3000	97500.
4	130.	4000	130000.
5	162.50	5000	162500.
6	195.	6000	195000.
7	227.50	7000	227500.
8	260.	8000	260000.
9	292.50	9000	292500.
10	325	10000	325000.
11	357.50		
12	390.		
13	422.50		
14	455.		fr. c.
15	487.50	1 décimètre	3.25
16	520.	2	6.50
17	552.50	3	9.75
18	585.	4	13.
19	617.50	5	16.25
20	650.	6	19.50
30	975.	7	22.75
40	1300.	8	26.
50	1625.	9	29.25
60	1950.		
70	2275.		
80	2600.		fr. c.
90	2925.	1 centimètre	0.33
100	3250.	2	0.65
200	6500.	3	0.98
300	9750.	4	1.30
400	13000.	5	1.63
500	16250.	6	1.95
600	19500.	7	2.28
700	22750.	8	2.60
800	26000.	9	2.93
900	29250.		

TABLE 122.

Si on payait une aune 40 francs, on paiera

	fr. c.		fr. c.
1 mètre	33.33	1000 mètres	33333.33
2	66.67	2000	66666.67
3	100.	3000	100000.
4	133.33	4000	133333.33
5	166.67	5000	166666.67
6	200.	6000	200000.
7	233.33	7000	233333.33
8	266.67	8000	266666.67
9	300.	9000	300000.
10	333.33	10000	333333.33
11	366.67		
12	400.		
13	433.33		
14	466.67		fr. c.
15	500.	1 décimètre	3.33
16	533.33	2	6 67
17	566.67	3	10.
18	600.	4	13.33
19	633.33	5	16.67
20	666.67	6	20.
30	1000.	7	23.33
40	1333.33	8	26.67
50	1666.67	9	30.
60	2000.		
70	2333.33		
80	2666.67		
90	3000.		fr. c.
100	3333.33	1 centimètre	0.33
200	6666.67	2	0.67
300	10000.	3	1.
400	13333.33	4	1.33
500	16666.66	5	1.67
600	20000.	6	2.
700	23333.33	7	2.33
800	26666.67	8	2 67
900	30000.	9	3.

Si on vendait une aune 41 francs, on vendra

	fr. c.		fr. c.
1 mètre	34.17	1000 mètres	34166.67
2	68.33	2000	68333.33
3	102.50	3000	102500.
4	136.67	4000	136666.67
5	170.83	5000	170833.33
6	205.	6000	205000.
7	239.17	7000	239166.67
8	273.33	8000	273333.33
9	307.50	9000	307500.
10	341.67	10000	341666.67
11	375.83		
12	410.		
13	444.17		fr. c.
14	478.33		
15	512.50	1 décimètre	3.42
16	546.67	2	6.83
17	580.83	3	10.25
18	615.	4	13.67
19	649.17	5	17.08
20	683.33	6	20.50
30	1025.	7	23.92
40	1366.67	8	27.33
50	1708.33	9	30.75
60	2050.		
70	2391.67		
80	2733.33		fr. c.
90	3075.		
100	3416.67	1 centimètre	0.34
200	6833.33	2	0.68
300	10250.	3	1.03
400	13666.67	4	1.37
500	17083.33	5	1.71
600	20500.	6	2.05
700	23916.67	7	2.39
800	27333.33	8	2.73
900	30750.	9	3.08

TABLE 124.

Si on payait une aune 42 francs, on paiera

	fr. c.		fr. c.
1 mètre	35.	1000 mètres	55000.
2	70.	2000	70000.
3	105.	3000	105000.
4	140.	4000	140000.
5	175.	5000	175000.
6	210.	6000	210000.
7	245.	7000	245000.
8	280.	8000	280000.
9	315.	9000	315000.
10	350.	10000	350000.
11	385.		
12	420.		
13	455.		
14	490.		fr. c.
15	525.	1 décimètre	3.50
16	560.	2	7.
17	595.	3	10.50
18	630.	4	14.
19	665.	5	17.50
20	700.	6	21.
30	1050.	7	24.50
40	1400.	8	28.
50	1750.	9	31.50
60	2100.		
70	2450.		
80	2800.		
90	3150.		fr. c.
100	3500.	1 centimètre	0.35
200	7000.	2	0.70
300	10500.	3	1.05
400	14000.	4	1.40
500	17500.	5	1.75
600	21000.	6	2.10
700	24500.	7	2.45
800	28000.	8	2.80
900	31500.	9	3.15

TABLE 123. 133

Si on vendait une aune 43 francs, on vendra

	fr. c.		fr. c.
1 mètre	35.83	1000 mètres	35833.33
2	71.67	2000	71666.67
3	107.50	3000	107500.
4	143.33	4000	143333.33
5	179.17	5000	179166.67
6	215.	6000	215000.
7	250.83	7000	250833.33
8	286.67	8000	286666.67
9	322.50	9000	322500.
10	358.33	10000	358333.33
11	394.17		
12	430.		
13	465.83		
14	501.67		fr. c.
15	537.50	1 décimètre	3.58
16	573.33	2	7.17
17	609.17	3	10.75
18	645.	4	14.33
19	680.83	5	17.92
20	716.67	6	21.50
30	1075.	7	25.08
40	1433.33	8	28.67
50	1791.67	9	32.25
60	2150.		
70	2508.33		
80	2866.67		
90	3225.		fr. c.
100	3583.33	1 centimètre	0.36
200	7166.67	2	0.72
300	10750.	3	1.08
400	14333.33	4	1.43
500	17916.67	5	1.79
600	21500.	6	2.15
700	25083.33	7	2.51
800	28666.67	8	2.87
900	32250.	9	3.23

TABLE 126.

Si on payait une aune 44 francs, on paiera

	fr. c.		fr. c.
1 mètre	56.67	1000 mètres	36666 67
2	73.33	2000	73333 33
3	110.	3000	110000.
4	146.67	4000	146666.67
5	183.33	5000	183333.33
6	220.	6000	220000.
7	256.67	7000	256666.67
8	293.33	8000	293333.33
9	330.	9000	330000.
10	366.67	10000	366666.67
11	403.33		
12	440.		
13	476.67		
14	513.33		fr. c.
15	550.	1 décimètre	3.67
16	586.67	2	7.33
17	623.33	3	11.
18	660.	4	14.67
19	696.67	5	18.33
20	733.33	6	22.
30	1100.	7	25.67
40	1466.67	8	29.33
50	1833.33	9	33.
60	2200.		
70	2566.67		
80	2933.33		
90	3300.		fr. c.
100	3666.67	1 centimètre	0.37
200	7333.33	2	0.73
300	11000.	3	1.10
400	14666.67	4	1.47
500	18333.33	5	1.83
600	22000.	6	2.20
700	25666.67	7	2.57
800	29333.33	8	2.93
900	33000.	9	3.30

Si on vendait une aune 45 francs, on vendra

	fr. c.		fr. c.
1 mètre	57.50	1000 mètres	37500.
2	75.	2000	75000.
3	112.50	3000	112500.
4	150.	4000	150000.
5	187.50	5000	187500.
6	225.	6000	225000.
7	262.50	7000	262500.
8	300.	8000	300000.
9	337.50	9000	337500.
10	375.	10000	375000.
11	412 50		
12	450.		
13	487.50		
14	525.		
15	562.50		
16	600.		
17	637.50		
18	675.		
19	712.50		
20	750.		
30	1125.		
40	1500.		
50	1875.		
60	2250.		
70	2625.		
80	3000.		
90	3375.		
100	3750.		
200	7500.		
300	11250.		
400	15000.		
500	18750.		
600	22500.		
700	26250.		
800	30000.		
900	33750.		

		fr. c.
1 décimètre		5 75
2		7.50
3		11.25
4		15.
5		18.75
6		22.50
7		26.25
8		30.
9		33.75

		fr. c.
1 centimètre		0.38
2		0.75
3		1.13
4		1.50
5		1.88
6		2.25
7		2.63
8		3.
9		3.38

TABLE 128.

Si on payait une aune 46 francs, on paiera

	fr. c.			fr. c.
1 mètre	38.33		1000 mètres	38333.33
2	76.67		2000	76666.67
3	115.		3000	115000.
4	153.33		4000	153333.33
5	191.67		5000	191666.67
6	230.		6000	230000.
7	268.33		7000	268333.33
8	306.67		8000	306666.67
9	345.		9000	345000.
10	383.33		10000	383333.33
11	421.67			
12	460.			
13	498.33			fr. c.
14	536.67		1 décimètre	3.83
15	575.		2	7.67
16	613.33		3	11.50
17	651.67		4	15.33
18	690.		5	19.17
19	728.33		6	23.
20	766.67		7	26.83
30	1150.		8	30.67
40	1533.33		9	34.50
50	1916.67			
60	2300.			
70	2683.33			fr. c.
80	3066.67		1 centimètre	0.38
90	3450.		2	0.77
100	3833.33		3	1.15
200	7666.67		4	1.53
300	11500.		5	1.92
400	15333.33		6	2.30
500	19166.67		7	2.68
600	23000.		8	3.07
700	26833.33		9	3.45
800	30666.67			
900	34500.			

Si on vendait une aune 47 francs, on vendra

	fr. c.		fr. c.
1 mètre	39.17	1000 mètres	39166.67
2	78.33	2000	78333.33
3	117.50	3000	117500.
4	156.67	4000	156666.67
5	195.83	5000	195833.33
6	235.	6000	235000.
7	274.17	7000	274166.67
8	313.33	8000	313333.33
9	352.50	9000	352500.
10	391.67	10000	391666.67
11	430.83		
12	470.		
13	509.17		
14	548.33		fr. c.
15	587.50	1 décimètre	3.92
16	626.67	2	7.83
17	665.83	3	11.75
18	705.	4	15.67
19	744.17	5	19.58
20	783.33	6	23.50
30	1175.	7	27.42
40	1566.67	8	31.33
50	1958.33	9	35.25
60	2350.		
70	2741.67		
80	3133.33		
90	3525.		fr. c.
100	3916.67	1 centimètre	0.39
200	7833.33	2	0.78
300	11750.	3	1.18
400	15666.67	4	1.57
500	19583.33	5	1.96
600	23500.	6	2.35
700	27416.67	7	2.74
800	31333.33	8	3.13
900	35250.	9	3.53

Si on payait une aune 48 francs, on paiera

	fr. c.		fr. c.
1 mètre	40.	1000 mètres	40000.
2	80.	2000	80000.
3	120.	3000	120000.
4	160.	4000	160000.
5	200.	5000	200000.
6	240.	6000	240000.
7	280.	7000	280000.
8	320.	8000	320000.
9	360.	9000	360000.
10	400.	10000	400000.
11	440.		
12	480.		
13	520.		
14	560.		fr. c.
15	600.	1 décimètre	4.
16	640.	2	8.
17	680.	3	12.
18	720.	4	16.
19	760.	5	20.
20	800.	6	24.
30	1200.	7	28.
40	1600.	8	32.
50	2000.	9	36.
60	2400.		
70	2800.		
80	3200.		
90	3600.		fr. c.
100	4000.	1 centimètre	0.40
200	8000.	2	0.80
300	12000.	3	1.20
400	16000.	4	1.60
500	20000.	5	2.
600	24000.	6	2.40
700	28000.	7	2.80
800	32000.	8	3.20
900	36000.	9	3.60

Si on vendait une aune 49 francs, on vendra

	fr. c.		fr. c.
1 mètre	40.83	1000 mètres	40833.33
2	81.67	2000	81666.67
3	122.50	3000	122500.
4	163.33	4000	163333.33
5	204.17	5000	204166.67
6	245.	6000	245000.
7	285.83	7000	285833.33
8	326 67	8000	326666 67
9	367.50	9000	367500.
10	408 33	10000	408333.33
11	449.17		
12	490.		
13	530.83		
14	571.67		
15	612.50	fr. c.	
16	653.33	1 décimètre	4.08
17	694.17	2	8.17
18	735.	3	12.25
19	775.83	4	16 33
20	816.67	5	20.42
30	1225.	6	24.50
40	1633.33	7	28.58
50	2041.67	8	32.67
60	2450.	9	36.75
70	2858.33		
80	3266.67		
90	3675.		
100	4083.33	fr. c.	
200	8166.67	1 centimètre	0.41
300	12250.	2	0.82
400	16333.33	3	1.23
500	20416.67	4	1.63
600	24500.	5	2.04
700	28583.33	6	2.45
800	32666.67	7	2.86
900	36750.	8	3.27
		9	3.68

TABLE 132.

Si on payait une aune 50 francs, on paiera

	fr. c.		fr. c.
1 mètre	41.67	1000 mètres	41666.67
2	83.33	2000	83333.33
3	125.	3000	125000.
4	166.67	4000	166666.67
5	208.33	5000	208333.33
6	250.	6000	250000.
7	291.67	7000	291666 67
8	333.33	8000	333333 33
9	375.	9000	375000.
10	416.67	10000	416666.67
11	458.33		
12	500.		
13	541.67		
14	583.33		fr. c.
15	625.	1 décimètre	4.17
16	666.67	2	8.33
17	708.33	3	12.50
18	750.	4	16.67
19	791.67	5	20.83
20	833.33	6	25.
30	1250.	7	29.17
40	1666 67	8	33.33
50	2083.33	9	37.50
60	2500.		
70	2916 67		
80	3333.33		
90	3750.		fr. c.
100	4166.67	1 centimètre	0.42
200	8333.33	2	0.83
300	12500.	3	1.25
400	16666.67	4	1.67
500	20833.33	5	2.08
600	25000.	6	2.50
700	29166.67	7	2.92
800	33333.33	8	3.33
900	37500.	9	3.75

Si on vendait une aune 51 francs, on vendra

	fr. c.		fr. c.
1 mètre	42.50	1000 mètres	42500.
2	85.	2000	85000.
3	127 50	3000	127500.
4	170.	4000	170000.
5	212.50	5000	212500.
6	255.	6000	255000.
7	297.50	7000	297500.
8	340.	8000	340000.
9	382 50	9000	382500.
10	425.	10000	425000.
11	467.50		
12	510.		
13	552.50		
14	595.		
15	657.50		
16	680.		
17	722.50		
18	765.		
19	807.50		
20	850.		
30	1275.		
40	1700.		
50	2125.		
60	2550.		
70	2975.		
80	3400.		
90	3825.		
100	4250.		
200	8500.		
300	12750.		
400	17000.		
500	21250.		
600	25500.		
700	29750.		
800	34000.		
900	38250.		

	fr. c.
1 décimètre	4.25
2	8.50
3	12.75
4	17.
5	21.25
6	25.50
7	29.75
8	34.
9	38.25

	fr. c.
1 centimètre	0.45
2	0.85
3	1.28
4	1.70
5	2.13
6	2.55
7	2.98
8	3.40
9	3.85

TABLE 134.

Si on payait une aune 52 francs, on paiera

	fr. c.		fr. c.
1 mètre	43.33	1000 mètres	43333.33
2	86.67	2000	86666.67
3	130.	3000	130000.
4	173.33	4000	173333.33
5	216.67	5000	216666.67
6	260.	6000	260000.
7	303.33	7000	303333.33
8	346.67	8000	346666.67
9	390.	9000	390000.
10	433.33	10000	433333.33
11	476.67		
12	520.		
13	563.33		
14	606.67		fr. c.
15	650.	1 décimètre	4.33
16	693.33	2	8.67
17	736.67	3	13.
18	780.	4	17.33
19	823.33	5	21.67
20	866.67	6	26.
30	1300.	7	30.33
40	1733.33	8	34.67
50	2166.67	9	39.
60	2600.		
70	3033.33		
80	3466.67		
90	3900.		fr. c.
100	4333.33	1 centimètre	0.43
200	8666.67	2	0.86
300	13000.	3	1.30
400	17333.33	4	1.75
500	21666.67	5	2.17
600	26000.	6	2.60
700	30333.33	7	3.03
800	34666.67	8	3.47
900	39000.	9	3.90

Si on vendait une aune 55 francs, on vendra

	fr. c.		fr. c.
1 mètre	44.17	1000 mètres	44166.67
2	88.33	2000	88333.33
3	132.50	3000	132500.
4	176.67	4000	176666.67
5	220.83	5000	220833.33
6	265.	6000	265000.
7	309.17	7000	309166.67
8	353.33	8000	353333.33
9	397.50	9000	397500.
10	441.67	10000	441666.67
11	485.83		
12	550.		
13	574.17		fr. c.
14	618.33		
15	662.50	1 décimètre	4.42
16	706.67	2	8.83
17	750.83	3	13.25
18	795.	4	17.67
19	839.17	5	22.08
20	883.33	6	26.50
30	1325.	7	30.92
40	1766.67	8	35.33
50	2208.33	9	39.75
60	2650.		
70	3091.67		
80	3533.33		fr. c.
90	3975.		
100	4416.67	1 centimètre	0.44
200	8833.33	2	0.88
300	13250.	3	1.33
400	17666.67	4	1.77
500	22083.33	5	2.21
600	26500.	6	2.65
700	30916.67	7	3.09
800	35333.33	8	3.53
900	39750.	9	3.98

TABLE 156.

Si on payait une aune 54 francs, on paiera

	fr. c.			fr. c.
1 mètre	45.		1000 mètres	45000.
2	90.		2000	90000.
3	135.		3000	135000.
4	180.		4000	180000.
5	225.		5000	225000.
6	270.		6000	270000.
7	315.		7000	315000.
8	360.		8000	360000.
9	405.		9000	405000.
10	450.		10000	450000.
11	495.			
12	540.			
13	585.			fr. c.
14	630.			
15	675.		1 décimètre	4.50
16	720.		2	9.
17	765.		3	13.50
18	810.		4	18.
19	855.		5	22.50
20	900.		6	27.
30	1350.		7	31.50
40	1800.		8	36.
50	2250.		9	40.50
60	2700.			
70	3150.			fr. c.
80	3600.			
90	4050.		1 centimètre	0.45
100	4500.		2	0.90
200	9000.		3	1.35
300	13500.		4	1.80
400	18000.		5	2.25
500	22500.		6	2.70
600	27000.		7	3.15
700	31500.		8	3.60
800	36000.		9	4.05
900	40500.			

Si on vendait une aune 55 francs, on vendra

	fr. c.		fr. c.
1 mètre	45.83	1000 mètres	45833.33
2	91.67	2000	91666.67
3	137.50	3000	137500.
4	183.33	4000	183333.33
5	229.17	5000	229166.67
6	275.	6000	275000.
7	320.83	7000	320833.33
8	366.67	8000	366666.67
9	412.50	9000	412500.
10	458.33	10000	458333.33
11	504.17		
12	550.		
13	595.83		
14	641.67		fr. c.
15	687.50	1 décimètre	4.58
16	733.33	2	9.17
17	779.17	3	13.75
18	825.	4	18.33
19	870.83	5	22.92
20	916.67	6	27.50
30	1375.	7	32.08
40	1833.33	8	36.67
50	2291.67	9	41.25
60	2750.		
70	3208.33		
80	3666.67		
90	4125.		fr. c.
100	4583.33	1 centimètre	0.46
200	9166.67	2	0.92
300	13750.	3	1.38
400	18333.33	4	1.83
500	22916.67	5	2.29
600	27500.	6	2.75
700	32083.33	7	3.21
800	36666.67	8	3.67
900	41250.	9	4.13

TABLE 138.

Si on payait une aune 56 francs, on paiera

	fr. c.			fr. c.
1 mètre	46.67	1000 mètres		46666 67
2	93.33	2000		93333.33
3	140.	3000		140000.
4	186.67	4000		186666.67
5	233.33	5000		233333.33
6	280.	6000		280000.
7	326.67	7000		326666.67
8	373.33	8000		373333.33
9	420.	9000		420000.
10	466.67	10000		466666.67
11	513.33			
12	560.			
13	606.67			fr. c.
14	653.33			
15	700.	1 décimètre		4.67
16	746.67	2		9.33
17	793.33	3		14.
18	840.	4		18.67
19	886.67	5		23.33
20	933.33	6		28.
30	1400.	7		32.67
40	1866.67	8		37.33
50	2333.33	9		42.
60	2800.			
70	3266.67			
80	3733.33			
90	4200.			fr. c.
100	4666.67	1 centimètre		0.47
200	9333.33	2		0.93
300	14000.	3		1.40
400	18666.67	4		1.87
500	23333.33	5		2.33
600	28000.	6		2.80
700	32666.67	7		3.27
800	37333.33	8		3.73
900	42000.	9		4.20

Si on vendait une aune 57 francs, on vendra

	fr. c		fr. c.
1 mètre	47.50	1000 mètres	47500.
2	95.	2000	95000.
3	142.50	3000	142500.
4	190.	4000	190000.
5	237.50	5000	237500.
6	285.	6000	285000.
7	332.50	7000	332500.
8	380.	8000	380000.
9	427.50	9000	427500.
10	475.	10000	475000.
11	522.50		
12	570.		
13	617.50		
14	665.		fr. c.
15	712.50	1 décimètre	4.75
16	760.	2	9.50
17	807.50	3	14.25
18	855.	4	19.
19	902.50	5	23.75
20	950.	6	28.50
30	1425.	7	33.25
40	1900.	8	38.
50	2375.	9	42.75
60	2850.		
70	3325.		
80	3800.		
90	4275.		fr. c.
100	4750.	1 centimètre	0.48
200	9500.	2	0.95
300	14250.	3	1.43
400	19000.	4	1.90
500	23750.	5	2.38
600	28500.	6	2.85
700	33250.	7	3.33
800	38000.	8	3.80
900	42750.	9	4.28

TABLE 140.

Si on payait une aune 58 francs, on paiera

	fr. c.		fr. c.
1 mètre	48.33	1000 mètres	48333.33
2	96.67	2000	96666.67
3	145.	3000	145000.
4	193.33	4000	193333.33
5	241.67	5000	241666.67
6	290.	6000	290000.
7	338.33	7000	338333.33
8	386.67	8000	386666.67
9	435.	9000	435000.
10	483.33	10000	483333.33
11	531.67		
12	580.		
13	628.33		fr. c.
14	676.67		
15	725.	1 décimètre	4.83
16	773.33	2	9.67
17	821.67	3	14.50
18	870.	4	19.33
19	918.33	5	24.17
20	966.67	6	29.
30	1450.	7	33.83
40	1933.33	8	38.67
50	2416.67	9	43.50
60	2900.		
70	3383.33		
80	3866.67		
90	4350.		fr. c.
100	4833.33	1 centimètre	0.48
200	9666.67	2	0.97
300	14500.	3	1.45
400	19333.33	4	1.93
500	24166.67	5	2.42
600	29000.	6	2.90
700	33833.33	7	3.38
800	38666.67	8	3.87
900	43500.	9	4.35

Si on vendait une aune 59 francs, on vendra

	fr. c.		fr. c.
1 mètre	49.17	1000 mètres	49166 67
2	98.33	2000	98333.33
3	147.50	3000	147500.
4	196.67	4000	196666.67
5	245.83	5000	245833.33
6	295.	6000	295000.
7	344.17	7000	344166.67
8	393.33	8000	393333.33
9	442.50	9000	442500.
10	491.67	10000	491666.67
11	540.83		
12	590.		
13	639.17		
14	688.33		fr. c.
15	737.50	1 décimètre	4 92
16	786.67	2	9.83
17	835.83	3	14.75
18	885.	4	19.67
19	934.17	5	24.58
20	983.33	6	29.50
30	1475.	7	34.42
40	1966.67	8	39.33
50	2458.33	9	44.25
60	2950.		
70	3441.67		
80	3933.33		
90	4425.		fr. c.
100	4916 67	1 centimètre	0.49
200	9833.33	2	0.98
300	14750.	3	1.48
400	19666.67	4	1.97
500	24583.33	5	2.46
600	29500.	6	2.95
700	34416.67	7	3.44
800	39333.33	8	3.93
900	44250.	9	4.43

Si on payait une aune 60 francs, on paiera

	fr. c.		fr. c.
1 mètre	50.	1000 mètres	50000.
2	100.	2000	100000.
3	150.	3000	150000.
4	200.	4000	200000.
5	250.	5000	250000.
6	300.	6000	300000.
7	350.	7000	350000.
8	400.	8000	400000.
9	450.	9000	450000.
10	500.	10000	500000.
11	550.		
12	600.		
13	650.		
14	700.		fr. c.
15	750.	1 décimètre	5.
16	800.	2	10.
17	850.	3	15.
18	900.	4	20.
19	950.	5	25.
20	1000.	6	30.
30	1500.	7	35.
40	2000.	8	40.
50	2500.	9	45.
60	3000.		
70	3500.		
80	4000.		
90	4500.		fr. c.
100	5000.	1 centimètre	0.50
200	10000.	2	1.
300	15000.	3	1.50
400	20000.	4	2.
500	25000.	5	2.50
600	30000.	6	3.
700	35000.	7	3.50
800	40000.	8	4.
900	45000.	9	4.50

Si on vendait une aune 61 francs, on vendra

	fr. c.		fr. c.
1 mètre	50.83	1000 mètres	50833.33
2	101.67	2000	101666.67
3	152.50	3000	152500.
4	203.33	4000	203333.33
5	254.17	5000	254166.67
6	305.	6000	305000.
7	355.83	7000	355833.33
8	406.67	8000	406666.67
9	457.50	9000	457500.
10	508.33	10000	508333.33
11	559.17		
12	610.		
13	660.83		
14	711.67		fr. c.
15	762.50	1 décimètre	5.08
16	813.33	2	10.17
17	864.17	3	15.25
18	915.	4	20.33
19	965.83	5	25.42
20	1016.67	6	30.50
30	1525.	7	35.58
40	2033.33	8	40.67
50	2541.67	9	45.75
60	3050.		
70	3558.33		
80	4066.67		
90	4575.		fr. c.
100	5083.33	1 centimètre	0.51
200	10166.67	2	1.02
300	15250.	3	1.53
400	20333.33	4	2.03
500	25416.67	5	2.54
600	30500.	6	3.05
700	35583.33	7	3.56
800	40666.67	8	4.07
900	45750.	9	4.58

TABLE 144.

Si on payait une aune 62 francs, on paiera

	fr. c.			fr. c.
1 mètre	51.67		1000 mètres	51666.67
2	103.33		2000	103333.33
3	155.		3000	155000.
4	206.67		4000	206666.67
5	258.33		5000	258333.33
6	310.		6000	310000.
7	361.67		7000	361666.67
8	413.33		8000	413333.33
9	465.		9000	465000.
10	516.67		10000	516666.67
11	568.33			
12	620.			
13	671.67			fr. c.
14	723.33			
15	775.		1 décimètre	5.17
16	826.67		2	10.33
17	878.33		3	15.50
18	930.		4	20.67
19	981.67		5	25.83
20	1033.33		6	31.
30	1550.		7	36.17
40	2066.67		8	41.33
50	2583.33		9	46.50
60	3100.			
70	3616.67			
80	4133.33			fr. c.
90	4650.			
100	5166.67		1 centimètre	0.52
200	10333.33		2	1.03
300	15500.		3	1.55
400	20666.67		4	2.07
500	25833.33		5	2.58
600	31000.		6	3.10
700	36166.67		7	3.62
800	41333.33		8	4.13
900	46500.		9	4.65

Si on vendait une aune 65 francs, on vendra

	fr. c.		fr.
1 mètre	52.50	1000 mètres	52500.
2	105.	2000	105000.
3	157.50	3000	157500.
4	210.	4000	210000.
5	262.50	5000	262500.
6	315.	6000	315000.
7	367.50	7000	367500.
8	420.	8000	420000.
9	472.50	9000	472500.
10	525.	10000	525000.
11	577.50		
12	630.		
13	682.50		
14	735.		fr. c.
15	787.50	1 décimètre	5.25
16	840.	2	10.50
17	892.50	3	15.75
18	945.	4	21.
19	997.50	5	26.25
20	1050.	6	31.50
30	1575.	7	36.75
40	2100.	8	42.
50	2625.	9	47.25
60	3150.		
70	3675.		
80	4200.		
90	4725.		fr. c.
100	5250.	1 centimètre	0.53
200	10500.	2	1.05
300	15750.	3	1.58
400	21000.	4	2.10
500	26250.	5	2.63
600	31500.	6	3.15
700	36750.	7	3.68
800	42000.	8	4.20
900	47250.	9	4.73

Si on payait une aune 64 francs, on paiera

	fr. c.		fr. c.
1 mètre	53.33	1000 mètres	53333.33
2	106.67	2000	106666.67
3	160.	3000	160000.
4	213.33	4000	213333.33
5	266.67	5000	266666.67
6	320.	6000	320000.
7	373.33	7000	373333.33
8	426.67	8000	426666.67
9	480.	9000	480000.
10	533.33	10000	533333.33
11	586.67		
12	640.		
13	693.33		
14	746.67		fr. c.
15	800.	1 décimètre	5.33
16	853.33	2	10.67
17	906.67	3	16.
18	960.	4	21.33
19	1013.33	5	26.67
20	1066.67	6	32.
30	1600.	7	37.33
40	2133.33	8	42.67
50	2666.67	9	48.
60	3200.		
70	3733.33		
80	4266.67		
90	4800.		fr. c.
100	5333.33	1 centimètre	0.53
200	10666.67	2	1.07
300	16000.	3	1.60
400	21333.33	4	2.13
500	26666.67	5	2.67
600	32000.	6	3.20
700	37333.33	7	3.73
800	42666.67	8	4.27
900	48000.	9	4.80

Si on vendait une aune 65 francs, on vendra

	fr. c.		fr. c.
1 mètre	54.17	1000 mètres	54166.67
2	108.33	2000	108333.33
3	162.50	3000	162500.
4	216.67	4000	216666.67
5	270.83	5000	270833.33
6	325.	6000	325000.
7	379.17	7000	379166.67
8	433.33	8000	433333.33
9	487.50	9000	487500.
10	541.67	10000	541666.67
11	595.83		
12	650.		
13	704.17		
14	758.33		fr. c.
15	812.50	1 décimètre	5.42
16	866.67	2	10.83
17	920.83	3	16.25
18	975.	4	21.67
19	1029.17	5	27.08
20	1083.33	6	32.50
30	1625.	7	37.92
40	2166.67	8	43.33
50	2708.33	9	48.75
60	3250.		
70	3791.67		
80	4333.33		
90	4875.		fr. c.
100	5416.67	1 centimètre	0.54
200	10833.33	2	1.08
300	16250.	3	1.63
400	21666.67	4	2.17
500	27083.33	5	2.71
600	32500.	6	3.25
700	37916.67	7	3.79
800	43333.33	8	4.33
900	48750.	9	4.88

TABLE 148.

Si on payait une aune 66 francs, on paiera

	fr. c.		fr. c.
1 mètre	55.	1000 mètres	55000.
2	110.	2000	110000.
3	165.	3000	165000.
4	220.	4000	220000.
5	275.	5000	275000.
6	330.	6000	330000.
7	385.	7000	385000.
8	440.	8000	440000.
9	495.	9000	495000.
10	550.	10000	550000.
11	605.		
12	660.		
13	715.		
14	770.		fr. c.
15	825.	1 décimètre	5.50
16	880.	2	11.
17	935.	3	16.50
18	990.	4	22.
19	1045.	5	27.50
20	1100.	6	33.
30	1650.	7	38.50
40	2200.	8	44.
50	2750.	9	49.50
60	3300.		
70	3850.		
80	4400.		
90	4950.		fr. c.
100	5500.	1 centimètre	0.55
200	11000.	2	1.10
300	16500.	3	1.65
400	22000.	4	2.20
500	27500.	5	2.75
600	33000.	6	3.30
700	38500.	7	3.85
800	44000.	8	4.40
900	49500.	9	4.95

Si on vendait une aune 67 francs, on vendra

	fr. c.		fr. c.
1 mètre	55.83	1000 mètres	55833.33
2	111.67	2000	111666.67
3	167.50	3000	167500.
4	223.33	4000	223333.33
5	279.17	5000	279166.67
6	335.	6000	335000.
7	390.83	7000	390833.33
8	446.67	8000	446666.67
9	502.50	9000	502500.
10	558.33	10000	558333.33
11	614.17		
12	670.		
13	725.83		
14	781.67		fr. c.
15	837.50	1 décimètre	5.58
16	893.33	2	11.17
17	949.17	3	16.75
18	1005.	4	22.33
19	1060.83	5	27.92
20	1116.67	6	33.50
30	1675.	7	39.08
40	2233.33	8	44.67
50	2791.67	9	50.25
60	3350.		
70	3908.33		
80	4466.67		
90	5025.		fr. c.
100	5583.33	1 centimètre	0.56
200	11166.67	2	1.12
300	16750.	3	1.68
400	22333.33	4	2.23
500	27916.67	5	2.79
600	33500.	6	3.35
700	39083.33	7	3.91
800	44666.67	8	4.47
900	50250.	9	5.03

TABLE 130.

Si on vendait une aune 68 francs, on vendra

	fr. c.			fr. c.
1 mètre	56.67		1000 mètres	56666.67
2	113.33		2000	113333.33
3	170.		3000	170000.
4	226.67		4000	226666.67
5	283.33		5000	283333.33
6	340.		6000	340000.
7	396.67		7000	396666.67
8	453.33		8000	453333.33
9	510.		9000	510000.
10	566.67		10000	566666.67
11	623.33			
12	680.			
13	736.67			fr. c.
14	793.33		1 décimètre	5.67
15	850.		2	11.33
16	906.67		3	17.
17	963.33		4	22.67
18	1020.		5	28.33
19	1076.67		6	34.
20	1133.33		7	39.67
30	1700.		8	45.33
40	2266.67		9	51.
50	2833.33			
60	3400.			
70	3966.67			
80	4533.33			fr. c.
90	5100.		1 centimètre	0.57
100	5666.67		2	1.13
200	11333.33		3	1.70
300	17000.		4	2.27
400	22666.67		5	2.83
500	28333.33		6	3.40
600	34000.		7	3.97
700	39666.67		8	4.53
800	45333.33		9	5.10
900	51000.			

Si on vendait une aune 69 francs, on vendra

	fr. c.			fr. c.
1 mètre	57.50	1000 mètres	57500.	
2	115.	2000	115000.	
3	172.50	3000	172500.	
4	230.	4000	230000.	
5	287.50	5000	287500.	
6	345.	6000	345000.	
7	402.50	7000	402500.	
8	460.	8000	460000.	
9	517.50	9000	517500.	
10	575.	10000	575000.	
11	632.50			
12	690.			
13	747.50		fr. c.	
14	805.			
15	862.50	1 décimètre	5.75	
16	920.	2	11.50	
17	977.50	3	17.25	
18	1035.	4	23.	
19	1092.50	5	28.75	
20	1150.	6	34.50	
30	1725.	7	40.25	
40	2300.	8	46.	
50	2875.	9	51.75	
60	3450.			
70	4025.			
80	4600.		fr. c.	
90	5175.			
100	5750.	1 centimètre	0.58	
200	11500.	2	1.15	
300	17250.	3	1.73	
400	23000.	4	2.30	
500	28750.	5	2.88	
600	34500.	6	3.45	
700	40250.	7	4.03	
800	46000.	8	4.60	
900	51750.	9	5.18	

TABLE 152.

Si on payait une aune 70 francs, on paiera

	fr. c.			fr. c.
1 mètre	58.33	1000 mètres		58333.33
2	116.67	2000		116666.67
3	175.	3000		175000.
4	233.33	4000		233333.33
5	291.67	5000		291666.67
6	350.	6000		350000.
7	408.33	7000		408333.33
8	466.67	8000		466666.67
9	525.	9000		525000.
10	583.33	10000		583333.33
11	641.67			
12	700.			
13	758.33			
14	816.67			fr. c.
15	875.	1 décimètre		5.83
16	933.33	2		11.67
17	991.67	3		17.50
18	1050.	4		23.33
19	1108.33	5		29.17
20	1166.67	6		35.
30	1750.	7		40.83
40	2333.33	8		46.67
50	2916.67	9		52.50
60	3500.			
70	4083.33			
80	4666.67			
90	5250.			fr. c.
100	5833.33	1 centimètre		0.58
200	11666.67	2		1.17
300	17500.	3		1.75
400	23333.33	4		2.33
500	29166.67	5		2.92
600	35000.	6		3.50
700	40833.33	7		4.08
800	46666.67	8		4.67
900	52500.	9		5.25

Si on vendait une aune 71 francs, on vendra

	fr. c.		fr. c.
1 mètre	59.17	1000 mètres	59166.67
2	118.33	2000	118333.33
3	177.50	3000	177500.
4	236.67	4000	236666.67
5	295.83	5000	295833.33
6	355.	6000	355000.
7	414.17	7000	414166 67
8	473.33	8000	473333.33
9	532.50	9000	532500.
10	591.67	10000	591666.67
11	650.83		
12	710.		
13	769.17		
14	828.33		fr. c.
15	887.50	1 décimètre	5.92
16	946.67	2	11.83
17	1005.83	3	17.75
18	1065.	4	23.67
19	1124.17	5	29.58
20	1183.33	6	35.50
30	1775.	7	41.42
40	2366.67	8	47.33
50	2958.33	9	53.25
60	3550.		
70	4141.67		
80	4733.33		
90	5325.		fr. c.
100	5916.67	1 centimètre	0.59
200	11833.33	2	1.18
300	17750.	3	1.76
400	23666.67	4	2.37
500	29583.33	5	2.96
600	35500.	6	3.55
700	41416.67	7	4.14
800	47333.33	8	4.73
900	53250.	9	5 33

TABLE 154.

Si une aune coûtait 72 francs, on paiera

	fr. c.		fr. c.
1 mètre	60.	1000 mètres	60000.
2	120.	2000	120000.
3	180.	3000	180000.
4	240.	4000	240000.
5	300.	5000	300000.
6	360.	6000	360000.
7	420.	7000	420000.
8	480.	8000	480000.
9	540.	9000	540000.
10	600.	10000	600000.
11	660.		
12	720.		
13	780.		
14	840.		fr. c.
15	900.	1 décimètre	6.
16	960.	2	12.
17	1020.	3	18.
18	1080.	4	24.
19	1140.	5	30.
20	1200.	6	36.
30	1800.	7	42.
40	2400.	8	48.
50	3000.	9	54.
60	3600.		
70	4200.		
80	4800.		
90	5400.		fr. c.
100	6000.	1 centimètre	0.60
200	12000.	2	1.20
300	18000.	3	1.80
400	24000.	4	2.40
500	30000.	5	3.
600	36000.	6	3.60
700	42000.	7	4.20
800	48000.	8	4.80
900	54000.	9	5.40

Si on vendait une aune 73 francs, on vendra

	fr. c.		fr. c.
1 mètre	60.83	1000 mètres	60833.33
2	121.67	2000	121666 67
3	182.50	3000	182500.
4	243.33	4000	243333.33
5	304.17	5000	304166.67
6	365.	6000	365000.
7	425.83	7000	425833.33
8	486.67	8000	486666.67
9	547.50	9000	547500.
10	608.33	10000	608333.33
11	669.17		
12	750.		
13	790.83		fr. c.
14	851.67		
15	912.50	1 décimètre	6.08
16	973.33	2	12.17
17	1034.17	3	18.25
18	1095.	4	24.33
19	1155.83	5	30.42
20	1216.67	6	36.50
30	1825.	7	42.58
40	2433.33	8	48.67
50	3041.67	9	54.75
60	3650.		
70	4258.33		
80	4866.67		
90	5475.50		fr. c.
100	6083.33	1 centimètre	0.61
200	12166.67	2	1.22
300	18250.	3	1.83
400	24333.33	4	2.43
500	30416.67	5	3.04
600	36500.	6	3.65
700	42583.33	7	4.26
800	48666.67	8	4.87
900	54750.	9	5.48

TABLE 156.

Si on payait une aune 74 francs, on paiera

	fr. c.			fr. c.
1 mètre	61.67	1000 mètres		61666.67
2	123.33	2000		123333.33
3	185.	3000		185000.
4	246.67	4000		246666.67
5	308.33	5000		308333.33
6	370.	6000		370000.
7	431.67	7000		431666.67
8	493.33	8000		493333.33
9	555.	9000		555000.
10	616.67	10000		616666.67
11	678.33			
12	740.			
13	801.67			
14	863.33			
15	925.		fr. c.	
16	986 67	1 décimètre	6.17	
17	1048.33	2	12.33	
18	1110.	3	18.50	
19	1171.67	4	24.67	
20	1233.33	5	30.83	
30	1850.	6	37.	
40	2466.67	7	43.17	
50	3083.33	8	49.33	
60	3700.	9	55.50	
70	4316.67			
80	4933.33			
90	5550.			
100	6166.67		fr. c.	
200	12333.33	1 centimètre	0.62	
300	18500.	2	1.23	
400	24666.67	3	1.85	
500	30833.33	4	2.47	
600	37000.	5	3.08	
700	43166 67	6	3.70	
800	49333.33	7	4.32	
900	55500.	8	4.95	
		9	5.55	

Si on vendait une aune 75 francs, on vendra

	fr. c.			fr. c.
1 mètre	62.50	1000 mètres		62500.
2	125.	2000		125000.
3	187.50	3000		187500.
4	250.	4000		250000.
5	312.50	5000		312500.
6	375.	6000		375000.
7	437.50	7000		437500.
8	500.	8000		500000.
9	562.50	9000		562500.
10	625.	10000		625000.
11	687.50			
12	750.			
13	812.50			
14	875.			fr. c.
15	937.50	1 décimètre		6.25
16	1000.	2		12.50
17	1062.50	3		18.75
18	1125.	4		25.
19	1187.50	5		31.25
20	1250.	6		37.50
30	1875.	7		43.75
40	2500.	8		50.
50	3125.	9		56.25
60	3750.			
70	4375.			
80	5000.			
90	5625.			fr. c.
100	6250.	1 centimètre		0.63
200	12500.	2		1.25
300	18750.	3		1.88
400	25000.	4		2.50
500	31250.	5		3.13
600	37500.	6		3.75
700	43750.	7		4.38
800	50000.	8		5.
900	56250.	9		5.63

TABLE 158.

Si on payait une aune 76 francs, on paiera

	fr. c		fr. c.
1 mètre	63.33	1000 mètres	63333.33
2	126.67	2000	126666.67
3	190.	3000	190000.
4	253.33	4000	253333.33
5	316.67	5000	316666.67
6	380.	6000	380000.
7	443.33	7000	443333.33
8	506.67	8000	506666.67
9	570.	9000	570000.
10	633.33	10000	633333.33
11	696.67		
12	760.		
13	823.33		
14	886.67		fr. c.
15	950.	1 décimètre	6.33
16	1013.33	2	12.67
17	1076.67	3	19.
18	1140.	4	25.33
19	1203.33	5	31.67
20	1266.67	6	38.
30	1900.	7	44.33
40	2533.33	8	50.67
50	3166.67	9	57.
60	3800.		
70	4433.33		
80	5066.67		
90	5700.		fr. c.
100	6333.33	1 centimètre	0.63
200	12666.67	2	1.27
300	19000.	3	1.90
400	25333.33	4	2.53
500	31666.67	5	3.17
600	38000.	6	3.80
700	44333.33	7	4.43
800	50666.67	8	5.07
900	57000.	9	5.70

Si on vendait une aune 77 francs, on vendra

	fr. c.		fr. c.
1 mètre	64.17	1000 mètres	64166.67
2	128.33	2000	128333.33
3	192.50	3000	192500.
4	256.67	4000	256666.67
5	320.83	5000	320833.33
6	385.	6000	385000.
7	449.17	7000	449166.67
8	513.33	8000	513333.33
9	577.50	9000	577500.
10	641.67	10000	641666.67
11	705.83		
12	770.		
13	834.17		
14	898.33		fr. c.
15	962.50	1 décimètre	6.42
16	1026.67	2	12.83
17	1090.83	3	19.25
18	1155.	4	25.67
19	1219.17	5	32.08
20	1283.33	6	38.50
30	1925.	7	44.92
40	2566.67	8	51.33
50	3208.33	9	57.75
60	3850.		
70	4491.67		
80	5133.33		fr. c.
90	5775.	1 centimètre	0.64
100	6416.67	2	1.28
200	12833.33	3	1.93
300	19250.	4	2.57
400	25666.67	5	3.21
500	32083.33	6	3.85
600	38500.	7	4.49
700	44916.67	8	5.13
800	51333.33	9	5.78
900	57750.		

TABLE 160.

Si on payait une aune 78 francs, on paiera

	fr. c.		fr. c.
1 mètre	65.	1000 mètres	65000.
2	130.	2000	130000.
3	195.	3000	195000.
4	260.	4000	260000.
5	325.	5000	325000.
6	390.	6000	390000.
7	455.	7000	455000.
8	520.	8000	520000.
9	585.	9000	585000.
10	650.	10000	650000.
11	715.		
12	780.		
13	845.		
14	910.		fr. c.
15	975.	1 décimètre	6.50
16	1040.	2	13.
17	1105.	3	19.50
18	1170.	4	26.
19	1235.	5	32.50
20	1300.	6	39.
30	1950.	7	45.50
40	2600.	8	52.
50	3250.	9	58.50
60	3900.		
70	4550.		
80	5200.		
90	5850.		fr. c.
100	6500.	1 centimètre	0.65
200	13000.	2	1.30
300	19500.	3	1.95
400	26000.	4	2.60
500	32500.	5	3.25
600	39000.	6	3.90
700	45500.	7	4.55
800	52000.	8	5.20
900	58500.	9	5.85

Si on vendait une aune 79 francs, on vendra

	fr. c.		fr. c.
1 mètre	65.83	1000 mètres	65833.33
2	131.67	2000	131666.67
3	197.50	3000	197500.
4	263.33	4000	263333.33
5	329.17	5000	329166.67
6	395.	6000	395000.
7	460.83	7000	460833.33
8	526.67	8000	526666.67
9	592.50	9000	592500.
10	658.33	10000	658333.33
11	724.17		
12	790.		
13	855.83		
14	921.67		fr. c.
15	987.50	1 décimètre	6.58
16	1053.33	2	13.17
17	1119.17	3	19.75
18	1185.	4	26.33
19	1250.83	5	32.92
20	1316.67	6	39.50
30	1975.	7	46.08
40	2633.33	8	52.67
50	3291.67	9	59.25
60	3950.		
70	4608.33		
80	5266.67		
90	5925.		fr. c.
100	6583.33	1 centimètre	0.66
200	13166.67	2	1.32
300	19750.	3	1.98
400	26333.33	4	2.63
500	32916.67	5	3.29
600	39500.	6	3.95
700	46083.33	7	4.61
800	52666.67	8	5.27
900	59250.	9	5.93

TABLE 162.

Si on payait une aune 80 francs, on paiera

	fr. c.		fr. c.
1 mètre	66.67	1000 mètres	66666.67
2	133.33	2000	133333.33
3	200.	3000	200000.
4	266.67	4000	266666.67
5	333.33	5000	333333.33
6	400.	6000	400000.
7	466.67	7000	466666.67
8	533.33	8000	533333.33
9	600.	9000	600000.
10	666.67	10000	666666.66
11	733.33		
12	800.		
13	866.67		
14	933.33		fr. c.
15	1000.	1 décimètre	6.67
16	1066.67	2	13.33
17	1133.33	3	20.
18	1200.	4	26.67
19	1266.67	5	33.33
20	1333.33	6	40.
30	2000.	7	46.67
40	2666.67	8	53.33
50	3333.33	9	60.
60	4000.		
70	4666.67		
80	5333.33		
90	6000.		fr. c.
100	6666.67	1 centimètre	0.67
200	13333.33	2	1.33
300	20000.	3	2.
400	26666.67	4	2.67
500	33333.33	5	3.33
600	40000.	6	4.
700	46666.67	7	4.67
800	53333.33	8	5.33
900	60000.	9	6.

Si on vendait une aune 81 francs, on vendra

	fr. c.			fr. c.
1 mètre	67.50	1000 mètres		67500.
2	135.	2000		135000.
3	202.50	3000		202500.
4	270.	4000		270000.
5	337.50	5000		337500.
6	405.	6000		405000.
7	472.50	7000		472500.
8	540.	8000		540000.
9	607.50	9000		607500.
10	675.	10000		675000.
11	742.50			
12	810.			
13	877.50			fr. c.
14	945.			
15	1012.50	1 décimètre		6.75
16	1080.	2		13.50
17	1147.50	3		20.25
18	1215.	4		27.
19	1282.50	5		33.75
20	1350.	6		40.50
30	2025.	7		47.25
40	2700.	8		54.
50	3375.	9		60.75
60	4050.			
70	4725.			
80	5400.			fr. c.
90	6075.			
100	6750.	1 centimètre		0.68
200	13500.	2		1.35
300	20250.	3		2.03
400	27000.	4		2.70
500	33750.	5		3.38
600	40500.	6		4.05
700	47250.	7		4.73
800	54000.	8		5.40
900	60750.	9		6.08

TABLE 164.

Si on payait une aune 82 francs, on paiera

	fr. c.		fr. c.
1 mètre	68.33	1000 mètres	68333.33
2	136.67	2000	136666.67
3	205.	3000	205000.
4	273.33	4000	273333.33
5	341.67	5000	341666.67
6	410.	6000	410000.
7	478.33	7000	478333.33
8	546.67	8000	546666.67
9	615.	9000	615000.
10	683.33	10000	683333.33
11	751.67		
12	820.		
13	888.33		
14	956.67		fr. c.
15	1025.	1 décimètre	6.83
16	1093.33	2	13.67
17	1161.67	3	20.50
18	1230.	4	27.33
19	1298.33	5	34.17
20	1366.67	6	41.
30	2050.	7	47.83
40	2733.33	8	54.67
50	3416.67	9	61.50
60	4100.		
70	4783.33		
80	5466.67		
90	6150.		fr. c.
100	6833.33	1 centimètre	0.68
200	13666.67	2	1.37
300	20500.	3	2.05
400	27333.33	4	2.73
500	34166.67	5	3.42
600	41000.	6	4.10
700	47833.33	7	4.78
800	54666.67	8	5.47
900	61500.	9	6.15

Si on vendait une aune 83 francs, on vendra

	fr. c.		fr. c.
1 mètre	69.17	1000 mètres	69166.67
2	138.33	2000	138333.33
3	207.50	3000	207500.
4	276.67	4000	276666.67
5	345.83	5000	345833.33
6	415.	6000	415000.
7	484.17	7000	484166.67
8	553.33	8000	553333.33
9	622.50	9000	622500.
10	691.67	10000	691666.67
11	760.83		
12	850.		
13	899.17		
14	968.33		fr. c.
15	1037.50	1 décimètre	6.92
16	1106.67	2	13.83
17	1175.83	3	20.75
18	1245.	4	27.67
19	1314.17	5	34.58
20	1383.33	6	41.50
30	2075.	7	48.42
40	2766.67	8	55.33
50	3458.33	9	62.25
60	4150.		
70	4841.67		
80	5533.33		
90	6225.		fr. c.
100	6916.67	1 centimètre	0.69
200	13833.33	2	1.33
300	20750.	3	2.08
400	27666.67	4	2.77
500	34583.33	5	3.46
600	41500.	6	4.15
700	48416.67	7	4.84
800	55333.33	8	5.53
900	62250.	9	6.23

Si on payait une aune 84 francs, on paiera

	fr. c.		fr. c.
1 mètre	70.	1000 mètres	70000.
2	140.	2000	140000.
3	210.	3000	210000.
4	280.	4000	280000.
5	350.	5000	350000.
6	420.	6000	420000.
7	490.	7000	490000.
8	560.	8000	560000.
9	630.	9000	630000.
10	700.	10000	700000.
11	770.		
12	840.		
13	910.		
14	980.		fr. c.
15	1050.	1 décimètre	7.
16	1120.	2	14.
17	1190.	3	21.
18	1260.	4	28.
19	1330.	5	35.
20	1400.	6	42.
30	2100.	7	49.
40	2800.	8	56.
50	3500.	9	63.
60	4200.		
70	4900.		
80	5600.		
90	6300.		fr. c.
100	7000.	1 centimètre	0.70
200	14000.	2	1.40
300	21000.	3	2.10
400	28000.	4	2.80
500	35000.	5	3.50
600	42000.	6	4.20
700	49000.	7	4.90
800	56000.	8	5.60
900	63000.	9	6.30

Si on vendait une aune 85 francs, on vendra

	fr. c.		fr. c.
1 mètre	70.83	1000 mètres	70833.33
2	141.67	2000	141666.67
3	212.50	3000	212500.
4	283.33	4000	283333.33
5	354.17	5000	354166.67
6	425.	6000	425000.
7	495.83	7000	495833.33
8	566.67	8000	566666.67
9	637.50	9000	637500.
10	708.33	10000	708333.33
11	779.17		
12	850.		
13	920.83		
14	991.67		
15	1062.50	1 décimètre	7.08
16	1133.33	2	14.17
17	1204.17	3	21.25
18	1275.	4	28.33
19	1345.83	5	35.42
20	1416.67	6	42.50
30	2125.	7	49.58
40	2833.33	8	56.67
50	3541.67	9	63.75
60	4250.		
70	4958.33		
80	5666.67		
90	6375.		
100	7083.33	1 centimètre	0.71
200	14166.67	2	1.42
300	21250.	3	2.13
400	28333.33	4	2.83
500	35416.67	5	3.54
600	42500.	6	4.25
700	49583.33	7	4.96
800	56666.67	8	5.67
900	63750.	9	6.38

TABLE 168.

Si on payait une aune 86 francs, on paiera

	fr. c.		fr. c.
1 mètre	71.67	1000 mètres	71666.67
2	143.33	2000	143333.33
3	215.	3000	215000.
4	286.67	4000	286666.67
5	358.33	5000	358333.33
6	430.	6000	430000.
7	501.67	7000	501666.67
8	573.33	8000	573333.33
9	645.	9000	645000.
10	716.67	10000	716666.67
11	788.33		
12	860.		
13	931.67		
14	1003.33		fr. c.
15	1075.	1 décimètre	7.17
16	1146.67	2	14.33
17	1218.33	3	21.50
18	1290.	4	28.67
19	1361.67	5	35.83
20	1433.33	6	43.
30	2150.	7	50.17
40	2866.67	8	57.33
50	3583.33	9	64.50
60	4300.		
70	5016.67		
80	5733.33		fr. c.
90	6450.	1 centimètre	0.72
100	7166.67	2	1.43
200	14333.33	3	2.15
300	21500.	4	2.87
400	28666.67	5	3.58
500	35833.33	6	4.30
600	43000.	7	5.02
700	50166.67	8	5.73
800	57333.33	9	6.45
900	64500.		

Si on vendait une aune 87 francs, on vendra

	fr. c.		fr. c.
1 mètre	72.50	1000 mètres	72500.
2	145.	2000	145000.
3	217.50	3000	217500.
4	290.	4000	290000.
5	362.50	5000	362500.
6	435.	6000	435000.
7	507.50	7000	507500.
8	580.	8000	580000.
9	652.50	9000	652500.
10	725.	10000	725000.
11	797.50		
12	870.		
13	942.50		
14	1015.		fr. c.
15	1087.50	1 décimètre	7.25
16	1160.	2	14.50
17	1232.50	3	21.75
18	1305.	4	29.
19	1377.50	5	36.25
20	1450.	6	43.50
30	2175.	7	50.75
40	2900.	8	58.
50	3625.	9	65.25
60	4350.		
70	5075.		
80	5800.		
90	6525.		fr. c.
100	7250.	1 centimètre	0.73
200	14500.	2	1.45
300	21750.	3	2.18
400	29000.	4	2.90
500	36250.	5	3.63
600	43500.	6	4.35
700	50750.	7	5.08
800	58000.	8	5.80
900	65250.	9	6.53

TABLE 170.

Si on payait une aune 88 francs, on paiera

	fr. c.		fr. c.
1 mètre	73.33	1000 mètres	73333.33
2	146.67	2000	146666.67
3	220.	3000	220000.
4	293.33	4000	293333.33
5	366.67	5000	366666.67
6	440.	6000	440000.
7	513.33	7000	513333.33
8	586.67	8000	586666.67
9	660.	9000	660000.
10	733.33	10000	733333.33
11	806.67		
12	880.		
13	953.33		
14	1026.67		fr. c.
15	1100.	1 décimètre	7.33
16	1173.33	2	14.67
17	1246.67	3	22.
18	1320.	4	29.33
19	1393.33	5	36.67
20	1466.67	6	44.
30	2200.	7	51.33
40	2933.33	8	58.67
50	3666.67	9	66.
60	4400.		
70	5133.33		
80	5866.67		
90	6600.		fr. c.
100	7333.33	1 centimètre	0.73
200	14666.67	2	1.47
300	22000.	3	2.20
400	29333.33	4	2.93
500	36666.67	5	3.67
600	44000.	6	4.40
700	51333.33	7	5.13
800	58666.67	8	5.87
900	66000.	9	6.60

Si on vendait une aune 89 francs, on vendra

	fr. c.		fr. c.
1 mètre	74.47	1000 mètres	74166.67
2	148.33	2000	148333.33
3	222.50	3000	222500.
4	296.67	4000	296666.67
5	370.83	5000	370833.33
6	445.	6000	445000.
7	519.17	7000	519166.67
8	593.33	8000	593333.33
9	667.50	9000	667500.
10	741.67	10000	741666.67
11	815.83		
12	890.		
13	964.17		
14	1038.33		
15	1112.50		fr. c.
16	1186.67	1 décimètre	7.42
17	1260.83	2	14.83
18	1335.	3	22.25
19	1409.17	4	29.67
20	1483.33	5	37.08
30	2225.	6	44.50
40	2966.67	7	51.92
50	3708.33	8	59.33
60	4450.	9	66.75
70	5191.67		
80	5933.33		
90	6675.		
100	7416.67		fr. c.
200	14833.33	1 centimètre	0.74
300	22250.	2	1.48
400	29666.67	3	2.23
500	37083.33	4	2.97
600	44500.	5	3.71
700	51916.67	6	4.45
800	59333.33	7	5.19
900	66750.	8	5.93
		9	6.68

Si on payait une aune 90 francs, on paiera

	fr. c.		fr. c.
1 mètre	75.	1000 mètres	75000.
2	150.	2000	150000.
3	225.	3000	225000.
4	300.	4000	300000.
5	375.	5000	375000.
6	450.	6000	450000.
7	525.	7000	525000.
8	600.	8000	600000.
9	675.	9000	675000.
10	750.	10000	750000.
11	825.		
12	900.		
13	975.		
14	1050.		fr. c.
15	1125.	1 décimètre	7.50
16	1200.	2	15.
17	1275.	3	22.50
18	1350.	4	30.
19	1425.	5	37.50
20	1500.	6	45.
30	2250.	7	52.50
40	3000.	8	60.
50	3750.	9	67.50
60	4500.		
70	5250.		
80	6000.		
90	6750.		fr. c.
100	7500.	1 centimètre	0.75
200	15000.	2	1.50
300	22500.	3	2.25
400	30000.	4	3.
500	37500.	5	3.75
600	45000.	6	4.50
700	52500.	7	5.25
800	60000.	8	6.
900	67500.	9	6.75

Si on vendait une aune 91 francs, on vendra

	fr. c.			fr. c.
1 mètre	75.83		1000 mètres	75833.33
2	151.67		2000	151666.67
3	227.50		3000	227500.
4	303.33		4000	303333.33
5	379.17		5000	379166.67
6	455.		6000	455000.
7	530.83		7000	530833.33
8	606.67		8000	606666.67
9	682.50		9000	682500.
10	758.33		10000	758333.33
11	834.17			
12	910.			
13	985.83			fr. c.
14	1061.67			
15	1137.50		1 décimètre	7.58
16	1213.33		2	15.17
17	1289.17		3	22.75
18	1365.		4	30.33
19	1440.83		5	37.92
20	1516.67		6	45.50
30	2275.		7	53.08
40	3033.33		8	60.67
50	3791.63		9	68.25
60	4550.			
70	5308 33			
80	6066.67			fr. c.
90	6825.			
100	7583.33		1 centimètre	0.76
200	15166.67		2	1.52
300	22750.		3	2.28
400	30333.33		4	3.03
500	37916.67		5	3.79
600	45500.		6	4.55
700	53083.33		7	5.31
800	60666.67		8	6.07
900	68250.		9	6.83

Si on payait une aune 92 francs, on paiera

	fr. c.		fr. c.
1 mètre	76.67	1000 mètres	76666.67
2	153.33	2000	153333.33
3	230.	3000	230000.
4	306.67	4000	306666.67
5	383.33	5000	383333.33
6	460.	6000	460000.
7	536.67	7000	536666.67
8	613.33	8000	613333.33
9	690.	9000	690000.
10	766.67	10000	776666.67
11	843.33		
12	920.		
13	996.67		fr. c.
14	1073.33	1 décimètre	7.67
15	1150.	2	15.33
16	1226.67	3	23.
17	1303.33	4	30.67
18	1380.	5	38.33
19	1456.67	6	46.
20	1533.33	7	53.67
30	2300.	8	61.33
40	3066.67	9	69.
50	3833.33		
60	4600.		
70	5366.67		fr. c.
80	6133.33	1 centimètre	0.77
90	6900.	2	1.
100	7666.67	3	2.30
200	15333.33	4	3.07
300	23000.	5	3.83
400	30666.67	6	4.60
500	38333.33	7	5.37
600	46000.	8	6.13
700	53666.67	9	6.90
800	61333.33		
900	69000.		

Si on vendait une aune 95 francs, on vendra

	fr. c.			fr. c.
1 mètre	77.50	1000 mètres		77500.
2	155.	2000		155000.
3	232.50	5000		252500.
4	510.	4000		510000.
5	587.50	5000		587500.
6	465.	6000		465000.
7	542.50	7000		542500.
8	620.	8000		620000.
9	697.50	9000		697500.
10	775.	10000		775000.
11	852.50			
12	930.			
13	1007.50			fr. c.
14	1085.			
15	1162.50	1 décimètre		7 75
16	1240.	2		15.50
17	1517.50	5		25.25
18	1595.	4		51.
19	1472.50	5		38.75
20	1550.	6		46.50
30	2325.	7		54.25
40	5100.	8		62.
50	5875.	9		69.75
60	4650.			
70	5425.			fr. c.
80	6200.			
90	6975.	1 centimètre		0.77
100	7750.	2		1.55
200	15500.	5		2.33
300	23250.	4		5.10
400	31000.	5		5.88
500	38750.	6		4.67
600	46500.	7		5.43
700	54250.	8		6.20
800	62000.	9		6.98
900	69750.			

TABLE 176.

Si on payait une aune 94 francs, on paiera

	fr. c.		fr. c.
1 mètre	78.33	1000 mètres	78333.33
2	156.67	2000	156666.67
3	235.	3000	235000.
4	313.33	4000	313333.33
5	391.67	5000	391666.67
6	470.	6000	470000.
7	548.33	7000	548333.33
8	626.67	8000	626666.67
9	705.	9000	705000.
10	783.33	10000	783333.33
11	861.67		
12	940.		
13	1018.33		
14	1096.67		fr. c.
15	1175.	1 décimètre	7.83
16	1253.33	2	15.67
17	1331.67	3	23.50
18	1410.	4	31.33
19	1488.33	5	39.17
20	1566.67	6	47.
30	2350.	7	54.83
40	3133.33	8	62.67
50	3916.67	9	70.50
60	4700.		
70	5483.33		
80	6266.67		
90	7050.		fr. c.
100	7833.33	1 centimètre	0.78
200	15666.67	2	1 57
300	23500.	3	2.35
400	31333.33	4	3.13
500	39166.67	5	3.92
600	47000.	6	4.70
700	54833.33	7	5.48
800	62666.67	8	6.27
900	70500.	9	7.05

Si on vendait une aune 95 francs, on vendra

	fr. c.		fr. c.
1 mètre	79.17	1000 mètres	79166.67
2	158.33	2000	158333.33
3	237.50	3000	237500.
4	316.67	4000	316666.67
5	395.83	5000	395833.33
6	475.	6000	475000.
7	554.17	7000	554166.67
8	633 33	8000	633333.33
9	712.50	9000	712500.
10	791.67	10000	791666.67
11	870.83		
12	950.		
13	1029.17		
14	1108.33		fr. c.
15	1187.50	1 décimètre	7.92
16	1266.67	2	15.83
17	1345.83	3	23.75
18	1425.	4	31.67
19	1504.17	5	39.58
20	1583.33	6	47.50
30	2375.	7	55.42
40	3166.67	8	63.33
50	3958.33	9	71.25
60	4750.		
70	5541.67		
80	6333.33		
90	7125.		fr. c.
100	7916.67	1 centimètre	0.79
200	15833.33	2	1.58
300	23750.	3	2.38
400	31666.67	4	3.17
500	39583.33	5	3.96
600	47500.	6	4.75
700	55416.67	7	5.54
800	63333.33	8	6.33
900	71250.	9	7.13

TABLE 178.

Si on vendait une aune 96 francs, on vendra

	fr. c.		fr. c.
1 mètre	80.	1000 mètres	80000.
2	160.	2000	160000.
3	240.	3000	240000.
4	320.	4000	320000.
5	400.	5000	400000.
6	480.	6000	480000.
7	560.	7000	560000.
8	640.	8000	640000.
9	720.	9000	720000.
10	800.	10000	800000.
11	880.		
12	960.		
13	1040.		
14	1120.		fr. c.
15	1200.	1 décimètre	8.
16	1280.	2	16.
17	1360.	3	24.
18	1440.	4	32.
19	1520.	5	40.
20	1600.	6	48.
30	2400.	7	56.
40	3200.	8	64.
50	4000.	9	72.
60	4800.		
70	5600.		
80	6400.		
90	7200.		fr. c.
100	8000.	1 centimètre	0.80
200	16000.	2	1.60
300	24000.	3	2.40
400	32000.	4	3.20
500	40000.	5	4.
600	48000.	6	4.80
700	56000.	7	5.60
800	64000.	8	6.40
900	72000.	9	7.20

Si on vendait une aune 97 francs, on vendra

	fr. c.		fr. c.
1 mètre	80.83	1000 mètres	80833.33
2	161.67	2000	161666.67
3	242.50	3000	242500.
4	323.33	4000	323333.33
5	404.17	5000	404166.67
6	485.	6000	485000.
7	565.83	7000	565833.33
8	646.67	8000	646666.67
9	727.50	9000	727500.
10	808.33	10000	808333.33
11	889.17		
12	970.		
13	1050.83		
14	1131.67		
15	1212.50		fr. c.
16	1293.33	1 décimètre	8.08
17	1374.17	2	16.17
18	1455.	3	24.25
19	1535.83	4	32.33
20	1616.67	5	40.42
30	2425.	6	48.50
40	3233.33	7	56.58
50	4041.67	8	64.67
60	4850.	9	72.75
70	5658.33		
80	6466.67		
90	7275.		fr. c.
100	8083.33	1 centimètre	0.81
200	16166.67	2	1.62
300	24250.	3	2.43
400	32333.33	4	3.23
500	40416.67	5	4.04
600	48500.	6	4.85
700	56583.33	7	5.66
800	64666.67	8	6.47
900	72750.	9	7.27

Si on payait une aune 98 francs, on paiera

	fr. c.		fr. c.
1 mètre	81.67	1000 mètres	81666.67
2	163.33	2000	163333.33
3	245.	3000	245000.
4	326.67	4000	326666.67
5	408.33	5000	408333.33
6	490.	6000	490000.
7	571.67	7000	571666.67
8	653.33	8000	653333.33
9	735.	9000	735000.
10	816.67	10000	816666.67
11	898.33		
12	980.		
13	1061.67		
14	1143.33		fr. c.
15	1225.	1 décimètre	8.17
16	1306.67	2	16.33
17	1388.33	3	24.50
18	1470.	4	32.67
19	1551.67	5	40.83
20	1633.33	6	49.
30	2450.	7	57.17
40	3266.67	8	65.33
50	4083.33	9	73.50
60	4900.		
70	5716.67		
80	6533.33		
90	7350.		fr. c.
100	8166.67	1 centimètre	0.82
200	16333.33	2	1.63
300	24500.	3	2.45
400	32666.67	4	3.27
500	40833.33	5	4.08
600	49000.	6	4.90
700	57166.67	7	5.72
800	65333.33	8	6.53
900	73500.	9	7.35

Si on vendait une aune 99 francs, on vendra

	fr. c.		fr. c.
1 mètre	82.50	1000 mètres	82500.
2	165.	2000	165000.
3	247.50	3000	247500.
4	330.	4000	330000.
5	412.50	5000	412500.
6	495.	6000	495000.
7	577.50	7000	577500.
8	660.	8000	660000.
9	742.50	9000	742500.
10	825.	10000	825000.
11	907 50		
12	990.		
13	1072.50		
14	1155.		fr. c.
15	1237.50	1 décimètre	8.25
16	1320.	2	16.50
17	1402.50	3	24.75
18	1485.	4	33.
19	1567.50	5	41.25
20	1650.	6	49.50
30	2475.	7	57.70
40	3300.	8	66.
50	4125.	9	74.25
60	4950.		
70	5775.		
80	6600.		
90	7425.		fr. c.
100	8250.	1 centimètre	0.85
200	16500.	2	1.65
300	24750.	3	2.48
400	33000.	4	3.30
500	41250.	5	4.13
600	49500.	6	4.95
700	57750.	7	5.77
800	66000.	8	6.60
900	74250.	9	7.43

TABLE 182.

Si on payait une aune 100 francs, on paiera

	fr. c.		fr. c.
1 mètre	83.33	1000 mètres	83333.33
2	166.67	2000	166666.67
3	250.	3000	250000.
4	333.33	4000	333333.33
5	416.67	5000	416666.67
6	500.	6000	500000.
7	583.33	7000	583333.33
8	666.67	8000	666666.67
9	750.	9000	750000.
10	833.33	10000	833333.33
11	916.67		
12	1000.		
13	1083.33		
14	1166.67		fr. c.
15	1250.	1 décimètre	8.33
16	1333.33	2	16.67
17	1416.67	3	25.
18	1500.	4	33.33
19	1583.33	5	41.67
20	1666.67	6	50.
30	2500.	7	58.33
40	3333.33	8	66.67
50	4166.67	9	75.
60	5000.		
70	5833.33		
80	6666.67		
90	7500.		fr. c.
100	8333.33	1 centimètre	0.83
200	16666.67	2	1.67
300	25000.	3	2.50
400	33333.33	4	3.33
500	41666.67	5	4.17
600	50000.	6	5.
700	58333.33	7	5.83
800	66666.67	8	6.67
900	75000.	9	7.50

TABLE 183.	TABLE 184.
Si un grain valait 1 liard, on vendra	*Si un grain valait 2 liards, on vendra*

		fr. c.			fr. c.
1	centigramme	0.00	1	centigramme	0.00
2		0.00	2		0.01
3		0.00	3		0.01
4		0.00	4		0.02
5		0.01	5		0.02
6		0.01	6		0.03
7		0.02	7		0.03
8		0.02	8		0.04
9		0.02	9		0.04
		fr. c.			fr. c.
1	décigramme	0.02	1	décigramme	0.05
2		0.05	2		0.09
3		0.07	3		0.14
4		0.09	4		0.18
5		0.12	5		0.23
6		0.14	6		0.27
7		0.16	7		0.32
8		0.18	8		0.37
9		0.21	9		0.42
		fr. c.			fr. c.
1	gramme	0.23	1	gramme	0.46
2		0.46	2		0.92
3		0.69	3		1.38
4		0.92	4		1.84
5		1 15	5		2.30
6		1.38	6		2.76
7		1.61	7		3.23
8		1.84	8		3.69
9		2.07	9		4.15

TABLE 185.		TABLE 186.	
Si un grain valait 3 liards, *on vendra*		*Si un grain valait 4 liards,* *ou 5 centimes, on vendra*	
	fr. c.		fr. c.
1 centigramme	0.00	1 centigramme	0.01
2	0.01	2	0.02
3	0.02	3	0.03
4	0.03	4	0.04
5	0.03	5	0.05
6	0.04	6	0.06
7	0.05	7	0.06
8	0.06	8	0.07
9	0.06	9	0.08
	fr. c.		fr. c.
1 décigramme	0.06	1 décigramme	0.09
2	0.13	2	0.18
3	0.21	3	0.28
4	0.27	4	0.37
5	0.33	5	0.46
6	0.41	6	0.55
7	0.48	7	0.65
8	0.55	8	0.74
9	0.62	9	0.83
	fr. c.		fr. c.
1 gramme	0.69	1 gramme	0.92
2	1.38	2	1.84
3	2.07	3	2.76
4	2.76	4	3.69
5	3.46	5	4.61
6	4.13	6	5.53
7	4.84	7	6.45
8	5.53	8	7.37
9	6.22	9	8.29

TABLE 187.		TABLE 188.	
Si un grain valait 5 liards, on vendra		*Si un grain valait 6 liards, on paiera*	
	fr. c.		fr. c.
1 centigramme	0.01	1 centigramme	0.01
2	0.02	2	0.03
3	0.03	3	0.04
4	0.05	4	0.06
5	0.06	5	0.07
6	0.07	6	0.08
7	0.08	7	0.10
8	0.09	8	0.11
9	0.10	9	0.12
	fr. c.		fr. c.
1 décigramme	0.11	1 décigramme	0.14
2	0.23	2	0.28
3	0.34	3	0.41
4	0.46	4	0.55
5	0.58	5	0.69
6	0.69	6	0.83
7	0.81	7	0.97
8	0.92	8	1.11
9	1.04	9	1.24
	fr. c.		fr. c.
1 gramme	1.15	1 gramme	1.38
2	2.30	2	2.76
3	3.46	3	4.15
4	4.60	4	5.53
5	5.76	5	6.91
6	6.91	6	8.29
7	8.06	7	9.68
8	9.22	8	11.05
9	10.37	9	12.44

TABLE 189.		TABLE 190.	
Si un grain valait 7 liards, on vendra		*Si un grain coûtait 2 sous, ou 10 centimes, on paiera*	
	fr. c.		fr. c.
1 centigramme	0.02	1 centigramme	0.02
2	0.03	2	0.04
3	0.05	3	0.06
4	0.06	4	0.07
5	0.08	5	0.09
6	0.10	6	0.11
7	0.11	7	0.13
8	0.13	8	0.15
9	0.13	9	0.17
	fr. c.		fr. c.
1 décigramme	0.16	1 décigramme	0.18
2	0.32	2	0.37
3	0.48	3	0.55
4	0.65	4	0.74
5	0.81	5	0.92
6	0.97	6	1.11
7	1.13	7	1.29
8	1.29	8	1.47
9	1.45	9	1.66
	fr. c.		fr. c.
1 gramme	1.61	1 gramme	1.84
2	3.25	2	3.69
3	4.84	3	5.53
4	6.45	4	7.37
5	8.06	5	9.22
6	9.68	6	11.06
7	11.29	7	12.90
8	12.90	8	14.75
9	14.52	9	16.59

TABLE 191.

Si un grain valait 2 sous 5 deniers, on vendra

		fr. c.
1	centigramme	0.02
2		0.04
3		0.06
4		0.08
5		0.10
6		0.12
7		0.15
8		0.17
9		0.19

		fr. c.
1	décigramme	0.21
2		0.41
3		0.62
4		0.83
5		1.04
6		1.24
7		1.45
8		1.66
9		1.87

		fr. c.
1	gramme	2.07
2		4.15
3		6.22
4		8.29
5		10.37
6		12.44
7		14.52
8		16.59
9		18.66

TABLE 192.

Si un grain valait 2 sous 6 deniers, on paiera

		fr. c.
1	centigramme	0.02
2		0.05
3		0.07
4		0.09
5		0.12
6		0.14
7		0.16
8		0.18
9		0.21

		fr. c.
1	décigramme	0.23
2		0.46
3		0 69
4		0.92
5		1.15
6		1.38
7		1.61
8		1.84
9		2.07

		fr. c.
1	gramme	2.30
2		4.60
3		6.91
4		9.21
5		11.52
6		13.82
7		16.13
8		18.43
9		20.74

TABLE 193.		TABLE 194.	
Si un grain valait 2 sous 9 deniers, on vendra		*Si un grain valait 3 sous, ou 15 centimes, on paiera*	
	fr. c.		fr. c.
1 centigramme	0.03	1 centigramme	0.03
2	0.05	2	0.06
3	0.08	3	0.08
4	0.10	4	0.11
5	0.13	5	0.14
6	0.15	6	0.17
7	0.18	7	0.19
8	0.21	8	0.22
9	0.23	9	0.25
	fr. c.		fr. c.
1 décigramme	0.25	1 décigramme	0.28
2	0.51	2	0.55
3	0.76	3	0.83
4	1.01	4	1.11
5	1.27	5	1.38
6	1.52	6	1.66
7	1.77	7	1.94
8	2.03	8	2.21
9	2.28	9	2.49
	fr. c.		fr. c.
1 gramme	2.53	1 gramme	2.76
2	5.07	2	5.53
3	7.60	3	8.29
4	10.14	4	11.06
5	12.67	5	13.82
6	15.21	6	16.59
7	17.74	7	19.35
8	20.28	8	22.12
9	22.81	9	24.88

TABLE 195.

Si un grain valait 5 sous 5 deniers, on vendra

	fr. c.
1 centigramme	0.03
2	0.06
3	0.09
4	0.12
5	0.15
6	0.18
7	0.21
8	0.24
9	0.27

	fr. c.
1 décigramme	0.30
2	0.60
3	0.90
4	1.20
5	1.50
6	1.80
7	2.10
8	2.40
9	2.70

	fr. c.
1 gramme	3.00
2	6.00
3	8.99
4	11.98
5	14.98
6	17.97
7	20.97
8	23.96
9	26.96

TABLE 196.

Si un grain valait 3 sous 6 deniers, on paiera

	fr. c.
1 centigramme	0.03
2	0.06
3	0.10
4	0.13
5	0 16
6	0.19
7	0.23
8	0.25
9	0.29

	fr. c.
1 décigramme	0.32
2	0.65
3	0.97
4	1.29
5	1 61
6	1.94
7	2.26
8	2.58
9	2.90

	fr. c.
1 gramme	3 23
2	6.45
3	9.68
4	12.90
5	16.13
6	19.35
7	22.58
8	25.80
9	29.03

TABLE 197.		TABLE 198.	
Si un grain valait 5 sous 9 deniers, on vendra		*Si un grain valait 4 sous, ou 20 centimes, on paiera*	
	fr. c.		fr. c.
1 centigramme	0.05	1 centigramme	0.04
2	0.07	2	0.07
5	0.10	5	0.11
4	0.14	4	0.15
5	0.17	5	0.18
6	0.21	6	0.22
7	0.24	7	0.26
8	0.28	8	0.29
9	0.51	9	0.55
	fr. c.		fr. c.
1 décigramme	0.55	1 décigramme	0.57
2	0.69	2	0.74
5	1.05	5	1.11
4	1.58	4	1.47
5	1.75	5	1.84
6	2.07	6	2.21
7	2.42	7	2.58
8	2.76	8	2.95
9	5.11	9	5.52
	fr. c.		fr. c.
1 gramme	5.46	1 gramme	5.69
2	6.91	2	7.57
5	10.57	5	11.06
4	15.82	4	14.75
5	17.28	5	18.45
6	20.74	6	22.12
7	24.19	7	25.80
8	27.65	8	29.49
9	51.10	9	55.18

<table>
<tr><th colspan="2">TABLE 199.</th><th colspan="2">TABLE 200.</th></tr>
<tr><td colspan="2">Si on vendait 1 grain 4 sous
3 deniers, on vendra</td><td colspan="2">Si on payait 1 grain 4 sous
6 deniers, on paiera</td></tr>
<tr><td></td><td>fr. c.</td><td></td><td>fr. c.</td></tr>
<tr><td>1 centigramme</td><td>0.04</td><td>1 centigramme</td><td>0 04</td></tr>
<tr><td>2</td><td>0.08</td><td>2</td><td>0.08</td></tr>
<tr><td>3</td><td>0.12</td><td>3</td><td>0.12</td></tr>
<tr><td>4</td><td>0.16</td><td>4</td><td>0 17</td></tr>
<tr><td>5</td><td>0.20</td><td>5</td><td>0.21</td></tr>
<tr><td>6</td><td>0.24</td><td>6</td><td>0.25</td></tr>
<tr><td>7</td><td>0.27</td><td>7</td><td>0.29</td></tr>
<tr><td>8</td><td>0.31</td><td>8</td><td>0.33</td></tr>
<tr><td>9</td><td>0.35</td><td>9</td><td>0.37</td></tr>
<tr><td></td><td>fr. c.</td><td></td><td>fr. c.</td></tr>
<tr><td>1 décigramme</td><td>0.39</td><td>1 décigramme</td><td>0.41</td></tr>
<tr><td>2</td><td>0.78</td><td>2</td><td>0.83</td></tr>
<tr><td>3</td><td>1.18</td><td>3</td><td>1.24</td></tr>
<tr><td>4</td><td>1.57</td><td>4</td><td>1.66</td></tr>
<tr><td>5</td><td>1.96</td><td>5</td><td>2.07</td></tr>
<tr><td>6</td><td>2.35</td><td>6</td><td>2.49</td></tr>
<tr><td>7</td><td>2.74</td><td>7</td><td>2.90</td></tr>
<tr><td>8</td><td>3.13</td><td>8</td><td>3.32</td></tr>
<tr><td>9</td><td>3.53</td><td>9</td><td>3.73</td></tr>
<tr><td></td><td>fr. c.</td><td></td><td>fr. c.</td></tr>
<tr><td>1 gramme</td><td>3.92</td><td>1 gramme</td><td>4.14</td></tr>
<tr><td>2</td><td>7.83</td><td>2</td><td>8.29</td></tr>
<tr><td>3</td><td>11.75</td><td>3</td><td>12.44</td></tr>
<tr><td>4</td><td>15.67</td><td>4</td><td>16.59</td></tr>
<tr><td>5</td><td>19.58</td><td>5</td><td>20.74</td></tr>
<tr><td>6</td><td>23.50</td><td>6</td><td>24.88</td></tr>
<tr><td>7</td><td>27.42</td><td>7</td><td>29.03</td></tr>
<tr><td>8</td><td>31.33</td><td>8</td><td>33.18</td></tr>
<tr><td>9</td><td>35.25</td><td>9</td><td>37.32</td></tr>
</table>

TABLE 201.		TABLE 202.	
Si on vendait 1 grain 4 sous 9 deniers, on vendra		*Si on payait 1 grain 5 sous, ou 25 centimes, on paiera*	
	fr. c.		fr. c.
1 centigramme	0.04	1 centigramme	0.05
2	0 08	2	0.09
5	0.15	5	0 14
4	0.18	4	0.18
5	0.22	5	0.23
6	0.26	6	0.28
7	0.51	7	0.52
8	0 55	8	0.57
9	0.59	9	0.41
	fr. c.		fr. c.
1 décigramme	0.44	1 décigramme	0.46
2	0.88	2	0.92
5	1.51	5	1.58
4	1.75	4	1.84
5	2.19	5	2.50
6	2.65	6	2.76
7	5.06	7	5.25
8	5.50	8	5.69
9	5.94	9	4.15
	fr. c.		fr. c.
1 gramme	4.58	1 gramme	4.61
2	8.76	2	9.22
5	15.15	5	13.82
4	17.51	4	18.43
5	21.89	5	25.04
6	26.27	6	27.65
7	50 64	7	52.26
8	55.02	8	56.86
9	59 40	9	41.47

TABLE 203.		TABLE 204.	
Si on vendait 1 grain 5 sous *5 deniers, on vendra*		*Si on payait 1 grain 5 sous* *6 deniers, on paiera*	
	fr. c.		fr. c.
1 centigramme	0.05	1 centigramme	0 05
2	0.10	2	0.10
3	0.15	3	0.15
4	0.19	4	0.20
5	0.24	5	0.25
6	0 29	6	0.30
7	0.34	7	0.35
8	0.39	8	0.41
9	0.44	9	0.46
	fr. c.		fr. c.
1 décigramme	0.48	1 décigramme	0.51
2	0.97	2	1.01
3	1.45	3	1.52
4	1.94	4	2.03
5	2.41	5	2.53
6	2.90	6	3.04
7	3.39	7	3.55
8	3.87	8	4.06
9	4.35	9	4.56
	fr. c.		fr. c.
1 gramme	4.83	1 gramme	5.07
2	9.68	2	10.13
3	14.52	3	15.21
4	19.35	4	20.28
5	24.19	5	25.34
6	29.03	6	30.41
7	33.87	7	35.48
8	38.78	8	40.55
9	43.55	9	45.62

	TABLE 205.		TABLE 206.
	Si un grain valait 5 sous 9 deniers, on vendra		*Si un grain coûtait 6 sous, ou 30 centimes, on paiera*
	fr. c.		fr. c.
1 centigramme	0.05	1 centigramme	0.06
2	0.11	2	0.11
3	0.16	3	0.17
4	0.21	4	0.22
5	0.26	5	0.28
6	0.31	6	0.33
7	0.37	7	0.39
8	0.42	8	0.44
9	0.48	9	0.50
	fr. c.		fr. c.
1 décigramme	0.53	1 décigramme	0.55
2	1.06	2	1.11
3	1.59	3	1.66
4	2.12	4	2.21
5	2.65	5	2.76
6	3.18	6	3.32
7	3.71	7	3.87
8	4.24	8	4.42
9	4.77	9	4.98
	fr. c.		fr. c.
1 gramme	5.30	1 gramme	5.53
2	10.60	2	11.06
3	15.90	3	16.59
4	21.20	4	22.12
5	26.50	5	27.65
6	31.80	6	33.18
7	37.09	7	38.71
8	42.39	8	44.24
9	47.69	9	49.77

TABLE 207.

Si un grain valait 6 sous 5 deniers, on vendra

	fr. c.
1 centigramme	0.06
2	0.12
3	0.17
4	0.23
5	0.29
6	0.35
7	0.40
8	0.46
9	0.52

	fr. c.
1 décigramme	0.57
2	1.15
3	1.73
4	2.30
5	2.88
6	3.46
7	4.03
8	4.61
9	5.18

	fr. c.
1 gramme	5.76
2	11.52
3	17.28
4	23.04
5	28.80
6	34.56
7	40.32
8	46.08
9	51.84

TABLE 208.

Si 1 grain valait 6 sous 6 deniers, on paiera

	fr. c.
1 centigramme	0.06
2	0.12
3	0.18
4	0.24
5	0.30
6	0.36
7	0.42
8	0.48
9	0.54

	fr. c.
1 décigramme	0.60
2	1.20
3	1.80
4	2.40
5	3.00
6	3.59
7	4.19
8	4.79
9	5.39

	fr. c.
1 gramme	5.99
2	11.98
3	17.97
4	23.96
5	29.95
6	35.94
7	41.93
8	47.92
9	53.91

TABLE 209.		TABLE 210.	
Si un grain valait 6 sous 9 deniers, on vendra		*Si un grain coûtait 7 sous, ou 35 centimes, on paiera*	
	fr. c.		fr. c.
1 centigramme	0.06	1 centigramme	0 06
2	0.12	2	0 15
3	0.19	3	0.19
4	0.25	4	0.26
5	0.31	5	0 32
6	0 37	6	0.39
7	0.44	7	0.45
8	0.50	8	0.52
9	0.56	9	0.58
	fr. c.		fr. c.
1 décigramme	0.62	1 décigramme	0.65
2	1.24	2	1.29
3	1.87	3	1.94
4	2.49	4	2.58
5	3.11	5	3.23
6	3.73	6	3.87
7	4.35	7	4.52
8	4.98	8	5.16
9	5.60	9	5.81
	fr. c.		fr. c.
1 gramme	6.22	1 gramme	6.45
2	12.44	2	12.90
3	18.66	3	19.35
4	24.88	4	25.80
5	31.10	5	32.26
6	37 32	6	38.71
7	43.54	7	45.16
8	49.77	8	51.61
9	55.99	9	58.06

TABLE 211.

Si un grain se vendait 7 sous 5 deniers, on vendra

		fr. c.
1	centigramme	0.07
2		0.13
3		0.20
4		0.27
5		0.33
6		0.40
7		0.47
8		0.53
9		0.60
		fr. c.
1	décigramme	0.67
2		1.34
3		2.00
4		2.67
5		3.34
6		4.01
7		4.68
8		5.35
9		6.01
		fr. c.
1	gramme	6.68
2		13.36
3		20.04
4		26.73
5		33.41
6		40.09
7		46.77
8		53.45
9		60.13

TABLE 212.

Si on payait 7 sous 6 deniers, on paiera

		fr. c.
1	centigramme	0.07
2		0.13
3		0.21
4		0.28
5		0.35
6		0.41
7		0.48
8		0 55
9		0.62
		fr. c.
1	décigramme	0.69
2		1.38
3		2.07
4		2.76
5		3.46
6		4.15
7		4.84
8		5.53
9		6.22
		fr. c.
1	gramme	6.91
2		13.82
3		20.74
4		27.65
5		34.56
6		41.47
7		48.38
8		55.30
9		62.21

TABLE 213.

Si un grain se vendait 7 sous 9 deniers, on vendra

	fr. c.
1 centigramme	0.07
2	0.14
3	0.21
4	0.29
5	0.36
6	0.43
7	0.50
8	0.57
9	0.64
1 décigramme	0.71
2	1.43
3	2.14
4	2.86
5	3.57
6	4.29
7	5 00
8	5.71
9	6.43
1 gramme	7.14
2	14.28
3	21.43
4	28.57
5	35.71
6	42.85
7	50.00
8	57.14
9	64.28

TABLE 214.

Si un grain valait 8 sous, ou 40 centimes, on paiera

	fr. c.
1 centigramme	0 07
2	0.15
3	0.22
4	0.29
5	0.37
6	0.44
7	0.52
8	0.59
9	0.66
1 décigramme	0.74
2	1.47
3	2.21
4	2.95
5	3.69
6	4.42
7	5.16
8	5,90
9	6.64
1 gramme	7.37
2	14.75
3	22 12
4	29.49
5	36.86
6	44.24
7	51.61
8	58.98
9	66.36

TABLE 215.		TABLE 216.	
Si un grain valait 8 sous 3 deniers, on vendra		*Si un grain coûtait 8 sous 6 deniers, on paiera*	
	fr. c.		fr. c.
1 centigramme	0.08	1 centigramme	0.08
2	0.15	2	0.16
3	0.23	3	0.24
4	0.30	4	0.31
5	0.38	5	0.39
6	0.46	6	0.47
7	0.53	7	0.55
8	0.61	8	0.63
9	0.68	9	0.71
	fr. c.		fr. c.
1 décigramme	0.76	1 décigramme	0.78
2	1.52	2	1.57
3	2.28	3	2.35
4	3.04	4	3.13
5	3.80	5	3.92
6	4.56	6	4.70
7	5.32	7	5.48
8	6.08	8	6.27
9	6.84	9	7.05
	fr. c.		fr. c.
1 gramme	7.60	1 gramme	7.83
2	15.21	2	15.67
3	22.81	3	23.50
4	30.41	4	31.33
5	38.02	5	39.17
6	45.62	6	47.
7	53.22	7	54.84
8	60.83	8	62.67
9	68.43	9	70.50

TABLE 217.		TABLE 218.	
Si un grain valait 8 sous 9 deniers, on vendra		*Si un grain se payait 9 sous ou 15 centimes, on paiera*	
	fr. c.		fr. c.
1 centigramme	0.08	1 centigramme	0 08
2	0.16	2	0.17
3	0.24	3	0.25
4	0.32	4	0.33
5	0.40	5	0.41
6	0 48	6	0.50
7	0.56	7	0.58
8	0.65	8	0.66
9	0 73	9	0 75
	fr. c.		fr. c.
1 décigramme	0.81	1 décigramme	0.83
2	1 61	2	1.66
3	2.42	3	2.49
4	3 23	4	3.32
5	4.03	5	4.15
6	4.84	6	4.98
7	5.64	7	5.81
8	6.45	8	6.64
9	7.26	9	7.46
	fr. c.		fr. c.
1 gramme	8.06	1 gramme	8.29
2	16 13	2	16.59
3	24.19	3	24.88
4	32.26	4	33.18
5	40.32	5	41.47
6	48.58	6	49.77
7	56.45	7	58.06
8	64.51	8	66.36
9	72.58	9	74.75

TABLE 219.		TABLE 220.	
Si un grain valait 9 sous 5 deniers, on vendra		*Si un grain valait 9 sous 6 deniers, on paiera*	
	fr. c.		fr. c.
1 centigramme	0.09	1 centigramme	0.09
2	0.17	2	0.18
3	0.26	3	0.26
4	0.34	4	0.35
5	0.43	5	0.44
6	0.51	6	0.53
7	0.60	7	0.61
8	0.68	8	0.70
9	0.77	9	0.79
	fr. c.		fr. c.
1 décigramme	0.85	1 décigramme	0.88
2	1.70	2	1.75
3	2.56	3	2.63
4	3.41	4	3.50
5	4.26	5	4.38
6	5.11	6	5.25
7	5.97	7	6.13
8	6.82	8	7.
9	7.67	9	7.88
	fr. c.		fr. c.
1 gramme	8.52	1 gramme	8.76
2	17.05	2	17.51
3	25.57	3	26.27
4	34.10	4	35.02
5	42.62	5	43.78
6	51.15	6	52.53
7	59 67	7	61.29
8	68.20	8	70.04
9	76.72	9	78.80

TABLE 221.		TABLE 222.	
Si un grain valait 9 sous 9 deniers, on vendra		*Si on payait 1 grain 10 sous, ou 50 centimes, on paiera*	
	fr. c.		fr. c.
1 centigramme	0.09	1 centigramme	0.09
2	0.18	2	0.18
3	0.27	3	0.28
4	0.36	4	0.37
5	0.45	5	0.46
6	0.54	6	0.55
7	0.63	7	0.65
8	0.72	8	0.74
9	0.81	9	0.83
	fr. c.		fr. c.
1 décigramme	0.90	1 décigramme	0.92
2	1.80	2	1.84
3	2.70	3	2.76
4	3.59	4	3.69
5	4.49	5	4.61
6	5.39	6	5.53
7	6.29	7	6.45
8	7.19	8	7.37
9	8.09	9	8.29
	fr. c.		fr. c.
1 gramme	8.99	1 gramme	9.22
2	17.97	2	18.43
3	26.96	3	27.65
4	35.94	4	36.86
5	44.93	5	46.08
6	53.91	6	55.30
7	62.90	7	64.51
8	71.88	8	73.73
9	80.87	9	82.94

TABLE 223.		TABLE 224.	
Si un grain valait 10 sous 5 deniers, on vendra		*Si un grain se payait 10 sous 6 deniers, on vendra*	
	fr. c.		fr. c.
1 centigramme	0.09	1 centigramme	0.10
2	0.19	2	0.19
3	0.28	3	0.29
4	0.38	4	0.39
5	0.47	5	0.48
6	0.57	6	0.58
7	0.66	7	0.68
8	0.76	8	0.77
9	0.85	9	0.87
	fr. c.		fr. c
1 décigramme	0.94	1 décigramme	0.97
2	1.89	2	1.94
3	2.83	3	2.90
4	3.78	4	3.87
5	4.72	5	4.84
6	5.67	6	5.81
7	6.61	7	6.77
8	7.56	8	7.74
9	8.50	9	8.71
	fr. c.		fr. c.
1 gramme	9.45	1 gramme	9.68
2	18.89	2	19.35
3	28.34	3	29.03
4	37.79	4	38.71
5	47.23	5	48.38
6	56.68	6	58.06
7	66.12	7	67.74
8	75.57	8	77.41
9	85.02	9	87.09

TABLE 225.		TABLE 226.	
Si un grain valait 10 sous 9 deniers, on vendra		*Si un grain coûtait 11 sous, ou 55 centimes, on paiera*	
	fr. c.		fr. c.
1 centigramme	0.10	1 centigramme	0.10
2	0.20	2	0.20
3	0.30	3	0.30
4	0.40	4	0.41
5	0.50	5	0.51
6	0.59	6	0.61
7	0 69	7	0.71
8	0.79	8	0 81
9	0.89	9	0.91
	fr. c.		fr. c.
1 décigramme	0.99	1 décigramme	1.01
2	1.98	2	2.03
3	2.97	3	3.04
4	3.96	4	4.06
5	4.95	5	5.07
6	5.94	6	6.08
7	6.94	7	7.10
8	7.93	8	8.11
9	8 92	9	9.12
	fr. c.		fr. c.
1 gramme	9.91	1 gramme	10.14
2	19.81	2	20.28
3	29.72	3	30.41
4	39 63	4	40.55
5	49.54	5	50.69
6	59.44	6	60.83
7	69.35	7	70.96
8	79.26	8	81.10
9	89.16	9	91.24

TABLE 227.

Si un grain se vendait 11 sous 5 deniers, on vendra

	fr. c.
1 centigramme	0.10
2	0.20
3	0.31
4	0.41
5	0.52
6	0.62
7	0.73
8	0.83
9	0.93
1 décigramme	1.03
2	2.07
3	3.11
4	4.15
5	5.18
6	6.22
7	7.26
8	8.29
9	9.33
1 gramme	10.37
2	20.74
3	31.10
4	41.47
5	51.84
6	62.21
7	72.58
8	82.94
9	93.31

TABLE 228.

Si un grain valait 11 sous 6 deniers, on vendra

	fr. c.
1 centigramme	0.11
2	0.21
3	0.32
4	0.42
5	0.53
6	0.64
7	0.74
8	0.85
9	0.95
1 décigramme	1.06
2	2.12
3	3.18
4	4 24
5	5.30
6	6.36
7	7.42
8	8.48
9	9.54
1 gramme	10.60
2	21.20
3	31.80
4	42.39
5	52.90
6	63.59
7	74.19
8	84.79
9	95.39

TABLE 229.		TABLE 230.	
Si un grain valait 11 sous 9 deniers, on vendra		*Si on payait 1 grain 12 sous ou 60 centimes, on paiera*	
	fr. c.		fr. c.
1 centigramme	0.11	1 centigramme	0.11
2	0.22	2	0.22
3	0.32	3	0.33
4	0.43	4	0.44
5	0.54	5	0.55
6	0.65	6	0.66
7	0.76	7	0.77
8	0.87	8	0.88
9	0.97	9	1.
	fr. c.		fr. c.
1 décigramme	1.08	1 décigramme	1.11
2	2.17	2	2.21
3	3.25	3	3.32
4	4.33	4	4.42
5	5.41	5	5.53
6	6.50	6	6.64
7	7.58	7	7.74
8	8 66	8	8.85
9	9.75	9	9.95
	fr. c.		fr. c.
1 gramme	10 83	1 gramme	11.06
2	21.66	2	22.12
3	32.49	3	33.18
4	43.32	4	44.24
5	54.14	5	55.30
6	64.97	6	66.36
7	75.80	7	77.41
8	86.63	8	88.47
9	97.46	9	99.53

TABLE 231.		TABLE 232.	
Si on vendait 1 grain 12 sous 3 deniers, on vendra		*Si on payait 1 grain 12 sous 6 deniers, on paiera*	
	fr. c.		fr. c.
1 centigramme	0.11	1 centigramme	0.12
2	0.23	2	0.23
3	0.34	3	0.35
4	0.45	4	0.46
5	0.56	5	0.58
6	0.68	6	0.69
7	0.79	7	0.81
8	0.90	8	0.92
9	1.02	9	1.04
	fr. c.		fr. c.
1 décigramme	1.15	1 décigramme	1.15
2	2.26	2	2.30
3	3.39	3	3.45
4	4.52	4	4.61
5	5.64	5	5.76
6	6.77	6	6.91
7	7.90	7	8.06
8	9.03	8	9.22
9	10.16	9	10.37
	fr. c.		fr. c.
1 gramme	11.29	1 gramme	11.52
2	22.58	2	23.04
3	33.87	3	34.56
4	45.16	4	46.08
5	56.45	5	57.60
6	67.74	6	69.12
7	79.03	7	80.64
8	90.32	8	92.16
9	101.61	9	103.68

TABLE 233.		TABLE 234.	
Si un grain valait 12 sous 9 deniers, on rendra		*Si un grain coûtait 13 sous, ou 65 centimes, on paiera*	
	fr. c.		fr. c.
1 centigramme	0.12	1 centigramme	0.12
2	0.24	2	0.24
3	0.35	3	0.36
4	0.47	4	0.48
5	0.59	5	0.60
6	0.71	6	0.72
7	0.82	7	0.84
8	0.94	8	0.96
9	1.06	9	1.08
	fr. c.		fr. c.
1 décigramme	1.18	1 décigramme	1.20
2	2.35	2	2.40
3	3.53	3	3.59
4	4.70	4	4.79
5	5.88	5	5.99
6	7.05	6	7.19
7	8.23	7	8.39
8	9.40	8	9.58
9	10.58	9	10.78
	fr. c.		fr. c.
1 gramme	11.75	1 gramme	11.98
2	23.50	2	23.96
3	35.25	3	35.94
4	47.	4	47.92
5	58.75	5	59.90
6	70.50	6	71.88
7	82.25	7	83.87
8	94.	8	95.85
9	105.75	9	107.83

TABLE 235.

Si un grain valait 15 sous 3 deniers, on rendra

	fr. c.
1 centigramme	0.12
2	0.24
3	0.37
4	0.49
5	0.61
6	0.73
7	0.85
8	0.98
9	1.10

	fr. c.
1 décigramme	1.22
2	2.44
3	3.66
4	4.88
5	6.11
6	7.33
7	8.55
8	9.77
9	10.99

	fr. c.
1 gramme	12.21
2	24.42
3	36.63
4	48.84
5	61.06
6	73.27
7	85.48
8	97.69
9	109.90

TABLE 236.

Si un grain coûtait 15 sous 6 deniers, on paiera

	fr. c.
1 centigramme	0.12
2	0.25
3	0.37
4	0.50
5	0.62
6	0.75
7	0.87
8	1.
9	1.12

	fr. c.
1 décigramme	1.24
2	2.49
3	3.73
4	4.98
5	6.22
6	7.46
7	8.71
8	9.95
9	11.20

	fr. c.
1 gramme	12.44
2	24.88
3	37.32
4	49.77
5	62.20
6	74.65
7	87.09
8	99.53
9	111.97

TABLE 237.		TABLE 238.	
Si un grain valait 15 sous 9 deniers, on vendra		*Si un grain coûtait 14 sous, ou 70 centimes, on paiera*	
	fr. c		fr. c.
1 centigramme	0.15	1 centigramme	0 15
2	0.25	2	0.26
3	0.38	3	0.39
4	0.51	4	0.52
5	0.63	5	0 65
6	0.76	6	0.77
7	0.89	7	0.90
8	1 01	8	1.03
9	1.14	9	1.16
	fr. c.		fr. c.
1 décigramme	1.27	1 décigramme	1.29
2	2.53	2	2.58
3	3.80	3	3.87
4	5.07	4	5.16
5	6.34	5	6.45
6	7.60	6	7.74
7	8.87	7	9.03
8	10.14	8	10.32
9	11.40	9	11.61
	fr. c.		fr. c.
1 gramme	12.67	1 gramme	12.90
2	25 34	2	25.80
3	38.02	3	38.71
4	50 69	4	51.61
5	63.36	5	64.51
6	76.03	6	77.41
7	88.70	7	90.32
8	101.38	8	103.22
9	114.05	9	116.12

TABLE 239.		TABLE 240.	
Si un grain se vendait 14 sous 5 deniers, on vendra		*Si un grain se payait 14 sous 6 deniers, on paiera*	
	fr. c.		fr. c.
1 centigramme	0.13	1 centigramme	0.13
2	0.26	2	0.27
3	0.39	3	0.40
4	0.53	4	0.53
5	0.66	5	0.67
6	0.79	6	0.80
7	0.92	7	0.94
8	1.05	8	1.07
9	1.18	9	1.20
	fr. c.		fr. c.
1 décigramme	1.31	1 décigramme	1.34
2	2.63	2	2.67
3	3.94	3	4.01
4	5.25	4	5.35
5	6.57	5	6.68
6	7.88	6	8.02
7	9.19	7	9.35
8	10.50	8	10.69
9	11.82	9	12.03
	fr. c.		fr. c.
1 gramme	13.13	1 gramme	13.36
2	26.27	2	26.73
3	39.40	3	40.01
4	52.53	4	53.45
5	65.66	5	66.82
6	78.80	6	80.18
7	91.93	7	93.54
8	105.06	8	106.91
9	118.95	9	120.27

TABLE 241.		TABLE 242.	
Si un grain valait 14 sous 9 deniers, on rendra		*Si un grain valait 15 sous, ou 75 centimes, on paiera*	
	fr. c.		fr. c.
1 centigramme	0.14	1 centigramme	0.14
2	0.27	2	0.28
3	0.41	3	0.41
4	0.54	4	0.55
5	0.68	5	0.69
6	0.82	6	0.83
7	0.95	7	0.97
8	1.09	8	1.11
9	1.22	9	1.24
	fr. c.		fr. c.
1 décigramme	1.36	1 décigramme	1.38
2	2.72	2	2.76
3	4.08	3	4.15
4	5.44	4	5.53
5	6.80	5	6.91
6	8.16	6	8.29
7	9.52	7	9.68
8	10.87	8	11.06
9	12.23	9	12.44
	fr. c.		fr. c.
1 gramme	13.59	1 gramme	13.82
2	27.19	2	27.65
3	40.78	3	41.47
4	54.37	4	55.30
5	67.97	5	69.12
6	81.56	6	82.94
7	95.16	7	96.77
8	108.75	8	110.59
9	122.34	9	124.42

TABLE 243.			TABLE 244.		
Si un grain se vendait 15 sous 3 deniers, on vendra			*Si on payait 1 grain 15 sous 6 deniers, on paiera*		
		fr. c.			fr. c.
1	centigramme	0.14	1	centigramme	0.14
2		0.28	2		0.29
3		0.42	3		0.43
4		0.56	4		0.57
5		0.70	5		0.71
6		0.84	6		0.86
7		0 98	7		1.
8		1.12	8		1.14
9		1.26	9		1.29
		fr. c.			fr. c.
1	décigramme	1.41	1	décigramme	1.43
2		2.81	2		2.86
3		4.22	3		4.29
4		5.62	4		5.71
5		7.03	5		7.14
6		8.43	6		8.57
7		9.84	7		10.
8		11.24	8		11.43
9		12.65	9		12.86
		fr. c.			fr. c.
1	gramme	14.05	1	gramme	14.28
2		28.11	2		28.57
3		42.16	3		42.85
4		56.22	4		57.14
5		70.27	5		71.42
6		84.33	6		85.71
7		98.38	7		100.
8		112.44	8		114.28
9		126.49	9		128 56

TABLE 245.		TABLE 246.	
Si un grain valait 15 sous 9 deniers, on vendra		*Si un grain coûtait 16 sous, ou 80 centimes, on paiera*	
	fr. c.		fr. c.
1 centigramme	0.15	1 centigramme	0.15
2	0.29	2	0.29
3	0.44	3	0.44
4	0.58	4	0.59
5	0.73	5	0.74
6	0.87	6	0.88
7	1.02	7	1.03
8	1.16	8	1.18
9	1.31	9	1.33
	fr. c.		fr. c.
1 décigramme	1.45	1 décigramme	1.47
2	2.90	2	2.95
3	4.35	3	4.42
4	5.81	4	5.90
5	7.26	5	7.37
6	8.71	6	8.85
7	10 16	7	10.32
8	11.61	8	11.80
9	13.06	9	13.27
	fr. c.		fr. c.
1 gramme	14.52	1 gramme	14.75
2	29.03	2	29.49
3	43.55	3	44.24
4	58.06	4	58.98
5	72.58	5	73.73
6	87.09	6	88.47
7	101.61	7	103.22
8	116.12	8	117.96
9	130.64	9	132.71

TABLE 247.		TABLE 248.	
Si on vendait 1 grain 16 sous 5 deniers, on vendra		*Si on payait un grain 16 sous 6 deniers, on vendra*	
	fr. c.		fr. c.
1 centigramme	0.15	1 centigramme	0.15
2	0.30	2	0.30
5	0.45	3	0.46
4	0.60	4	0.61
5	0.75	5	0 76
6	0.90	6	0.91
7	1.05	7	1.06
8	1.20	8	1.22
9	1.35	9	1.37
	fr. c.		fr. c.
1 décigramme	1.50	1 décigramme	1 52
2	3.	2	3.04
5	4.49	5	4.56
4	5.99	4	6 08
5	7.49	5	7.60
6	8.99	6	9.12
7	10.48	7	10.64
8	11.98	8	12.16
9	13.48	9	13.69
	fr. c.		fr. c.
1 gramme	14.98	1 gramme	15.21
2	29.95	2	30.41
5	44.93	5	45.62
4	59.90	4	60.83
5	74.88	5	76.03
6	89.86	6	91 24
7	104.83	7	106.44
8	119 81	8	121.65
9	134.78	9	136.86

TABLE 249.

Si on vendait un grain 16 sous 9 deniers, on vendra

	fr. c.
1 centigramme	0.15
2	0.31
3	0.46
4	0.62
5	0.77
6	0.93
7	1.08
8	1.23
9	1.39
	fr. c.
1 décigramme	1.54
2	3.09
3	4.63
4	6.17
5	7.72
6	9.26
7	10.81
8	12.35
9	13.89
	fr. c.
1 gramme	15.44
2	30.87
3	46.31
4	61.75
5	77.18
6	92.62
7	108.06
8	123.49
9	138.93

TABLE 250.

Si on payait 1 grain 17 sous, ou 85 centimes, on paiera

	fr. c.
1 centigramme	0.16
2	0.31
3	0.47
4	0.63
5	0.78
6	0.94
7	1.10
8	1.25
9	1.41
	fr. c.
1 décigramme	1.56
2	3.13
3	4.70
4	6 27
5	7.83
6	9.40
7	10.97
8	12.53
9	14.10
	fr. c.
1 gramme	15.67
2	31.33
3	47.
4	62.67
5	78.34
6	94.
7	109.67
8	125.34
9	141.

TABLE 251.		TABLE 252.	
Si un grain valait 17 sous 3 deniers, on vendra		*Si un grain coûtait 17 sous 6 deniers, on paiera*	
	fr. c.		fr. c.
1 centigramme	0.16	1 centigramme	0.16
2	0.32	2	0.32
3	0.48	3	0.48
4	0.64	4	0.65
5	0.79	5	0.81
6	0.95	6	0.97
7	1.11	7	1.13
8	1.27	8	1.29
9	1.43	9	1.45
	fr. c.		fr. c.
1 décigramme	1.60	1 décigramme	1.61
2	3.18	2	3.23
3	4.77	3	4.84
4	6.36	4	6.45
5	7.95	5	8.06
6	9.54	6	9.68
7	11.13	7	11.29
8	12.72	8	12.90
9	14.31	9	14.52
	fr. c.		fr. c.
1 gramme	15.90	1 gramme	16.13
2	31.80	2	32.26
3	47.69	3	48.38
4	63.59	4	64.51
5	79.49	5	80.64
6	95.39	6	96.77
7	111.28	7	112.90
8	127.18	8	129.02
9	143.08	9	145.15

TABLE 253.		TABLE 254.	
Si un grain valait 17 sous 9 deniers, on vendra		*Si un grain valait 18 sous ou 90 centimes, on paiera*	
	fr. c.		fr. c.
1 centigramme	0.16	1 centigramme	0.17
2	0.33	2	0.33
3	0.49	3	0 50
4	0.65	4	0.66
5	0.82	5	0.83
6	0.98	6	1.
7	1.15	7	1.16
8	1.31	8	1.33
9	1.47	9	1.49
	fr. c.		fr. c.
1 décigramme	1.64	1 décigramme	1.66
2	3.27	2	3.32
3	4.91	3	4.98
4	6.54	4	6.64
5	8.18	5	8.29
6	9.82	6	9.95
7	11.45	7	11.61
8	13.09	8	13.27
9	14.72	9	14.93
	fr. c.		fr. c.
1 gramme	16.36	1 gramme	16.59
2	32.72	2	33.18
3	49.08	3	49.77
4	65.43	4	66.36
5	81.79	5	82.94
6	98.15	6	99.53
7	114.51	7	116.12
8	130.87	8	132.71
9	147.23	9	149.30

TABLE 255.

Si un grain valait 18 sous 5 deniers, on vendra

		fr. c.
1	centigramme	0.17
2		0.34
3		0.50
4		0.67
5		0.84
6		1.01
7		1.18
8		1.35
9		1.51

		fr. c.
1	décigramme	1.68
2		5.56
3		5.05
4		6.73
5		8.41
6		10.09
7		11.77
8		13.46
9		15.14

		fr. c.
1	gramme	16.82
2		33.64
3		50.46
4		67.28
5		84.10
6		100.92
7		117.73
8		134.55
9		151.37

TABLE 256.

Si un grain coûtait 18 sous 6 deniers, on paiera

		fr. c.
1	centigramme	0.17
2		0.34
3		0.51
4		0.68
5		0.85
6		1.02
7		1.19
8		1.36
9		1.53

		fr. c.
1	décigramme	1.70
2		3.41
3		5.11
4		6.82
5		8.52
6		10.23
7		11.93
8		13.64
9		15.34

		fr. c.
1	gramme	17.05
2		34.10
3		51.15
4		68.20
5		85.25
6		102.30
7		119.35
8		136.40
9		153.45

TABLE 257.		TABLE 258.	
Si un grain valait 18 sous 9 deniers, on vendra		*Si un grain coûtait 19 sous, ou 95 centimes, on paiera*	
	fr. c.		fr. c.
1 centigramme	0.17	1 centigramme	0.18
2	0.35	2	0.35
3	0.52	3	0.53
4	0 69	4	0.70
5	0.86	5	0.88
6	1.04	6	1.05
7	1.21	7	1.23
8	1.38	8	1.40
9	1.55	9	1.58
	fr. c.		fr. c.
1 décigramme	1.75	1 décigramme	1.75
2	3.46	2	3.50
3	5.18	3	5.25
4	6.91	4	7.
5	8.64	5	8.76
6	10.37	6	10.51
7	12.10	7	12.26
8	13.82	8	14.01
9	15.55	9	15.76
	fr. c.		fr. c.
1 gramme	17.28	1 gramme	17.51
2	34.56	2	35.02
3	51.84	3	52.53
4	69.12	4	70.04
5	86.40	5	87.55
6	103.68	6	105.06
7	120.96	7	122.57
8	138.24	8	140.08
9	155.52	9	157.59

TABLE 259.		TABLE 260.	
Si on vendait un grain 19 sous 5 deniers, on vendra		*Si on payait un grain 19 sous 6 deniers, on paiera*	
	fr. c.		fr. c.
1 centigramme	0.18	1 centigramme	0.18
2	0.35	2	0.36
3	0.53	3	0.54
4	0.71	4	0.72
5	0.89	5	0.90
6	1.06	6	1.08
7	1.24	7	1.26
8	1.42	8	1.44
9	1.60	9	1.62
	fr. c.		fr. c.
1 décigramme	1.77	1 décigramme	1.80
2	3.55	2	3.60
3	5.32	3	5.39
4	7.10	4	7.19
5	8.87	5	8.99
6	10.64	6	10.78
7	12.42	7	12.58
8	14.19	8	14.38
9	15.97	9	16.17
	fr. c.		fr. c.
1 gramme	17.74	1 gramme	17.97
2	35.48	2	35.94
3	53.22	3	53.91
4	70.96	4	71.88
5	88.70	5	89.86
6	106.44	6	107.83
7	124.19	7	125.80
8	141.93	8	143.77
9	159.67	9	161.74

TABLE 261.		TABLE 262.	
Si on vendait un grain 19 sous 9 deniers, on vendra		*Si on payait un grain 20 s. ou 1 franc, on paiera*	
	fr. c.		fr. c.
1 centigramme	0.18	1 centigramme	0.18
2	0.36	2	0.37
3	0.55	3	0.55
4	0.73	4	0.74
5	0.91	5	0.92
6	1.09	6	1.11
7	1.27	7	1.29
8	1.46	8	1.47
9	1.64	9	1.66
	fr. c.		fr. c.
1 décigramme	1.82	1 décigramme	1.84
2	3.64	2	3.69
3	5.46	3	5.53
4	7.28	4	7.37
5	9.10	5	9.22
6	10.92	6	11.06
7	12.74	7	12.90
8	14.56	8	14.75
9	16.38	9	16.59
	fr. c.		fr. c.
1 gramme	18.20	1 gramme	18.43
2	36.40	2	36.86
3	54.60	3	55.30
4	72.80	4	73.73
5	91.01	5	92.16
6	109.21	6	110.59
7	127.41	7	129.02
8	145.61	8	147.46
9	163.81	9	165.89

TABLE 263.		TABLE 264.	
Si un grain valait 2 francs, on vendra		*Si on payait un grain 3 fr., on paiera*	
	fr. c.		fr. c.
1 centigramme	0.37	1 centigramme	0.55
2	0.74	2	1.11
3	1.11	3	1.66
4	1.47	4	2.21
5	1.84	5	2.76
6	2.21	6	3.32
7	2.58	7	3.87
8	2.95	8	4.42
9	3.32	9	4.98
	fr. c.		fr. c.
1 décigramme	3.69	1 décigramme	5.53
2	7.37	2	11.06
3	11.06	3	16.59
4	14.75	4	22.12
5	18.43	5	27.65
6	22.12	6	33.18
7	25.80	7	38.71
8	29.49	8	44.24
9	33.18	9	49.77
	fr. c.		fr. c.
1 gramme	36.86	1 gramme	55.30
2	73.73	2	110.59
3	110.50	3	165.89
4	147.46	4	221.18
5	184.32	5	276.48
6	221.18	6	331.78
7	258.05	7	387.07
8	294.91	8	442.37
9	331.78	9	497.66

TABLE 265.		TABLE 266.	
Si on vendait un grain 4 fr., on vendra		*Si on payait un grain 5 fr., on paiera*	
	fr. c.		fr. c.
1 centigramme	0.74	1 centigramme	0.92
2	1.47	2	1.84
3	2.21	3	2.76
4	2.95	4	3.69
5	3.69	5	4.61
6	4.42	6	5.53
7	5.16	7	6.45
8	5.90	8	7.37
9	6.64	9	8.29
	fr. c.		fr. c.
1 décigramme	7.37	1 décigramme	9.22
2	14.75	2	18.43
3	22.12	3	27.65
4	29.49	4	36.86
5	36.86	5	46 08
6	44.24	6	55.30
7	51.61	7	64.51
8	58.98	8	73.75
9	66.36	9	82.94
	fr. c.		fr. c.
1 gramme	73.73	1 gramme	92 16
2	147.46	2	184.32
3	221.18	3	276.48
4	294.91	4	368.64
5	368.64	5	460.80
6	442.37	6	552.96
7	516.10	7	645.12
8	589.82	8	757.28
9	663.55	9	829.44

TABLE 267.		TABLE 268.	
Si on vendait un grain 6 fr., on vendra		*Si on payait 1 grain 7 francs, on paiera*	
	fr. c.		fr. c.
1 centigramme	1.11	1 centigramme	1.29
2	2.21	2	2.58
3	3.32	3	3.87
4	4.42	4	5.16
5	5.53	5	6.45
6	6.64	6	7.74
7	7.74	7	9.03
8	8.85	8	10.32
9	9.95	9	11.61
	fr. c.		fr. c.
1 décigramme	11.06	1 décigramme	12.90
2	22.12	2	25.80
3	33.18	3	38.71
4	44.24	4	51.61
5	55.30	5	64.51
6	66.36	6	77.41
7	77.41	7	90.32
8	88.47	8	103.22
9	99.53	9	116.12
	fr. c.		fr. c.
1 gramme	110 59	1 gramme	129.02
2	221.18	2	258.05
3	331.77	3	387.07
4	442.37	4	516.10
5	552.96	5	645.12
6	663.55	6	774.14
7	774.14	7	903.17
8	884.74	8	1032.19
9	995.33	9	1161.22

TABLE 269.		TABLE 270.	
Si on vendai' un grain 8 fr., on vendra		*Si on payait un grain 9 fr., on paiera*	
	fr. c.		fr. c.
1 centigramme	1.47	1 centigramme	1.66
2	2.95	2	3.32
3	4.42	3	4.98
4	5.90	4	6.65
5	7.37	5	8.29
6	8.85	6	9.95
7	10.32	7	11.61
8	11.80	8	13.27
9	13.27	9	14.93
	fr. c.		fr. c.
1 décigramme	14.73	1 décigramme	16.59
2	29.49	2	33.18
3	44.34	3	49.77
4	58.98	4	66.36
5	73.73	5	82.94
6	88.47	6	99.53
7	103.22	7	116.12
8	117.96	8	132.71
9	132.71	9	149.30
	fr. c.		fr. c.
1 gramme	147.46	1 gramme	165.89
2	294.91	2	331.78
3	442.37	3	497.66
4	589.82	4	663.55
5	737.28	5	829.44
6	884.74	6	995.33
7	1032.19	7	1161.22
8	1179.65	8	1327.10
9	1327.10	9	1492.99

TABLE 271. Si un gros se vendait 1 liard, ou 3 den. le gros, on vendra		TABLE 272. Si un gros coûtait 2 liards, ou 6 deniers, on paiera	
	fr. c.		fr. c.
1 gramme	0 00	1 gramme	0.01
2	0.01	2	0.01
3	0.01	3	0.02
4	0.01	4	0.03
5	0.02	5	0.03
6	0 02	6	0.04
7	0.02	7	0.04
8	0.03	8	0.05
9	0.03	9	0.06
10	0.03	10	0.06
11	0.03	11	0.07
12	0.04	12	0.07
13	0.04	13	0.08
14	0.04	14	0.09
15	0.05	15	0.10
16	0 05	16	0.10
17	0 05	17	0.11
18	0.06	18	0.12
19	0.06	19	0.12
20	0.06	20	0.13
21	0.07	21	0.13
22	0.07	22	0.14
23	0.07	23	0.15
24	0.08	24	0.15
25	0.08	25	0.16
26	0.08	26	0.17
27	0.09	27	0.17
28	0.09	28	0.18
29	0.09	29	0.19
30	0.10	30	0.19

TABLE 275.		TABLE 274.	
Si on rendait 1 gros 5 liards, ou 9 deniers, on vendra		*Si on payait 1 gros 1 sou, on paiera*	
	fr. c.		fr. c.
1 gramme	0.01	1 gramme	0.01
2	0.02	2	0.03
5	0.05	5	0.04
4	0.04	4	0.05
5	0 05	5	0.06
6	0.06	6	0.08
7	0.07	7	0.09
8	0.08	8	0.10
9	0 09	9	0.12
10	0.10	10	0.15
11	0.11	11	0.14
12	0.12	12	0.15
15	0.12	15	0 17
14	0.13	14	0.18
15	0.14	15	0.19
16	0.15	16	0.20
17	0.16	17	0.22
18	0.17	18	0.23
19	0.18	19	0.24
20	0.19	20	0.26
21	0.20	21	0.27
22	0.21	22	0.28
25	0.22	25	0.29
24	0.23	24	0.51
25	0.24	25	0.52
26	0.25	26	0.55
27	0.26	27	0.55
28	0.27	28	0.56
29	0.28	29	0.57
50	0.29	50	0.58

TABLE 275.		TABLE 276.	
Si on vendait 1 gros 3 liards,		*Si on payait 1 gros 6 liards,*	
ou 1 s. 3 den., on vendra		*ou 1 s. 6 den., on paiera*	
	fr. c.		fr. c.
1 gramme	0.02	1 gramme	0.02
2	0.03	2	0.04
3	0.05	3	0.06
4	0.06	4	0.08
5	0.08	5	0.10
6	0.10	6	0.12
7	0.11	7	0.13
8	0.13	8	0.15
9	0.14	9	0.17
10	0.16	10	0.19
11	0.18	11	0.21
12	0.19	12	0.23
13	0.21	13	0.25
14	0.22	14	0.27
15	0.24	15	0.29
16	0.26	16	0.31
17	0.27	17	0.33
18	0.29	18	0.35
19	0.30	19	0.36
20	0.32	20	0.38
21	0.34	21	0.40
22	0.35	22	0.42
23	0.37	23	0.44
24	0.38	24	0.46
25	0.40	25	0.48
26	0.42	26	0.50
27	0.43	27	0.52
28	0.45	28	0.54
29	0.46	29	0.56
30	0.48	30	0.58

TABLE 277. *Si on vendait 1 gros 7 liards,* *ou 1 s. 9 den., on vendra*		TABLE 278. *Si on payait 1 gros 2 sous, ou* *10 centimes, on paiera*	
	fr. c.		fr. c.
1 gramme	0.02	1 gramme	0 03
2	0.04	2	0.05
3	0.07	3	0.08
4	0.09	4	0.10
5	0.11	5	0.13
6	0.13	6	0.15
7	0.16	7	0.18
8	0.18	8	0.20
9	0.20	9	0.23
10	0.22	10	0.26
11	0.25	11	0.28
12	0.27	12	0.31
13	0.29	13	0.33
14	0.31	14	0 36
15	0.34	15	0.38
16	0.36	16	0.41
17	0.38	17	0.44
18	0.40	18	0.46
19	0.43	19	0.49
20	0.45	20	0.51
21	0.47	21	0.54
22	0.49	22	0.56
23	0.52	23	0.59
24	0.54	24	0.61
25	0.56	25	0.64
26	0.58	26	0.67
27	0.60	27	0.69
28	0.63	28	0.72
29	0.65	29	0.74
30	0.67	30	0.77

TABLE 279.	
Si on vendait un gros 2 sous 5 deniers, on vendra	
	fr. c.
1 gramme	0.03
2	0.06
3	0.09
4	0.12
5	0.14
6	0.17
7	0.20
8	0.23
9	0.26
10	0.29
11	0.32
12	0.35
13	0.37
14	0.40
15	0.43
16	0.46
17	0.49
18	0.52
19	0.55
20	0.58
21	0.60
22	0.63
23	0.66
24	0.69
25	0.72
26	0.75
27	0.78
28	0.81
29	0.84
30	0.86

TABLE 280.	
Si on payait 1 gros 2 sous 6 deniers, on paiera	
	fr. c.
1 gramme	0.03
2	0.06
3	0.10
4	0.13
5	0.16
6	0.19
7	0.22
8	0.26
9	0.29
10	0.32
11	0.35
12	0.38
13	0.42
14	0.45
15	0.48
16	0.51
17	0.54
18	0.58
19	0.61
20	0.64
21	0.67
22	0.70
23	0.74
24	0.77
25	0.80
26	0.83
27	0.86
28	0.90
29	0.93
30	0.96

TABLE 281.		TABLE 282.	
Si on rendait 1 gros 2 sous 9 deniers, on vendra		*Si on payait 1 gros 3 sous, ou 15 centimes, on paiera*	
	fr. c.		fr. c.
1 gramme	0.04	1 gramme	0.04
2	0.07	2	0.08
3	0.11	3	0.12
4	0.14	4	0.15
5	0.18	5	0.19
6	0.21	6	0.23
7	0.25	7	0.27
8	0.28	8	0.31
9	0.32	9	0.35
10	0.35	10	0.38
11	0.39	11	0.42
12	0.42	12	0.46
13	0.46	13	0.50
14	0.49	14	0.54
15	0.53	15	0.58
16	0.56	16	0.61
17	0.60	17	0.65
18	0.63	18	0.69
19	0.67	19	0.73
20	0.70	20	0.77
21	0.74	21	0.81
22	0.77	22	0.84
23	0.81	23	0.88
24	0.84	24	0.92
25	0.88	25	0.96
26	0.92	26	1.
27	0.95	27	1.04
28	0.99	28	1.08
29	1.02	29	1.11
30	1.06	30	1.15

TABLE 283.		TABLE 284.	
Si on vendait un gros 5 sous 6 deniers, on vendra		*Si on vendait 1 gros 5 sous 9 deniers, on vendra*	
	fr. c.		fr. c
1 gramme	0.04	1 gramme	0.05
2	0.09	2	0.10
3	0.13	3	0.14
4	0.18	4	0.19
5	0.22	5	0.24
6	0.27	6	0.29
7	0.31	7	0.34
8	0.36	8	0.38
9	0.40	9	0.43
10	0.45	10	0.48
11	0.49	11	0.53
12	0.54	12	0.58
13	0.58	13	0.62
14	0.63	14	0.67
15	0.67	15	0.72
16	0.72	16	0.77
17	0.76	17	0.82
18	0.81	18	0.86
19	0.85	19	0.91
20	0.90	20	0.96
21	0.94	21	1.01
22	0.99	22	1.06
23	1.03	23	1.10
24	1.08	24	1.15
25	1.12	25	1.20
26	1.16	26	1.25
27	1.21	27	1.30
28	1.25	28	1.34
29	1.30	29	1.39
30	1.34	30	1.44

TABLE 285.		TABLE 286.	
Si on payait 1 gros 4 sous, ou 20 centimes, on paiera		*Si on vendait 1 gros 4 sous 5 deniers, on vendra*	
	fr. c.		fr. c.
1 gramme	0.05	1 gramme	0 05
2	0.10	2	0.11
3	0.15	3	0.16
4	0.20	4	0.22
5	0.26	5	0.27
6	0.31	6	0.33
7	0.36	7	0.38
8	0.41	8	0.44
9	0.46	9	0.50
10	0 51	10	0.54
11	0.56	11	0.60
12	0.61	12	0.65
13	0.67	13	0.71
14	0.72	14	0.76
15	0.77	15	0.82
16	0.81	16	0.87
17	0.87	17	0.92
18	0.92	18	0.98
19	0.97	19	1.03
20	1.02	20	1.09
21	1.08	21	1.14
22	1.13	22	1.20
23	1.18	23	1.25
24	1.23	24	1.31
25	1.28	25	1.36
26	1.33	26	1.41
27	1.38	27	1 47
28	1.43	28	1.52
29	1.48	29	1.58
30	1.54	30	1.63

TABLE 287.	
Si on vendait 1 gros 4 sous 6 deniers, on vendra	
	fr. c.
1 gramme	0.06
2	0.12
3	0.17
4	0.23
5	0.29
6	0.35
7	0.40
8	0.46
9	0.52
10	0.58
11	0.63
12	0.69
13	0.75
14	0.81
15	0.86
16	0.92
17	0.98
18	1.04
19	1.09
20	1.15
21	1.21
22	1.27
23	1.32
24	1.38
25	1.44
26	1.50
27	1.56
28	1.61
29	1.67
30	1.73

TABLE 288.	
Si on payait 1 gros 4 sous 9 deniers, on paiera	
	fr. c.
1 gramme	0.06
2	0.12
3	0.18
4	0.24
5	0.30
6	0.36
7	0.43
8	0.49
9	0.55
10	0.61
11	0.67
12	0.73
13	0.79
14	0.85
15	0.91
16	0.97
17	1.
18	1.09
19	1.16
20	1.22
21	1.28
22	1.34
23	1.40
24	1.46
25	1.52
26	1.58
27	1.64
28	1.70
29	1.76
30	1.82

TABLE 289.		TABLE 290.	
Si on rendait 1 gros 5 sous,		*Si on payait un gros 5 sous*	
ou 25 centimes, on vendra		*5 deniers, on paiera*	
	fr. c		fr. c.
1 gramme	0.06	1 gramme	0 07
2	0.13	2	0.14
3	0.19	3	0.21
4	0.26	4	0.28
5	0.32	5	0 34
6	0.38	6	0.40
7	0.45	7	0.46
8	0 51	8	0 55
9	0.58	9	0.60
10	0.64	10	0.67
11	0.70	11	0.74
12	0.77	12	0.80
13	0.83	13	0.87
14	0.90	14	0.94
15	0.96	15	1.01
16	1.02	16	1.08
17	1.09	17	1.14
18	1.15	18	1.21
19	1.22	19	1.28
20	1.28	20	1.34
21	1.34	21	1.41
22	1.41	22	1.48
23	1.47	23	1.55
24	1.54	24	1.61
25	1.60	25	1.68
26	1.66	26	1.75
27	1.73	27	1.81
28	1.79	28	1.88
29	1.86	29	1.95
30	1.92	30	2.02

TABLE 291.		TABLE 292.	
Si on vendait 1 gros 5 sous 6 deniers, on vendra		*Si on payait 1 gros 5 sous 9 deniers, on paiera*	
	fr. c.		fr. c.
1 gramme	0.07	1 gramme	0.07
2	0.14	2	0.15
3	0.21	3	0.22
4	0.28	4	0.29
5	0.35	5	0.37
6	0.42	6	0.44
7	0.49	7	0.52
8	0.56	8	0.59
9	0.63	9	0.66
10	0.70	10	0.74
11	0.77	11	0.81
12	0.84	12	0.88
13	0.92	13	0.96
14	0.99	14	1.03
15	1.06	15	1.10
16	1.13	16	1.18
17	1.20	17	1.25
18	1.27	18	1.32
19	1.34	19	1.40
20	1.41	20	1.47
21	1.48	21	1.55
22	1.55	22	1.62
23	1.62	23	1.69
24	1.69	24	1.77
25	1.76	25	1.84
26	1.83	26	1.92
27	1.90	27	1.99
28	1.97	28	2.06
29	2.04	29	2.13
30	2.11	30	2.21

TABLE 293.		TABLE 294.	
Si on rendait un gros 6 sous,		*Si on payait un gros 6 sous*	
ou 30 centimes, on vendra		*3 deniers, on paiera*	
	fr. c.		fr. c.
1 gramme	0.08	1 gramme	0.08
2	0.15	2	0.16
3	0.23	3	0.24
4	0.31	4	0.32
5	0.38	5	0.40
6	0.46	6	0.48
7	0.54	7	0.56
8	0.61	8	0.64
9	0.69	9	0.72
10	0.77	10	0.80
11	0.84	11	0.88
12	0.92	12	0.96
13	0.99	13	1.04
14	1.08	14	1.12
15	1.15	15	1.20
16	1.23	16	1.28
17	1.31	17	1.36
18	1.38	18	1.44
19	1.46	19	1.52
20	1.54	20	1.60
21	1.61	21	1.68
22	1.69	22	1.76
23	1.77	23	1.84
24	1.84	24	1.92
25	1.92	25	2.
26	2.	26	2.08
27	2.07	27	2.16
28	2.15	28	2.24
29	2.23	29	2.32
30	2.30	30	2.40

TABLE 295.		TABLE 210.	
Si on vendait un gros 6 sous 6 deniers, on vendra		*Si on payait 1 gros 6 sous 9 deniers, on paiera*	
	fr. c.		fr. c.
1 gramme	0.08	1 gramme	0 09
2	0.17	2	0 17
3	0.25	3	0.26
4	0.33	4	0.35
5	0.42	5	0.43
6	0 50	6	0.52
7	0.58	7	0.60
8	0.67	8	0.69
9	0.75	9	0.78
10	0.83	10	0.86
11	0.92	11	0.95
12	1.	12	1.04
13	1.08	13	1.12
14	1.16	14	1.21
15	1.25	15	1.30
16	1.33	16	1.38
17	1.41	17	1.47
18	1.50	18	1.56
19	1.58	19	1.64
20	1.66	20	1.73
21	1.75	21	1.81
22	1.83	22	1.90
23	1.91	23	1.99
24	2.	24	2.07
25	2.08	25	2.16
26	2.16	26	2.25
27	2.25	27	2.33
28	2.33	28	2.42
29	2.41	29	2.51
30	2.50	30	2.59

TABLE 297.		TABLE 298.	
Si on vendait 1 gros 7 sous, ou 55 centimes, on vendra		Si on payait 1 gros 7 sous 5 deniers, on paiera	
	fr. c.		fr. c.
1 gramme	0.09	1 gramme	0.09
2	0.18	2	0.19
3	0.27	3	0.28
4	0.36	4	0.37
5	0.45	5	0.46
6	0.54	6	0.56
7	0.63	7	0.65
8	0.72	8	0.74
9	0.81	9	0.84
10	0.90	10	0.93
11	0.99	11	1.02
12	1.08	12	1.11
13	1.16	13	1.21
14	1.25	14	1.30
15	1.34	15	1.39
16	1.43	16	1.48
17	1.52	17	1.58
18	1.61	18	1.67
19	1.70	19	1.76
20	1.79	20	1.86
21	1.88	21	1.95
22	1.97	22	2.04
23	2.06	23	2.13
24	2.15	24	2.23
25	2.24	25	2.32
26	2.33	26	2.41
27	2.42	27	2.51
28	2.51	28	2.60
29	2.60	29	2.69
30	2.69	30	2.78

TABLE 299.		TABLE 300.	
Si on vendait un gros 7 sous		*Si on payait 1 gros 7 sous 9*	
6 deniers, on vendra		*deniers, on paiera*	
	fr. c.		fr. c.
1 gramme	0.10	1 gramme	0.10
2	0.19	2	0.20
3	0.29	3	0.30
4	0.39	4	0.40
5	0.48	5	0.50
6	0.58	6	0.60
7	0.67	7	0.70
8	0.77	8	0.79
9	0.86	9	0.89
10	0.96	10	0.99
11	1.06	11	1.09
12	1.15	12	1.19
13	1.25	13	1.29
14	1.34	14	1.39
15	1.44	15	1.49
16	1.54	16	1.59
17	1 63	17	1.69
18	1.72	18	1.79
19	1.82	19	1.88
20	1.92	20	1.98
21	2.02	21	2.08
22	2.11	22	2.18
23	2.21	23	2 28
24	2.30	24	2.38
25	2.40	25	2.48
26	2.50	26	2.58
27	2.60	27	2.68
28	2.69	28	2.78
29	2.78	29	2.88
30	2.88	30	2.98

TABLE 301.		TABLE 302.	
Si on vendait un gros 8 sous, ou 40 centimes, on vendra		*Si on payait 1 gros 8 sous 7 deniers, on paiera*	
	fr. c.		fr. c.
1 gramme	0.10	1 gramme	0.11
2	0.20	2	0.21
3	0.31	3	0.32
4	0.41	4	0.42
5	0.51	5	0.53
6	0.61	6	0.63
7	0.72	7	0.74
8	0.82	8	0.84
9	0.92	9	0.95
10	1.02	10	1.06
11	1.13	11	1.16
12	1.23	12	1.27
13	1.33	13	1.37
14	1.43	14	1.48
15	1.54	15	1.58
16	1.64	16	1.69
17	1.74	17	1.80
18	1.84	18	1.90
19	1.95	19	2.01
20	2.05	20	2.11
21	2.15	21	2.22
22	2.25	22	2.32
23	2.36	23	2.43
24	2.46	24	2.53
25	2.56	25	2.64
26	2.66	26	2.75
27	2.76	27	2.85
28	2.87	28	2.96
29	2.97	29	3.06
30	3.07	30	3.17

TABLE 303.		TABLE 504.	
Si on vendait un gros 8 sous 6 deniers, on vendra		*Si on payait 1 gros 8 sous 9 deniers, on paiera*	
	fr. c.		fr. c.
1 gramme	0.11	1 gramme	0.11
2	0.22	2	0.22
3	0.33	3	0.34
4	0.44	4	0.45
5	0.54	5	0.56
6	0.65	6	0.67
7	0.76	7	0.78
8	0.87	8	0.90
9	0.97	9	1.01
10	1.09	10	1.12
11	1.	11	1.23
12	1.31	12	1.34
13	1.41	13	1.46
14	1.52	14	1.57
15	1.63	15	1.68
16	1.74	16	1.79
17	1.85	17	1.90
18	1.96	18	2.02
19	2.07	19	2.13
20	2.18	20	2.24
21	2.28	21	2.35
22	2.39	22	2.46
23	2.50	23	2.58
24	2.61	24	2.69
25	2.72	25	2.80
26	2.83	26	2.91
27	2.94	27	3.02
28	3.04	28	3.14
29	3.16	29	3.25
30	3.26	30	3.36

TABLE 305.		TABLE 306.	
Si on vendait 1 gros 9 sous, ou 45 centimes, on vendra		*Si on payait 1 gros 9 sous 5 deniers, on paiera*	
	fr. c.		fr. c.
1 gramme	0.12	1 gramme	0.12
2	0.23	2	0.24
3	0.35	3	0.36
4	0.46	4	0.47
5	0.58	5	0.59
6	0.69	6	0.71
7	0.81	7	0.83
8	0.92	8	0.95
9	1.04	9	1.07
10	1.15	10	1.18
11	1.27	11	1.30
12	1.38	12	1.42
13	1.50	13	1.54
14	1.61	14	1.66
15	1.73	15	1.78
16	1.84	16	1.89
17	1.96	17	2.01
18	2.07	18	2.13
19	2.19	19	2.25
20	2.30	20	2.37
21	2.42	21	2.49
22	2.53	22	2.60
23	2.65	23	2.72
24	2 76	24	2.84
25	2.88	25	2.96
26	3.00	26	3.08
27	3 11	27	3.20
28	3.23	28	3.32
29	3.34	29	3.43
30	3.46	30	3.55

TABLE 307.		TABLE 308.	
Si on vendait 1 gros 9 sous 6 deniers, on vendra		*Si on payait un gros 9 sous 9 deniers, on paiera*	
	fr. c.		fr. c.
1 gramme	0.12	1 gramme	0.12
2	0.24	2	0.25
3	0.36	3	0.37
4	0.49	4	0.49
5	0.61	5	0 62
6	0.73	6	0.75
7	0.85	7	0.87
8	0.97	8	1.00
9	1.09	9	1.12
10	1.22	10	1.25
11	1.34	11	1.37
12	1.46	12	1·50
13	1.58	13	1.62
14	1.70	14	1.75
15	1.82	15	1.87
16	1.95	16	2.00
17	2.07	17	2.12
18	2.19	18	2.25
19	2.31	19	2.37
20	2.43	20	2.50
21	2.55	21	2.62
22	2.68	22	2.75
23	2.80	23	2.87
24	2.92	24	3.10
25	3.04	25	3.22
26	3.16	26	3.34
27	3.28	27	3.47
28	3.40	28	3.59
29	3.53	29	3.72
30	3.65	30	3.84

TABLE 509.		TABLE 510.	
Si on vendait 1 gros 10 sous ou 50 centimes, on vendra		*Si on payait 1 gros 10 sous 5 deniers, on paiera*	
	fr. c.		fr. c.
1 gramme	0.12	1 gramme	0.15
2	0.26	2	0.26
5	0.58	5	0.59
4	0.51	4	0.52
5	0.64	5	0.66
6	0.77	6	0.79
7	0 90	7	0.92
8	1.02	8	1.05
9	1.15	9	1.18
10	1.28	10	1.51
11	1.41	11	1.44
12	1.54	12	1.57
15	1.66	15	1.71
14	1.79	14	1.84
15	1.92	15	1.97
16	2.05	16	2.10
17	2.18	17	2.25
18	2.50	18	2.56
19	2.45	19	2.49
20	2.56	20	2.62
21	2.69	21	2.76
22	2.82	22	2.89
25	2.94	25	5.02
24	5 07	24	5.15
25	5.20	25	5.28
26	5.55	26	5.41
27	5.46	27	5.54
28	5.58	28	5.67
29	5.71	29	5.80
50	5.84	50	5.94

TABLE 311.		TABLE 312.	
Si on payait 1 gros 10 sous 6 deniers, on paiera		*Si on vendait 1 gros 10 sous 9 deniers, on vendra*	
	fr. c.		fr. c.
1 gramme	0.13	1 gramme	0.14
2	0.26	2	0 28
3	0.40	3	0.41
4	0.54	4	0.55
5	0.67	5	0.69
6	0.81	6	0.83
7	0.94	7	0.96
8	1.07	8	1.10
9	1.21	9	1.24
10	1.34	10	1.38
11	1.48	11	1.51
12	1.61	12	1.65
13	1.75	13	1.79
14	1.88	14	1.93
15	2.02	15	2.06
16	2.15	16	2.20
17	2.28	17	2.34
18	2.42	18	2.48
19	2.55	19	2.61
20	2.68	20	2.75
21	2.82	21	2.89
22	2.96	22	3.03
23	3.09	23	3.16
24	3.23	24	3.30
25	3.36	25	3.44
26	3.49	26	3.58
27	3.63	27	3.71
28	3.76	28	3.85
29	3.90	29	3.99
30	4.03	30	4.13

TABLE 313.		TABLE 314.	
Si on rendait 1 gros 11 sous		*Si on payait 1 gros 11 sous 5*	
ou 55 centimes, on vendra		*deniers, on paiera*	
	fr. c.		fr. c.
1 gramme	0.14	1 gramme	0.14
2	0.28	2	0.29
3	0.42	3	0.43
4	0.56	4	0 58
5	0.70	5	0.72
6	0.84	6	0.86
7	0.99	7	1.01
8	1.13	8	1.15
9	1.27	9	1.30
10	1.41	10	1.44
11	1.55	11	1.58
12	1.69	12	1.73
13	1.83	13	1.87
14	1.97	14	2.02
15	2.11	15	2.16
16	2.25	16	2.30
17	2.39	17	2.44
18	2.53	18	2.59
19	2.68	19	2.74
20	2.82	20	2.88
21	2.96	21	3.02
22	3.10	22	3.17
23	3 24	23	3.31
24	3.38	24	3.46
25	3.52	25	3.60
26	3.66	26	3.74
27	3.80	27	3.89
28	3.94	28	4.03
29	4.08	29	4.18
30	4.22	30	4.32

TABLE 315.		TABLE 316.	
Si on vendait 1 gros 11 sous 6 deniers, on vendra		*Si on payait 1 gros 11 sous 9 deniers, on paiera*	
	fr. c.		fr. c.
1 gramme	0.15	1 gramme	0.15
2	0.29	2	0.30
3	0.44	3	0.45
4	0.59	4	0.60
5	0.74	5	0.75
6	0.88	6	0.90
7	1.03	7	1.05
8	1.18	8	1.20
9	1.32	9	1.35
10	1.47	10	1.50
11	1.62	11	1.65
12	1.77	12	1.80
13	1.91	13	1.95
14	2.06	14	2.11
15	2.21	15	2.26
16	2.36	16	2.41
17	2.50	17	2.56
18	2.65	18	2.71
19	2.80	19	2.86
20	2.94	20	3.01
21	3.09	21	3.16
22	3.24	22	3.31
23	3.39	23	3.46
24	3.53	24	3.61
25	3.68	25	3.76
26	3.83	26	3.91
27	3.97	27	4.06
28	4.12	28	4.21
29	4.27	29	4.36
30	4.42	30	4.51

TABLE 317.		TABLE 318.	
Si on rendait 1 gros 12 sous ou 60 centimes, on vendra		*Si on rendait 1 gros 12 sous 5 deniers, on vendra*	
	fr. c.		fr. c.
1 gramme	0.15	1 gramme	0.16
2	0.31	2	0.31
3	0.46	3	0.47
4	0.61	4	0.63
5	0.77	5	0.78
6	0.92	6	0.94
7	1.08	7	1.10
8	1.23	8	1.25
9	1.38	9	1.41
10	1.54	10	1.57
11	1.69	11	1.72
12	1.84	12	1.88
13	2.00	13	2.04
14	2.15	14	2.20
15	2.30	15	2.35
16	2.46	16	2.51
17	2.61	17	2.67
18	2.76	18	2.82
19	2.92	19	2.98
20	3.07	20	3.14
21	3.23	21	3.29
22	3.38	22	3.45
23	3.53	23	3.61
24	3.69	24	3.76
25	3.84	25	3.92
26	3.99	26	4.08
27	4.15	27	4.23
28	4.30	28	4.39
29	4.45	29	4.55
30	4.61	30	4.70

TABLE 319.		TABLE 320.	
Si 1 gros coûtait 12 sous 6 deniers, on paiera		*Si on payait 1 gros 12 sous 9 deniers, on paiera*	
	fr. c.		fr. c.
1 gramme	0.16	1 gramme	0.16
2	0.32	2	0.33
3	0.48	3	0.49
4	0.64	4	0.65
5	0.80	5	0.82
6	0.96	6	0.98
7	1.12	7	1.14
8	1.28	8	1.31
9	1.44	9	1.47
10	1.60	10	1.63
11	1.76	11	1.80
12	1.92	12	1.96
13	2.08	13	2.12
14	2.24	14	2.28
15	2.40	15	2.45
16	2.56	16	2.61
17	2.72	17	2.77
18	2.88	18	2.94
19	3.04	19	3.10
20	3.20	20	3.26
21	3.36	21	3.43
22	3.52	22	3.59
23	3.68	23	3.75
24	3.84	24	3.92
25	4.00	25	4.08
26	4.16	26	4.24
27	4.32	27	4.40
28	4.48	28	4.57
29	4.64	29	4.73
30	4.80	30	4.90

TABLE 321.		TABLE 322.	
Si on rendait 1 gros 15 sous ou 65 centimes, on rendra		*Si on payait 1 gros 15 sous 5 deniers, on paiera*	
	fr. c.		fr. c.
1 gramme	0.17	1 gramme	0.17
2	0.55	2	0.54
3	0.50	3	0.51
4	0.67	4	0.69
5	0.85	5	0.85
6	1.00	6	1.02
7	1.16	7	1.19
8	1.33	8	1.36
9	1.50	9	1.53
10	1.66	10	1.70
11	1.83	11	1.87
12	2.00	12	2.04
13	2.16	13	2.20
14	2.33	14	2.37
15	2.50	15	2.54
16	2.66	16	2.71
17	2.83	17	2.88
18	3.00	18	3.05
19	3.16	19	3.22
20	3.33	20	3.39
21	3.49	21	3.56
22	3.66	22	3.73
23	3.83	23	3.90
24	3.99	24	4.07
25	4.16	25	4.24
26	4.33	26	4.41
27	4.49	27	4.58
28	4.66	28	4.75
29	4.83	29	4.92
30	4.99	30	5.09

TABLE 323.		TABLE 324.	
Si on vendait un gros 13 sous 6 deniers, on vendra		*Si on payait 1 gros 13 sous 9 deniers, on paiera*	
	fr. c.		fr. c.
1 gramme	0.17	1 gramme	0.18
2	0.34	2	0.35
3	0.52	3	0.53
4	0.69	4	0.70
5	0.86	5	0.88
6	1.04	6	1.06
7	1.21	7	1.23
8	1.38	8	1.41
9	1.56	9	1.58
10	1.73	10	1.76
11	1.90	11	1.94
12	2.07	12	2.11
13	2.25	13	2.29
14	2.42	14	2.46
15	2.59	15	2.64
16	2.76	16	2.82
17	2.94	17	2.99
18	3.11	18	3.17
19	3.28	19	3.34
20	3.46	20	3.52
21	3.63	21	3.70
22	3.80	22	3.87
23	3.97	23	4.05
24	4.15	24	4.22
25	4.32	25	4.40
26	4.49	26	4.58
27	4.67	27	4.75
28	4.84	28	4.93
29	5.01	29	5.10
30	5.18	30	5.28

TABLE 325.		TABLE 326.	
Si on vendait 1 gros 14 sous ou 70 centimes, on vendra		*Si on vendait 1 gros 14 sous 3 deniers, on vendra*	
	fr. c.		fr. c.
1 gramme	0.18	1 gramme	0.18
2	0.36	2	0.36
3	0.54	3	0.55
4	0.72	4	0 73
5	0.90	5	0.91
6	1.08	6	1.09
7	1.25	7	1.28
8	1.43	8	1.46
9	1.61	9	1.64
10	1.79	10	1.82
11	1.97	11	2.01
12	2.15	12	2.19
13	2.33	13	2.37
14	2.51	14	2.55
15	2.69	15	2.74
16	2.87	16	2.92
17	3.05	17	3.10
18	3.23	18	3.28
19	3.40	19	3.47
20	3.58	20	3.65
21	3.76	21	3.83
22	3.94	22	4.02
23	4.12	23	4.20
24	4.30	24	4.38
25	4.48	25	4.56
26	4.66	26	4.74
27	4.84	27	4.92
28	5.02	28	5.11
29	5.20	29	5.29
30	5.38	30	5.47

TABLE 327.		TABLE 328.	
Si on vendait 1 gros 14 sous 6 deniers, on vendra		*Si on vendait 1 gros 14 sous 9 deniers, on vendra*	
	fr. c.		fr. c.
1 gramme	0.19	1 gramme	0.19
2	0.37	2	0.38
3	0.56	3	0.57
4	0.74	4	0.76
5	0.93	5	0 94
6	1.11	6	1.13
7	1.30	7	1.32
8	1.48	8	1.51
9	1.67	9	1.70
10	1.86	10	1.89
11	2.04	11	2.08
12	2.23	12	2.27
13	2.41	13	2.45
14	2.60	14	2.64
15	2.78	15	2.83
16	2.97	16	3.02
17	3.16	17	3.21
18	3.34	18	3.40 .
19	3.53	19	3.59
20	3.71	20	3.78
21	3.90	21	3.96
22	4.08	22	4.15
23	4.27	23	4.34
24	4.45	24	4.53
25	4.64	25	4 72
26	4.83	26	4.91
27	5.01	27	5.10
28	5.20	28	5.29
29	5 38	29	5.48
30	5.57	30	5.66

TABLE 529.		TABLE 530.	
Si on payait 1 gros 15 sous ou 75 centimes, on paiera		*Si on rendait 1 gros 15 sous 5 deniers, on vendra*	
	fr. c.		fr. c.
1 gramme	0.19	1 gramme	0.20
2	0.38	2	0.39
3	0.58	3	0.59
4	0.77	4	0.78
5	0.96	5	0.98
6	1.15	6	1.17
7	1.34	7	1.37
8	1.54	8	1.56
9	1.73	9	1.76
10	1.92	10	1.95
11	2.11	11	2.15
12	2.30	12	2.34
13	2.49	13	2.54
14	2.69	14	2.73
15	2.88	15	2.93
16	3.07	16	3.12
17	3.26	17	3.32
18	3.46	18	3.51
19	3.65	19	3.71
20	3.84	20	3.90
21	4.03	21	4.10
22	4.22	22	4.29
23	4.42	23	4.49
24	4.61	24	4.68
25	4.80	25	4.88
26	4.99	26	5.08
27	5.18	27	5.27
28	5.38	28	5.47
29	5.57	29	5.66
30	5.76	30	5.86

TABLE 331.		TABLE 332.	
Si on payait 1 gros 15 sous 6 deniers, on paiera		*Si on vendait 1 gros 15 sous 9 deniers, on vendra*	
	fr. c.		fr. c.
1 gramme	0.20	1 gramme	0.20
2	0.40	2	0.40
3	0.60	3	0.60
4	0.79	4	0.81
5	0.99	5	1.01
6	1.19	6	1.21
7	1.39	7	1.41
8	1.59	8	1.61
9	1.79	9	1.81
10	1.98	10	2.02
11	2.18	11	2.22
12	2.38	12	2.42
13	2.58	13	2.62
14	2.78	14	2.82
15	2.98	15	3.02
16	3.17	16	3.23
17	3.37	17	3.43
18	3.57	18	3.63
19	3.77	19	3.83
20	3.97	20	4.03
21	4.17	21	4.23
22	4.36	22	4.44
23	4.56	23	4.64
24	4.76	24	4.84
25	4.96	25	5.04
26	5.16	26	5.24
27	5.36	27	5.44
28	5.56	28	5.64
29	5.75	29	5.85
30	5.95	30	6.05

TABLE 333.		TABLE 334.	
Si on payait un gros 16 sous,		*Si on vendait 1 gros 16 sous 3*	
ou 80 centimes, on paiera		*deniers, on vendra*	
	fr. c.		fr. c.
1 gramme	0.20	1 gramme	0.21
2	0.41	2	0.42
3	0.61	3	0.62
4	0.82	4	0.83
5	1.02	5	1.04
6	1.23	6	1.25
7	1.43	7	1.46
8	1.64	8	1.66
9	1.84	9	1.87
10	2.05	10	2.08
11	2.25	11	2.29
12	2.46	12	2.50
13	2.66	13	2.70
14	2.87	14	2.91
15	3.07	15	3.12
16	3.28	16	3.33
17	3.48	17	3.54
18	3.69	18	3.74
19	3.89	19	3.95
20	4.10	20	4.16
21	4.30	21	4.37
22	4.51	22	4.58
23	4.71	23	4.78
24	4.92	24	4.99
25	5.12	25	5.20
26	5.32	26	5.41
27	5.53	27	5.62
28	5.73	28	5.82
29	5.94	29	6.03
30	6.14	30	6.24

TABLE 535.		TABLE 536.	
Si on payait 1 gros 16 sous		*Si on vendait 1 gros 16 sous 9*	
6 deniers, on paiera		*deniers, on vendra*	
	fr. c.		fr. c.
1 gramme	0.21	1 gramme	0.21
2	0.42	2	0.42
3	0.63	3	0.64
4	0.84	4	0.86
5	1.06	5	1.07
6	1.27	6	1.29
7	1.48	7	1.50
8	1.69	8	1.72
9	1.90	9	1.93
10	2.11	10	2.14
11	2.32	11	2.36
12	2.53	12	2.57
13	2.75	13	2.79
14	2.96	14	3.00
15	3.17	15	3.22
16	3.38	16	3.43
17	3.59	17	3.64
18	3.80	18	3.86
19	4.01	19	4.07
20	4.22	20	4.29
21	4.44	21	4.50
22	4.65	22	4.72
23	4.86	23	4.93
24	5.07	24	5.15
25	5.28	25	5.36
26	5.49	26	5.57
27	5.70	27	5.79
28	5.91	28	6.00
29	6.12	29	6.22
30	6.34	30	6.43

TABLE 337.		TABLE 338.	
Si on payait 1 gros 17 sous ou 85 centimes, on paiera		*Si on vendait 1 gros 17 sous 3 deniers, on vendra*	
	fr. c.		fr. c.
1 gramme	0.22	1 gramme	0.22
2	0.44	2	0.44
3	0.65	3	0.66
4	0.87	4	0.88
5	1.09	5	1.10
6	1.31	6	1.32
7	1.52	7	1.55
8	1.74	8	1.77
9	1.96	9	1.99
10	2.18	10	2.21
11	2 39	11	2.43
12	2.61	12	2.65
13	2.83	13	2.87
14	3.05	14	3.09
15	3.26	15	3.31
16	3.49	16	3.53
17	3.70	17	3.75
18	3.92	18	3.97
19	4.13	19	4.20
20	4.35	20	4.42
21	4.57	21	4.64
22	4.79	22	4.86
23	5.00	23	5.08
24	5.22	24	5.30
25	5.44	25	5.52
26	5.66	26	5.74
27	5.88	27	5.96
28	6.09	28	6.18
29	6.31	29	6.40
30	6.53	30	6.62

TABLE 339.		TABLE 340.	
Si on payait 1 gros 17 sous 6 deniers, on paiera		*Si on vendait 1 gros 17 sous 9 deniers, on vendra*	
	fr. c.		fr. c.
1 gramme	0.22	1 gramme	0.23
2	0.44	2	0.45
3	0.67	3	0.68
4	0.90	4	0.91
5	1.12	5	1.14
6	1.34	6	1.36
7	1.57	7	1.59
8	1.79	8	1.82
9	2.02	9	2.04
10	2.24	10	2.27
11	2.46	11	2.50
12	2.68	12	2.73
13	2.91	13	2.95
14	3.14	14	3.18
15	3.36	15	3.41
16	3.58	16	3.64
17	3.81	17	3.86
18	4.04	18	4.09
19	4.26	19	4.32
20	4.48	20	4.54
21	4.70	21	4.77
22	4.92	22	5.00
23	5.15	23	5.25
24	5.37	24	5.45
25	5.59	25	5.68
26	5.82	26	5.91
27	6.05	27	6.13
28	6.28	28	6.36
29	6.50	29	6.59
30	6.72	30	6.82

TABLE 341.		TABLE 342.	
Si on payait 1 gros 18 sous,		*Si on vendait 1 gros 18 sous 3*	
ou 90 centimes, on paiera		*deniers, on vendra*	
	fr. c.		fr. c.
1 gramme	0.23	1 gramme	0.23
2	0.46	2	0.47
3	0.69	3	0.70
4	0.92	4	0.93
5	1.15	5	1.17
6	1.38	6	1.40
7	1.61	7	1.64
8	1.84	8	1.87
9	2.07	9	2.10
10	2.30	10	2.34
11	2.53	11	2.57
12	2.76	12	2.80
13	3.00	13	3.04
14	3.23	14	3.27
15	3.46	15	3.50
16	3.69	16	3.74
17	3 92	17	3.97
18	4.15	18	4.20
19	4.38	19	4.44
20	4.61	20	4.67
21	4.84	21	4.91
22	5.07	22	5.14
23	5.30	23	5.37
24	5.53	24	5.61
25	5.76	25	5.84
26	5.99	26	6.07
27	6.22	27	6.31
28	6.45	28	6.54
29	6.68	29	6.77
30	6.91	30	7.01

TABLE 343.		TABLE 344.	
Si on payait 1 gros 18 sous 6 deniers, on paiera		*Si on vendait 1 gros 18 sous 9 deniers, on vendra*	
	fr. c.		fr. c.
1 gramme	0.24	1 gramme	0.24
2	0.47	2	0.48
3	0.71	3	0.72
4	0.95	4	0.96
5	1.18	5	1.20
6	1.42	6	1.44
7	1.66	7	1.68
8	1.89	8	1.92
9	2.13	9	2.16
10	2.37	10	2.40
11	2.60	11	2.64
12	2.84	12	2.88
13	3.08	13	3.12
14	3.32	14	3.36
15	3.55	15	3.60
16	3.79	16	3.84
17	4.03	17	4.08
18	4.26	18	4.32
19	4.50	19	4.56
20	4.74	20	4.80
21	4.97	21	5.04
22	5.21	22	5.28
23	5.45	23	5.52
24	5.68	24	5.76
25	5.92	25	6.00
26	6.16	26	6.24
27	6.39	27	6.48
28	6.63	28	6.72
29	6.87	29	6.96
30	7.10	30	7.20

TABLE 345.		TABLE 346.	
Si on payait 1 gros 19 sous ou 95 centimes, on paiera		*Si on vendait 1 gros 19 sous 3 deniers, on vendra*	
	fr. c.		fr. c.
1 gramme	0.24	1 gramme	0.25
2	0.49	2	0.49
3	0.73	3	0.74
4	0.97	4	0.99
5	1.22	5	1.23
6	1.46	6	1.48
7	1.70	7	1.72
8	1.95	8	1.97
9	2.19	9	2.22
10	2.43	10	2.46
11	2.68	11	2.71
12	2.92	12	2.96
13	3.16	13	3.20
14	3.40	14	3.45
15	3.65	15	3.70
16	3.89	16	3.94
17	4.13	17	4.19
18	4.38	18	4.44
19	4.62	19	4.68
20	4.86	20	4.93
21	5.11	21	5.17
22	5.35	22	5.42
23	5.59	23	5.67
24	5.84	24	5.91
25	6.08	25	6.16
26	6.32	26	6.41
27	6.57	27	6.65
28	6.81	28	6.90
29	7.05	29	7.15
30	7.30	30	7.39

TABLE 347.		TABLE 348.	
Si on payait un gros 19 sous 6 deniers, on paiera		*Si on vendait 1 gros 19 sous 9 deniers, on vendra*	
	fr. c.		fr. c.
1 gramme	0 25	1 gramme	0.25
2	0.50	2	0.51
3	0.75	3	0.76
4	1.00	4	1.01
5	1.25	5	1.26
6	1.50	6	1.52
7	1.75	7	1.77
8	2.00	8	2.02
9	2.25	9	2.28
10	2.50	10	2.53
11	2.75	11	2.78
12	3.00	12	3.03
13	3.24	13	3.29
14	3.49	14	3.54
15	3.74	15	3.79
16	3.99	16	4.04
17	4.24	17	4 30
18	4.49	18	4.55
19	4.74	19	4.80
20	4.99	20	5.06
21	5.24	21	5.31
22	5.49	22	5.56
23	5.74	23	5.81
24	5.99	24	6.07
25	6.24	25	6.32
26	6.49	26	6.57
27	6.74	27	6.83
28	6.99	28	7.08
29	7.24	29	7.33
30	7.49	30	7.58

TABLE 349.		TABLE 350.	
Si on payait 1 gros 20 sous ou 1 franc, on paiera		*Si on vendait 1 gros 2 francs, on vendra*	
	fr. c.		fr. c.
1 gramme	0.26	1 gramme	0.51
2	0.51	2	1.02
3	0.77	3	1.54
4	1.02	4	2.05
5	1.28	5	2.56
6	1.54	6	3.07
7	1.79	7	3.58
8	2.05	8	4.10
9	2.30	9	4.61
10	2.56	10	5.12
11	2.82	11	5.63
12	3.07	12	6.14
13	3.33	13	6.66
14	3.58	14	7.17
15	3.84	15	7.68
16	4.10	16	8.19
17	4.35	17	8.70
18	4.61	18	9.22
19	4.86	19	9.73
20	5.12	20	10.24
21	5.38	21	10.75
22	5.63	22	11.26
23	5.89	23	11.78
24	6.14	24	12.29
25	6.40	25	12.80
26	6.66	26	13.31
27	6.91	27	13.82
28	7.17	28	14.34
29	7.42	29	14.85
30	7.69	30	15.36

TABLE 551. Si on payait 1 gros 3 francs, on paiera		TABLE 552. Si on vendait 1 gros 4 francs, on vendra	
	fr. c.		fr. c.
1 gramme	0.77	1 gramme	1.02
2	1.54	2	2.05
3	2.30	3	3.07
4	3.07	4	4.10
5	3.84	5	5.12
6	4.61	6	6.14
7	5.38	7	7.17
8	6.14	8	8.19
9	6.91	9	9.22
10	7.68	10	10.24
11	8.45	11	11.26
12	9.22	12	12.29
13	9.98	13	13.31
14	10.75	14	14.34
15	11.52	15	15.36
16	12.29	16	16.38
17	13.06	17	17.41
18	13.82	18	18.43
19	14.59	19	19.46
20	15.36	20	20.48
21	16.13	21	21.50
22	16.90	22	22.52
23	17.66	23	23.55
24	18.43	24	24.58
25	19.20	25	25.60
26	19.97	26	26.62
27	20.74	27	27.65
28	21.50	28	28.67
29	22.27	29	29.70
30	23.04	30	30.72

TABLE 553.		TABLE 554.	
Si on payait un gros 5 francs, on paiera		*Si on vendait un gros 6 francs, on vendra*	
	fr. c.		fr. c.
1 gramme	1.28	1 gramme	1.54
2	2.56	2	3.07
3	3.84	3	4.61
4	5.12	4	6.14
5	6.40	5	7.68
6	7.68	6	9.22
7	8.96	7	10.75
8	10.24	8	12.29
9	11.52	9	13.82
10	12.80	10	15.36
11	14.08	11	16.90
12	15.36	12	18.43
13	16.64	13	19.97
14	17.92	14	21.50
15	19.20	15	23.04
16	20.48	16	24.58
17	21.76	17	26.11
18	23.04	18	27.65
19	24.32	19	29.18
20	25.60	20	30.72
21	26.88	21	32.26
22	28.16	22	33.79
23	29.44	23	35.33
24	30.72	24	36.86
25	32.00	25	38.40
26	33.28	26	39.94
27	34.56	27	41.47
28	35.84	28	43.01
29	37.12	29	44.54
30	38.40	30	46.08

TABLE 555.		TABLE 556.	
Si on payait 1 gros 7 francs, on paiera		*Si on vendait 1 gros 8 francs, on vendra*	
	fr. c.		fr. c.
1 gramme	1.79	1 gramme	2.05
2	3.58	2	4.10
3	5.38	3	6.14
4	7.17	4	8 19
5	8.96	5	10.24
6	10.75	6	12.29
7	12.54	7	14.34
8	14 34	8	16.38
9	16.13	9	18.43
10	17.92	10	20.48
11	19.71	11	22.53
12	21.50	12	24.58
13	23.30	13	26.62
14	25.09	14	28.67
15	26.88	15	30.72
16	28.67	16	32.77
17	30.46	17	34.82
18	32.26	18	36.86
19	34.05	19	38 91
20	35.84	20	40.96
21	37.63	21	43.01
22	39.42	22	45.06
23	41.22	23	47.10
24	43.01	24	49.15
25	44.80	25	51.20
26	46.59	26	53.25
27	48.38	27	55.30
28	50.18	28	57.34
29	51.97	29	59.39
30	53.76	30	61.44

TABLE 557.		TABLE 558.	
Si on payait 1 gros 9 francs, on paiera		*Si on vendait 1 gros 10 francs, on vendra*	
	fr. c.		fr. c.
1 gramme	2.50	1 gramme	2.56
2	4.61	2	5.12
3	6.91	3	7.68
4	9.22	4	10.24
5	11.52	5	12.80
6	13.82	6	15.36
7	16.13	7	17.92
8	18.43	8	20.48
9	20.74	9	23.04
10	23.04	10	25.60
11	25.34	11	28.16
12	27.65	12	30.72
13	29.95	13	33.28
14	32.26	14	35.84
15	34.56	15	38.40
16	36.86	16	40.96
17	39.17	17	43.52
18	41.47	18	46.08
19	43.78	19	48.64
20	46.08	20	51.20
21	48.38	21	53.76
22	50.69	22	56.32
23	52.99	23	58.88
24	55.30	24	61.44
25	57.60	25	64.00
26	59.90	26	66.56
27	62.21	27	69.12
28	64.51	28	71.68
29	66.82	29	74.24
30	69.12	30	76.80

TABLE 359.		TABLE 360.	
Si on payait 1 gros 20 francs,		*Si on vendait 1 gros 30 francs,*	
on paiera		*on vendra*	
	fr. c.		fr. c.
1 gramme	5.12	1 gramme	7.68
2	10.24	2	15.36
3	15.36	3	23.04
4	20.48	4	30.72
5	25.60	5	38.40
6	30.72	6	46.08
7	35.84	7	53.76
8	40.96	8	61.44
9	46.08	9	69.12
10	51.20	10	76.80
11	56.32	11	84.48
12	61.44	12	92.16
13	66.56	13	99.84
14	71.68	14	107.52
15	76.80	15	115 20
16	81.92	16	122.88
17	87.04	17	130.56
18	92.16	18	138.24
19	97.28	19	145.92
20	102.40	20	153.60
21	107.52	21	161.28
22	112.64	22	168.96
23	117.76	23	176.64
24	122.88	24	184.32
25	128.00	25	192.00
26	133.12	26	199.68
27	138.24	27	207.36
28	143.36	28	215.04
29	148.48	29	222.72
30	153.60	30	230.40

TABLE 561.

Si on payait 1 gros 40 francs, on paiera

	fr. c.
1 gramme	10.24
2	20.48
3	30.72
4	40.96
5	51.20
6	61.44
7	71.68
8	81.92
9	92.16
10	102.40
11	112.64
12	122.88
13	133.12
14	143.36
15	153.60
16	163.84
17	174.08
18	184.32
19	194.56
20	204.80
21	215.04
22	225.28
23	235.52
24	245.76
25	256.00
26	266.24
27	276.48
28	286.72
29	296.96
30	307.20

TABLE 562.

Si on vendait 1 once 1 liard, ou 3 deniers, on vendra

	fr. c.
1 décagramme	0.00
2	0.01
3	0.01
4	0.01
5	0.02
6	0.02
7	0.03
8	0.03
9	0.04
10	0.04
20	0.08
30	0.12
40	0.16

TABLE 563.

A 2 liards, ou 6 deniers l'once

	fr. c.
1 décagramme	0.01
2	0.02
3	0.02
4	0.03
5	0.04
6	0.05
7	0.06
8	0.06
9	0.07
10	0.08
20	0.16
30	0.24
40	0.32

TABLE 364.

A 3 liards, ou 9 deniers l'once,

	fr. c.
1 décagramme	0.01
2	0.02
3	0.04
4	0.05
5	0.06
6	0.07
7	0.08
8	0.10
9	0.11
10	0.12
20	0.24
30	0.36
40	0.48

TABLE 366.

A 1 sou 3 deniers l'once,

	fr. c.
1 décagramme	0.02
2	0.04
3	0.06
4	0.08
5	0.10
6	0.12
7	0.14
8	0.16
9	0.18
10	0.20
20	0.40
30	0.60
40	0.80

TABLE 365.

A 1 sou, ou 5 centimes l'once,

	fr. c.
1 décagramme	0.02
2	0.03
3	0.05
4	0.06
5	0.08
6	0.10
7	0.11
8	0.13
9	0.14
10	0.16
20	0.32
30	0.48
40	0.64

TABLE 367.

A 1 sou 6 deniers l'once,

	fr. c.
1 décagramme	0.02
2	0.05
3	0.07
4	0.10
5	0.12
6	0.14
7	0.17
8	0.19
9	0.22
10	0.24
20	0.48
30	0.72
40	0.96

TABLE 568.

A 1 sou 9 deniers l'once,

	fr. c.
1 décagramme	0.05
2	0.06
3	0.08
4	0.11
5	0.14
6	0.17
7	0.20
8	0.22
9	0.25
10	0.28
20	0.56
30	0.84
40	1.12

TABLE 570.

A 2 sous 3 deniers l'once,

	fr. c.
1 décagramme	0.04
2	0.07
3	0.11
4	0.14
5	0.18
6	0.22
7	0.25
8	0.29
9	0.32
10	0.36
20	0.72
30	1.08
40	1.44

TABLE 569.

A 2 sous, ou 10 cent. l'once,

	fr. c.
1 décagramme	0.05
2	0.06
3	0.10
4	0.13
5	0.16
6	0.19
7	0.22
8	0.26
9	0.29
10	0.32
20	0.64
30	0.96
40	1.28

TABLE 571.

A 2 sous 6 deniers l'once,

	fr. c.
1 décagramme	0.04
2	0.08
3	0.12
4	0.16
5	0.20
6	0.24
7	0.28
8	0.32
9	0.36
10	0.40
20	0.80
30	1.20
40	1.60

TABLE 572.

A 2 sous 9 deniers l'once,

		fr. c.
1	décagramme	0.04
2		0.09
3		0.13
4		0.18
5		0.22
6		0.26
7		0.31
8		0.35
9		0.40
10		0.44
20		0.88
30		1.32
40		1.76

TABLE 574.

A 3 sous 3 deniers l'once,

		fr. c.
1	décagramme	0.05
2		0.10
3		0.16
4		0.21
5		0.26
6		0.31
7		0.36
8		0.42
9		0.47
10		0.52
20		1.04
30		1.56
40		2.08

TABLE 573.

A 3 sous, ou 15 cent. l'once,

		fr. c.
1	décagramme	0.05
2		0.10
3		0.14
4		0.19
5		0.24
6		0.29
7		0.34
8		0.38
9		0.43
10		0.48
20		0.96
30		1.44
40		1.92

TABLE 575.

A 3 sous 6 deniers l'once,

		fr. c.
1	décagramme	0.06
2		0.11
3		0.17
4		0.22
5		0.28
6		0.34
7		0.39
8		0.45
9		0.50
10		0.56
20		1.12
30		1.68
40		2.24

TABLE 576.

A 3 sous 9 deniers l'once,

	fr. c.
1 décagramme	0.06
2	0.12
3	0.18
4	0.24
5	0.30
6	0.36
7	0.42
8	0.48
9	0.54
10	0.60
20	1.20
30	1.80
40	2.40

TABLE 578.

A 4 sous 3 deniers l'once,

	fr. c.
1 décagramme	0.07
2	0.14
3	0.20
4	0.27
5	0.34
6	0.41
7	0.48
8	0.54
9	0.61
10	0.68
20	1.36
30	2.04
40	2.72

TABLE 577.

A 4 sous, ou 20 cent. l'once,

	fr. c.
1 décagramme	0.06
2	0.13
3	0.19
4	0.26
5	0.32
6	0.38
7	0.45
8	0.51
9	0.58
10	0.64
20	1.28
30	1.92
40	2.56

TABLE 579.

A 4 sous 6 deniers l'once,

	fr. c.
1 décagramme	0.07
2	0.14
3	0.22
4	0.29
5	0.36
6	0.43
7	0.50
8	0.58
9	0.65
10	0.72
20	1.44
30	2.16
40	2.88

TABLE 380.		TABLE 382.	
A 4 sous 9 deniers l'once,		*A 5 sous 3 deniers l'once,*	
	fr. c.		fr. c.
1 décagramme	0.08	1 décagramme	0.08
2	0.15	2	0.17
3	0.23	3	0.25
4	0.30	4	0.34
5	0.38	5	0.42
6	0.46	6	0.50
7	0.53	7	0.59
8	0.61	8	0.67
9	0.68	9	0.76
10	0.76	10	0.84
20	1.52	20	1.68
30	2.28	30	2.52
40	3.04	40	3.36

TABLE 381.		TABLE 383.	
A 5 sous, ou 25 cent. l'once,		*A 5 sous 6 deniers l'once,*	
	fr. c.		fr. c.
1 décagramme	0.08	1 décagramme	0.09
2	0.16	2	0.18
3	0.24	3	0.26
4	0.32	4	0.35
5	0.40	5	0.44
6	0.48	6	0.53
7	0.56	7	0.62
8	0.64	8	0.70
9	0.72	9	0.79
10	0.80	10	0.88
20	1.60	20	1.76
30	2.40	30	2.64
40	3.20	40	3.52

TABLE 584.

A 5 sous 9 deniers l'once,

	fr. c.
1 décagramme	0.09
2	0.18
3	0.28
4	0.37
5	0.46
6	0.55
7	0.64
8	0.74
9	0.83
10	0.92
20	1.84
30	2.76
40	3.68

TABLE 586.

A 6 sous 3 deniers l'once,

	fr. c.
1 décagramme	0.10
2	0.20
3	0.30
4	0.40
5	0.50
6	0.60
7	0.70
8	0.80
9	0.90
10	1.
20	2.
30	3.
40	4.

TABLE 585.

A 6 sous, ou 30 cent. l'once,

	fr. c.
1 décagramme	0.10
2	0.19
3	0.29
4	0.38
5	0.48
6	0.58
7	0.67
8	0.77
9	0.86
10	0.96
20	1.92
30	2.88
40	3.84

TABLE 587.

A 6 sous 6 deniers l'once,

	fr. c.
1 décagramme	0.10
2	0.21
3	0.31
4	0.42
5	0.52
6	0.62
7	0.73
8	0.83
9	0.94
10	1.04
20	2.08
30	3.12
40	4.16

TABLE 588.

À 6 sous 9 deniers l'once,

	fr. c.
1 décagramme	0.11
2	0.22
3	0.52
4	0.43
5	0.54
6	0.65
7	0.76
8	0.86
9	0.97
10	1.08
20	2.16
30	3.24
40	4.32

TABLE 590.

À 7 sous 3 deniers l'once,

	fr. c.
1 décagramme	0.12
2	0.23
3	0.35
4	0.46
5	0.58
6	0.70
7	0.81
8	0.93
9	1.04
10	1.16
20	2.32
30	3.48
40	4.64

TABLE 589.

À 7 sous, ou 35 cent. l'once,

	fr. c.
1 décagramme	0.11
2	0.22
3	0.34
4	0.45
5	0.56
6	0.67
7	0.78
8	0.90
9	1.01
10	1.12
20	2.24
30	3.36
40	4.48

TABLE 591.

À 7 sous 6 deniers l'once,

	fr. c.
1 décagramme	0.12
2	0.24
3	0.36
4	0.48
5	0.60
6	0.72
7	0.84
8	0.96
9	1.08
10	1.20
20	2.40
30	3.60
40	4.80

TABLE 592.

A 7 sous 9 deniers l'once,

	fr. c.
1 décagramme	0.12
2	0.25
3	0.37
4	0.50
5	0.62
6	0.74
7	0.87
8	0.99
9	1.12
10	1.24
20	2.48
30	3.72
40	4.96

TABLE 594.

A 8 sous 5 deniers l'once,

	fr. c.
1 décagramme	0.13
2	0.26
3	0.40
4	0.53
5	0.66
6	0.79
7	0.92
8	1.06
9	1.19
10	1.32
20	2.64
30	3.96
40	5.28

TABLE 593.

A 8 sous, ou 40 cent. l'once,

	fr. c.
1 décagramme	0.13
2	0.26
3	0.38
4	0.51
5	0.64
6	0.77
7	0.90
8	1.02
9	1.15
10	1.28
20	2.56
30	3.84
40	5.12

TABLE 595.

A 8 sous 6 deniers l'once,

	fr. c.
1 décagramme	0.14
2	0.27
3	0.41
4	0.54
5	0.68
6	0.82
7	0.95
8	1.09
9	1.22
10	1.36
20	2.72
30	4.08
40	5.44

TABLE 396.

A 8 sous 9 deniers l'once,

	fr. c.
1 décagramme	0.14
2	0.28
3	0.42
4	0.56
5	0.70
6	0.84
7	0.98
8	1.12
9	1.26
10	1.40
20	2.80
30	4.20
40	5.60

TABLE 398.

A 9 sous 3 deniers l'once,

	fr. c.
1 décagramme	0.15
2	0.30
3	0.44
4	0.59
5	0.74
6	0.89
7	1.04
8	1.18
9	1.33
10	1.48
20	2 96
30	4.44
40	5.92

TABLE 397.

A 9 sous, ou 45 cent. l'once,

	fr. c.
1 décagramme	0.14
2	0.29
3	0.43
4	0.58
5	0.72
6	0.86
7	1.01
8	1.15
9	1.30
10	1.44
20	2.88
30	4.32
40	5.76

TABLE 399.

A 9 sous 6 deniers l'once,

	fr. c.
1 décagramme	0.15
2	0.30
3	0.46
4	0.61
5	0.76
6	0.91
7	1.06
8	1.22
9	1.36
10	1.52
20	3.04
30	4.56
40	6.08

TABLE 400.		TABLE 402.	
A 9 sous 9 deniers l'once,		*A 10 sous 3 deniers l'once,*	
	fr. c.		fr. c.
1 décagramme	0.16	1 décagramme	0.16
2	0.31	2	0.33
3	0.47	3	0.49
4	0.62	4	0.66
5	0.78	5	0.82
6	0.93	6	0.98
7	1.09	7	1.15
8	1.25	8	1.31
9	1.40	9	1.48
10	1.56	10	1.64
20	3.12	20	3.28
30	4.68	30	4.92
40	6.24	40	6.56

TABLE 401.		TABLE 403.	
A 10 sous, ou 50 cent. l'once,		*A 10 sous 6 deniers l'once,*	
	fr. c.		fr. c.
1 décagramme	0.16	1 décagramme	0.17
2	0.32	2	0.34
3	0.48	3	0.50
4	0.64	4	0.67
5	0.80	5	0.84
6	0.96	6	1.01
7	1.12	7	1.18
8	1.28	8	1.34
9	1.44	9	1.51
10	1.60	10	1.68
20	3.20	20	3.36
30	4.80	30	5.04
40	6.40	40	6.72

TABLE 404.	
A 10 sous 9 deniers l'once,	
	fr. c.
1 décagramme	0.17
2	0.34
3	0.52
4	0.69
5	0.86
6	1.03
7	1.20
8	1.38
9	1.55
10	1.72
20	3.44
30	5.16
40	6.88

TABLE 406.	
A 11 sous 3 deniers l'once,	
	fr. c.
1 décagramme	0.18
2	0.36
3	0.54
4	0.72
5	0.90
6	1.08
7	1.26
8	1.44
9	1.62
10	1.80
20	3.60
30	5.40
40	7.20

TABLE 405.	
A 11 sous, ou 55 cent. l'once,	
	fr. c.
1 décagramme	0.18
2	0.35
3	0.53
4	0.70
5	0.88
6	1.06
7	1.23
8	1.41
9	1.58
10	1.76
20	3.52
30	5.28
40	7.04

TABLE 407.	
A 11 sous 6 deniers l'once,	
	fr. c.
1 décagramme	0.18
2	0.37
3	0.55
4	0.74
5	0.92
6	1.10
7	1.29
8	1.47
9	1.66
10	1.84
20	3.68
30	5.52
40	7.36

TABLE 408.		TABLE 410.	
A 11 sous 9 deniers l'once,		*A 12 sous 3 deniers l'once,*	
	fr. c.		fr. c.
1 décagramme	0.19	1 décagramme	0.20
2	0.38	2	0.39
3	0.56	3	0.59
4	0.75	4	0.78
5	0.94	5	0.98
6	1.13	6	1.18
7	1.32	7	1.37
8	1.50	8	1.57
9	1.69	9	1.76
10	1.88	10	1.96
20	3.76	20	3.92
30	5.64	30	5.88
40	7.52	40	7.84

TABLE 409.		TABLE 411.	
A 12 sous, ou 60 cent. l'once,		*A 12 sous 6 deniers l'once,*	
	fr. c.		fr. c.
1 décagramme	0.19	1 décagramme	0.20
2	0.38	2	0.40
3	0.58	3	0.60
4	0.77	4	0.80
5	0.96	5	1.00
6	1.15	6	1.20
7	1.34	7	1.40
8	1.54	8	1.60
9	1.73	9	1.80
10	1.92	10	2.00
20	3.84	20	4.00
30	5.76	30	6.00
40	7.68	40	8.00

TABLE 412.

A 12 sous 9 deniers l'once,

	fr. c.
1 décagramme	0 20
2	0.41
3	0.61
4	0.82
5	1.02
6	1.22
7	1.43
8	1.63
9	1.84
10	2.04
20	4.08
30	6.12
40	8.16

TABLE 414.

A 13 sous 3 deniers l'once,

	fr. c.
1 décagramme	0.21
2	0.42
3	0.64
4	0.85
5	1.06
6	1.27
7	1.48
8	1.70
9	1.91
10	2.12
20	4.24
30	6.36
40	8.48

TABLE 413.

A 13 sous, ou 65 cent. l'once,

	fr. c.
1 décagramme	0.21
2	0.42
3	0.62
4	0 83
5	1.04
6	1.25
7	1.46
8	1.66
9	1.87
10	2.08
20	4.16
30	6.24
40	8.32

TABLE 415.

A 13 sous 6 deniers l'once,

	fr. c.
1 décagramme	0.22
2	0.43
3	0.65
4	0.86
5	1.08
6	1.30
7	1.51
8	1.73
9	1.94
10	2.16
20	4.33
30	6.48
40	8.64

TABLE 416.

A 13 sous 9 deniers l'once,

	fr. c.
1 décagramme	0.22
2	0.44
3	0.66
4	0.88
5	1.10
6	1.32
7	1.54
8	1.76
9	1.98
10	2.20
20	4.40
30	6.60
40	8.80

TABLE 418.

A 14 sous 3 deniers l'once,

	fr. c.
1 décagramme	0.23
2	0.46
3	0.68
4	0.91
5	1.14
6	1.37
7	1.60
8	1.82
9	2.05
10	2.28
20	4.56
30	6.84
40	9.12

TABLE 417.

A 14 sous, ou 70 cent. l'once,

	fr. c.
1 décagramme	0.22
2	0.44
3	0 67
4	0.90
5	1.12
6	1.34
7	1.57
8	1.79
9	2.02
10	2.24
20	4.48
30	6.72
40	8.96

TABLE 419.

A 14 sous 6 deniers l'once,

	fr. c.
1 décagramme	0.23
2	0.46
3	0.70
4	0.93
5	1.16
6	1.39
7	1.62
8	1.86
9	2.09
10	2.32
20	4.64
30	6.96
40	9.28

TABLE 420.

A 14 sous 9 deniers l'once,

	fr. c.
1 décagramme	0.24
2	0.47
3	0.71
4	0.94
5	1.18
6	1.42
7	1.65
8	1.89
9	2.12
10	2 36
20	4.72
30	7.08
40	9.44

TABLE 422.

A 15 sous 3 deniers l'once,

	fr. c.
1 décagramme	0.24
2	0.49
3	0.73
4	0.98
5	1.22
6	1.46
7	1.71
8	1.95
9	2.20
10	2.44
20	4.88
30	7.32
40	9.76

TABLE 421.

A 15 sous, ou 75 cent. l'once,

	fr. c.
1 décagramme	0.24
2	0.48
3	0.72
4	0.96
5	1.20
6	1.44
7	1.68
8	1.92
9	2.16
10	2.40
20	4.80
30	7.20
40	9.60

TABLE 423.

A 15 sous 6 deniers l'once,

	fr. c.
1 décagramme	0.25
2	0.50
3	0.74
4	0.99
5	1.24
6	1.49
7	1.74
8	1.98
9	2.23
10	2.48
20	4.96
30	7.44
40	9.92

TABLE 424.		TABLE 426.	
A 15 sous 9 deniers l'once,		*A 16 sous 3 deniers l'once*	
	fr. c.		fr. c
1 décagramme	0.25	1 décagramme	0.26
2	0.50	2	0.52
3	0.76	3	0.78
4	1.01	4	1.04
5	1.26	5	1.30
6	1.51	6	1.56
7	1.76	7	1.82
8	2.02	8	2.08
9	2.27	9	2.34
10	2.52	10	2.60
20	5.04	20	5.20
30	7.56	30	7.80
40	10.08	40	10.40

TABLE 425.		TABLE 427.	
A 16 sous, ou 80 cent. l'once.		*A 16 sous 6 deniers l'once,*	
	fr. c.		fr. c.
1 décagramme	0.26	1 décagramme	0.26
2	0.51	2	0.53
3	0.77	3	0.79
4	1.02	4	1.06
5	1.28	5	1.32
6	1.54	6	1.58
7	1.79	7	1.85
8	2.05	8	2.11
9	2.30	9	2.38
10	2.56	10	2.64
20	5.12	20	5.28
30	7.68	30	7.92
40	10.24	40	10.56

TABLE 428.

A 16 sous 9 deniers l'once,

	fr. c.
1 décagramme	0.27
2	0.54
3	0.80
4	1.07
5	1.34
6	1.61
7	1.88
8	2.14
9	2.41
10	2.68
20	5 36
30	8.04
40	10.72

TABLE 430.

A 17 sous 3 deniers l'once,

	fr. c.
1 décagramme	0.28
2	0.55
3	0.83
4	1.11
5	1.39
6	1.67
7	1.94
8	2.22
9	2.50
10	2.78
20	5.56
30	8.34
40	11.12

TABLE 429.

A 17 sous, ou 85 cent. l'once,

	fr. c.
1 décagramme	0.27
2	0.54
3	0.82
4	1.09
5	1.36
6	1.63
7	1.90
8	2.18
9	2.45
10	2.72
20	5.44
30	8.16
40	10.88

TABLE 431.

A 17 sous 6 deniers l'once,

	fr. c.
1 décagramme	0.28
2	0.56
3	0.84
4	1.12
5	1.40
6	1.68
7	1.96
8	2.24
9	2.52
10	2.80
20	5.60
30	8.40
40	11.20

TABLE 432.

À 17 sous 9 deniers l'once,

	fr. c.
1 décagramme	0.28
2	0.57
3	0.85
4	1.14
5	1.42
6	1.70
7	1.99
8	2.27
9	2.56
10	2.84
20	5.68
30	8.52
40	11.36

TABLE 434.

À 18 sous 5 deniers l'once,

	fr. c.
1 décagramme	0.29
2	0.58
3	0.88
4	1.17
5	1.46
6	1.75
7	2.04
8	2.34
9	2.63
10	2.92
20	5.84
30	8.76
40	11.68

TABLE 433.

À 18 sous, ou 90 cent. l'once,

	fr. c.
1 décagramme	0.29
2	0.58
3	0.86
4	1.15
5	1.44
6	1.73
7	2.02
8	2.30
9	2.59
10	2.88
20	5.76
30	8.64
40	11.52

TABLE 435.

À 18 sous 6 deniers l'once,

	fr. c.
1 décagramme	0.30
2	0.59
3	0.89
4	1.18
5	1.48
6	1.78
7	2.07
8	2.37
9	2.66
10	2.96
20	5.92
30	8.88
40	11.84

TABLE 436.

A 18 sous 9 deniers l'once,

	fr. c.
1 décagramme	0.30
2	0.60
3	0.90
4	1.20
5	1.50
6	1.80
7	2.10
8	2.40
9	2.70
10	3.
20	6.
30	9.
40	12.

TABLE 438.

A 19 sous 3 deniers l'once,

	fr. c.
1 décagramme	0.31
2	0.62
3	0.92
4	1.23
5	1.54
6	1.85
7	2.16
8	2.46
9	2.77
10	3.08
20	6.16
30	9.24
40	12.32

TABLE 437.

A 19 sous, ou 95 cent. l'once,

	fr. c.
1 décagramme	0.30
2	0.61
3	0.91
4	1.22
5	1.52
6	1.82
7	2.13
8	2.43
9	2.74
10	3.04
20	6.08
30	9.12
40	12.16

TABLE 439.

A 19 sous 6 deniers l'once,

	fr. c.
1 décagramme	0.31
2	0.62
3	0.94
4	1.25
5	1.56
6	1.87
7	2.18
8	2.50
9	2.81
10	3.12
20	6.24
30	9.36
40	12.48

TABLE 440.

A 19 sous 9 deniers l'once,

	fr. c.
1 décagramme	0.32
2	0.63
3	0.95
4	1.26
5	1.58
6	1.90
7	2.21
8	2.53
9	2.84
10	3.16
20	6.32
30	9.48
40	12.64

TABLE 442.

A 2 francs l'once,

	fr. c.
1 décagramme	0.64
2	1.28
3	1.92
4	2.56
5	3.20
6	3.84
7	4.48
8	5.12
9	5.76
10	6.40
20	12.80
30	19.20
40	25.60

TABLE 441.

A 20 sous, ou 1 fr. l'once,

	fr. c.
1 décagramme	0.32
2	0.64
3	0.96
4	1.28
5	1.60
6	1.92
7	2.24
8	2.56
9	2.88
10	3.20
20	6.40
30	9.60
40	12.80

TABLE 443.

A 3 francs l'once,

	fr. c.
1 décagramme	0.96
2	1.92
3	2.88
4	3.84
5	4.80
6	5.76
7	6.72
8	7.68
9	8.64
10	9.60
20	19.20
30	28.80
40	38.40

TABLE 444.

A 4 francs l'once,

	fr. c.
1 décagramme	1.28
2	2.56
3	3.84
4	5.12
5	6.40
6	7.68
7	8.96
8	10.24
9	11.52
10	12.80
20	25.60
30	38.40
40	51.20

TABLE 446.

A 6 francs l'once,

	fr. c.
1 décagramme	1.92
2	3.84
3	5.76
4	7.68
5	9.60
6	11.52
7	13.44
8	15.36
9	17.28
10	19.20
20	38.40
30	57.60
40	76.80

TABLE 445.

A 5 francs l'once,

	fr. c.
1 décagramme	1.60
2	3.20
3	4.80
4	6 40
5	8.
6	9.60
7	11.20
8	12.80
9	14.40
10	16.
20	32.
30	48.
40	64.

TABLE 447.

A 7 francs l'once,

	fr. c.
1 décagramme	2.24
2	4.48
3	6.72
4	8.96
5	11.20
6	13.44
7	15.68
8	17.92
9	20.16
10	22.40
20	44.80
30	67.20
40	89.60

TABLE 448.

A 8 francs l'once,

	fr. c.
1 décagramme	2 56
2	5.12
3	7.68
4	10.24
5	12.80
6	15.36
7	17.92
8	20.48
9	23.04
10	25.60
20	51 20
30	76.80
40	102.40

TABLE 450.

A 10 francs l'once,

	fr. c.
1 décagramme	3.20
2	6.40
3	9.60
4	12.80
5	16.
6	19.20
7	22.40
8	25.60
9	28.80
10	32.
20	64.
30	96.
40	128.

TABLE 449.

A 9 francs l'once,

	fr. c.
1 décagramme	2.88
2	5.76
3	8.64
4	11.52
5	14.40
6	17.28
7	20.16
8	23.04
9	25.92
10	28.80
20	57.60
30	86.40
40	115.20

TABLE 451.

A 11 francs l'once,

	fr. c.
1 décagramme	3.52
2	7.04
3	10.56
4	14.08
5	17.60
6	21.12
7	24.64
8	28.16
9	31.68
10	35.20
20	70.40
30	105.60
40	140.80

TABLE 452.

A 12 francs l'once,

	fr. c.
1 décagramme	5 84
2	7.68
5	11.52
4	15.56
5	19.20
6	25.04
7	26.88
8	30.72
9	34.56
10	58.40
20	76.80
50	115.20
40	153.60

TABLE 454.

A 14 francs l'once,

	fr. c.
1 décagramme	4.48
2	8.96
3	15.44
4	17.92
5	22.40
6	26.88
7	31.36
8	35 84
9	40.32
10	44.80
20	89 60
50	134.40
40	179.20

TABLE 453.

A 15 francs l'once,

	fr. c.
1 décagramme	4.16
2	8.32
3	12.48
4	16.64
5	20.80
6	24.96
7	29.12
8	55.28
9	37.44
10	41.60
20	85.20
50	124.80
40	166.40

TABLE 455.

A 15 francs l'once,

	fr. c
1 décagramme	4.80
2	9.60
3	14.40
4	19.20
5	24.
6	28 80
7	33.60
8	38.40
9	43.20
10	48.
20	96.
30	144.
40	192.

TABLE 456.

A 16 francs l'once,

		fr. c.
1	décagramme	5.12
2		10.24
3		15.36
4		20.48
5		25.60
6		30.72
7		35.84
8		40.96
9		46.08
10		51.20
20		102 40
30		153 60
40		204.80

TABLE 458.

A 18 francs l'once,

		fr. c.
1	décagramme	5.76
2		11.52
3		17.28
4		23.04
5		28.80
6		34.56
7		40.32
8		46.08
9		51.84
10		57.60
20		115.20
30		172.80
40		230.40

TABLE 457.

A 17 francs l'once,

		fr. c.
1	décagramme	5.44
2		10.88
3		16.32
4		21.76
5		27.20
6		32.64
7		38.08
8		43.52
9		48.96
10		54.40
20		108.80
30		163.20
40		217.60

TABLE 459.

A 19 francs l'once,

		fr. c.
1	décagramme	6.08
2		12.16
3		18.24
4		24.32
5		30.40
6		36.48
7		42.56
8		48.64
9		54.72
10		60.80
20		121.60
30		182.40
40		243.20

TABLE 460.

A 20 francs l'once,

	fr. c.
1 décagramme	6.40
2	12.80
3	19.20
4	25.60
5	32.
6	38.40
7	44.80
8	51.20
9	57.60
10	64.
20	128.
30	192.
40	256.

TABLE 462.

A 40 francs l'once,

	fr. c.
1 décagramme	12.80
2	25.60
3	38.40
4	51.20
5	64.
6	76.80
7	89.60
8	102.40
9	115.20
10	128.
20	256.
30	384.
40	512.

TABLE 461.

A 30 francs l'once,

	fr. c.
1 décagramme	9.60
2	19.20
3	28.80
4	38.40
5	48.
6	57.60
7	67.20
8	76.80
9	86.40
10	96.
20	192.
30	288.
40	384.

TABLE 463.

A 50 francs l'once,

	fr c.
1 décagramme	16.
2	32.
3	48.
4	64.
5	80.
6	96.
7	112.
8	128.
9	144.
10	160.
20	320.
30	480.
40	640.

TABLE 464.

A 60 francs l'once,

	fr. c.
1 décagramme	19.20
2	38.40
3	57.60
4	76.80
5	96.
6	115.20
7	134.40
8	153.60
9	172.80
10	192.
20	384.
30	576.
40	768.

TABLE 466.

A 80 francs l'once,

	fr. c.
1	25.60
2	51.20
3	76.80
4	102.40
5	128.
6	153.60
7	179.20
8	204.80
9	230.40
10	256.
20	512.
30	768.
40	1024.

TABLE 465.

A 70 francs l'once,

	fr. c.
1	22.40
2	44.80
3	67.20
4	89.60
5	112.
6	134.40
7	156.80
8	179.20
9	201.60
10	224.
20	448.
30	672.
40	896.

TABLE 467.

A 90 francs l'once,

	fr. c.
1	28.80
2	57.60
3	86.40
4	115.20
5	144.
6	172.80
7	201.60
8	230.40
9	259.20
10	288.
20	576.
30	864.
40	1152.

Si on vendait une livre 1 liard, ou 3 deniers, on vendra

	fr. c.			fr. c.
1 kilogramme	0.03	900 kilogrammes	22.50
2	0.05	1000	25.
3	0.08	2000	50.
4	0.10	3000	75.
5	0.13	4000	100.
6	0.15	5000	125.
7	0.18	6000	150.
8	0.20	7000	175.
9	0.23	8000	200.
10	0 25	9000	225.
11	0.28	10000	250.
12	0.30	20000	500.
13	0.33	30000	750.
14	0.35	40000	1000.
15	0.38	50000	1250.
16	0 40	60000	1500.
17	0.43	70000	1750.
18	0.45	80000	2000.
19	0.48	90000	2250.
20	0.50	100000	2500.
30	0.75		
40	1.		
50	1.25		
60	1.50		
70	1.75	1 hectogramme	0.00
80	2.	2	0.01
90	2.25	3	0.01
100	2.50	4	0.01
200	5.	5	0.01
300	7.50	6	0.02
400	10.	7	0.02
500	12.50	8	0.02
600	15.	9	0.02
700	17.50		
800	20.		

Si on payait 1 livre 2 liards, ou 6 deniers, on paiera

	fr. c.		fr. c.
1 kilogramme	0.05	900 kilogrammes	45.
2	0.10	1000	50.
3	0.15	2000	100.
4	0.20	3000	150.
5	0.25	4000	200.
6	0.30	5000	250.
7	0.35	6000	300.
8	0.40	7000	350.
9	0.45	8000	400.
10	0.50	9000	450.
11	0.55	10000	500.
12	0.60	20000	1000.
13	0.65	30000	1500.
14	0.70	40000	2000.
15	0.75	50000	2500.
16	0.80	60000	3000.
17	0.85	70000	3500.
18	0.90	80000	4000.
19	0.95	90000	4500.
20	1.	100000	5000.
30	1.50		
40	2.		
50	2.50		
60	3.		fr. c.
70	3.50	1 hectogramme	0.01
80	4.	2	0.01
90	4.50	3	0.02
100	5.	4	0.02
200	10.	5	0.03
300	15.	6	0.03
400	20.	7	0.04
500	25.	8	0.04
600	30.	9	0.05
700	35.		
800	40.		

Si on vendait 1 livre 3 liards, ou 9 deniers, on vendra

	fr. c.		fr. c.
1 kilogramme	0.08	900 kilogrammes	67.50
2	0.15	1000	75.
3	0.23	2000	150.
4	0.30	3000	225.
5	0.38	4000	300.
6	0.45	5000	375.
7	0.53	6000	450.
8	0.60	7000	525.
9	0.68	8000	600.
10	0.75	9000	675.
11	0.83	10000	750.
12	0.90	20000	1500.
13	0.98	30000	2250.
14	1.06	40000	3000.
15	1.13	50000	3750.
16	1.20	60000	4500.
17	1.28	70000	5250.
18	1.36	80000	6000.
19	1.43	90000	6750.
20	1.50	100000	7500.
30	2.25		
40	3.		
50	3.75		fr. c.
60	4.50	1 hectogramme	0.01
70	5.25	2	0.02
80	6.	3	0.02
90	6.75	4	0.03
100	7.50	5	0.04
200	15.	6	0.05
300	22.50	7	0.05
400	30.	8	0.06
500	37.50	9	0.07
600	45.	7 décagrammes	0.01
700	52.50	8	0.01
800	60.	9	0.01

TABLE 471.

Si on vendait 1 livre 1 sou, ou 5 centimes, on vendra

	fr. c.		fr. c.
1 kilogramme	0.10	1000 kilogrammes	100.
2	0.20	2000	200.
3	0.30	3000	300.
4	0.40	4000	400.
5	0.50	5000	500.
6	0.60	6000	600.
7	0.70	7000	700.
8	0.80	8000	800.
9	0.90	9000	900.
10	1.	10000	1000.
11	1.10	20000	2000.
12	1.20	30000	3000.
13	1.30	40000	4000.
14	1.40	50000	5000.
15	1.50	60000	6000.
16	1.60	70000	7000.
17	1.70	80000	8000.
18	1.80	90000	9000.
19	1.90	100000	10000.
20	2.		
30	3.		
40	4.		
50	5.		fr. c.
60	6.	1 hectogramme	0.01
70	7.	2	0.02
80	8.	3	0.03
90	9.	4	0.04
100	10.	5	0.05
200	20.	6	0.06
300	30.	7	0.07
400	40.	8	0.08
500	50.	9	0.09
600	60.	5 décagrammes	0.01
700	70.	6	0.01
800	80.	7	0.01
900	90.	8	0.01
		9	0.01

Si on vendait 1 livre 1 sou 3 deniers, on vendra

	fr. c.		fr. c.
1 kilogramme	0.13	1000 kilogrammes	125.
2	0.25	2000	250.
3	0.38	3000	375.
4	0.50	4000	500.
5	0.63	5000	625.
6	0.75	6000	750.
7	0.88	7000	875.
8	1.	8000	1000.
9	1.13	9000	1125.
10	1.25	10000	1250.
11	1.38	20000	2500.
12	1.50	30000	3750.
13	1.63	40000	5000.
14	1.75	50000	6250.
15	1.88	60000	7500.
16	2.	70000	8750.
17	2.13	80000	10000.
18	2.25	90000	11250.
19	2.38	100000	12500.
20	2.50		
30	3.75		fr. c.
40	5.	1 hectogramme	0.01
50	6.25	2	0.02
60	7.50	3	0.04
70	8.75	4	0.05
80	10.	5	0.06
90	11.25	6	0.08
100	12.50	7	0.09
200	25.	8	0.10
300	37.50	9	0.11
400	50.	4 décagrammes	0.01
500	62.50	5	0.01
600	75.	6	0.01
700	87.50	7	0.01
800	100.	8	0.01
900	112.50	9	0.01

TABLE 473.

Si on payait 1 livre 1 sou 6 deniers, on paiera

	fr. c.		fr. c.
1 kilogramme	0.15	1000 kilogrammes	150.
2	0.30	2000	300.
3	0.45	3000	450.
4	0.60	4000	600.
5	0.75	5000	750.
6	0.90	6000	900.
7	1.05	7000	1050.
8	1.20	8000	1200.
9	1.35	9000	1350.
10	1.50	10000	1500.
11	1.65	20000	3000.
12	1.80	30000	4500.
13	1.95	40000	6000.
14	2.10	50000	7500.
15	2.25	60000	9000.
16	2.40	70000	10500.
17	2.55	80000	12000.
18	2.70	90000	13500.
19	2.85	100000	15000.
20	3.		
30	4.50		fr. c.
40	6.	1 hectogramme	0.02
50	7.50	2	0.03
60	9.	3	0.05
70	10.50	4	0.06
80	12.	5	0.08
90	13.50	6	0.09
100	15.	7	0.11
200	30.	8	0.12
300	45.	9	0.14
400	60.	3 décagrammes	0.01
500	75.	4	0.01
600	90.	5	0.01
700	105.	6	0.01
800	120.	7	0.01
900	135.	8	0.01
		9	0.01

Si on vendait 1 livre 1 sou 9 deniers, on vendra

	fr. c.		fr. c.
1 kilogramme	0.18	1000 kilogrammes	175.
2	0.35	2000	350.
3	0 53	3000	525.
4	0.70	4000	700.
5	0.88	5000	875.
6	1.05	6000	1050.
7	1.23	7000	1225.
8	1.40	8000	1400.
9	1.58	9000	1575.
10	1.75	10000	1750.
11	1.93	20000	3500.
12	2 10	30000	5250.
13	2.28	40000	7000.
14	2.45	50000	8750.
15	2.63	60000	10500.
16	2.80	70000	12250.
17	2 98	80000	14000.
18	3.15	90000	15750
19	3.33	100000	17500.
20	3.50		
30	5.25		fr. c.
40	7.	1 hectogramme	0.02
50	8.75	2	0.04
60	10.50	3	0.05
70	12.23	4	0.07
80	14.	5	0.09
90	15.75	6	0.11
100	17.50	7	0.12
200	35.	8	0.14
300	52.50	9	0.16
400	70.	3 décagrammes	0.01
500	87.50	4	0.01
600	105.	5	0.01
700	122.50	6	0.01
800	140.	7	0.01
900	157.50	8	0.01
		9	0.02

TABLE 475.

Si on vendait 1 livre 2 sous, ou 10 centimes, on vendra

	fr. c.		fr. c.
1 kilogramme	0.20	1000	200.
2	0.40	2000	400.
3	0.60	3000	600.
4	0.80	4000	800.
5	1.	5000	1000.
6	1.20	6000	1200.
7	1.40	7000	1400.
8	1.60	8000	1600.
9	1.80	9000	1800.
10	2.	10000	2000.
11	2.20	20000	4000.
12	2.40	30000	6000.
13	2.60	40000	8000.
14	2.80	50000	10000.
15	3.	60000	12000.
16	3.20	70000	14000.
17	3.40	80000	16000.
18	3.60	90000	18000.
19	3.80	100000	20000.
20	4.		fr. c.
30	6.	1 hectogramme	0.02
40	8.	2	0.04
50	10.	3	0.06
60	12.	4	0.08
70	14.	5	0.10
80	16.	6	0.12
90	18.	7	0.14
100	20.	8	0.16
200	40.	9	0.18
300	60.	3 décagrammes	0.01
400	80.	4	0.01
500	100.	5	0.01
600	120.	6	0.01
700	140.	7	0.01
800	160.	8	0.02
900	180.	9	0.02

Si on payait 1 livre 2 sous 3 deniers, on paiera

	fr. c.		fr. c.
1 kilogramme	0.23	2000 kilogrammes	450.
2	0.45	3000	675.
3	0.68	4000	900.
4	0.90	5000	1125.
5	1.13	6000	1350.
6	1.35	7000	1575.
7	1.58	8000	1800.
8	1.80	9000	2025.
9	2.03	10000	2250.
10	2.25	20000	4500.
11	2.48	30000	6750.
12	2.70	40000	9000.
13	2.93	50000	11250.
14	3.15	60000	13500.
15	3.38	70000	15750.
16	3.60	80000	18000.
17	3.83	90000	20250.
18	4.05	100000	22500.
19	4.28		
20	4.50		fr. c.
30	6.75	1 hectogramme	0.02
40	9.00	2	0.05
50	11.25	3	0.07
60	13.50	4	0.09
70	15.75	5	0.11
80	18.	6	0.14
90	20.25	7	0.16
100	22.50	8	0.18
200	45.	9	0.20
300	67.50	1 décagramme	0.00
400	90.	2	0.01
500	112.50	3	0.01
600	135.	4	0.01
700	157.50	5	0.01
800	180.	6	0.01
900	202.50	7	0.02
1000	225.	8	0.02
		9	0.02

TABLE 477.

Si on payait 1 livre 2 sous 6 deniers, on paiera

	fr. c		fr. c.
1 kilogramme	0.25	2000 kilogrammes	500.
2	0.50	3000	750.
3	0.75	4000	1000.
4	1.	5000	1250.
5	1.25	6000	1500.
6	1.50	7000	1750.
7	1.75	8000	2000.
8	2.	9000	2250.
9	2.25	10000	2500.
10	2.50	20000	5000.
11	2.75	30000	7500.
12	3.	40000	10000.
13	3.25	50000	12500.
14	3.50	60000	15000.
15	3.75	70000	17500.
16	4.	80000	20000.
17	4.25	90000	22500.
18	4.50	100000	25000.
19	4.75		fr. c.
20	5.	1 hectogramme	0.03
30	7.50	2	0.05
40	10.	3	0.08
50	12.50	4	0 10
60	15.	5	0.13
70	17.50	6	0.15
80	20.	7	0.18
90	22.50	8	0.20
100	25.	9	0.23
200	50.	1 décagramme	0 00
300	75.	2	0 01
400	100.	3	0.01
500	125.	4	0.01
600	150.	5	0.01
700	175.	6	0.02
800	200.	7	0.02
900	225.	8	0.02
1000	250.	9	0.02

Si on vendait 1 livre 2 sous 9 deniers, on vendra

	fr. c.		fr. c.
1 kilogramme	0.28	2000 kilogr.	550.
2	0.55	3000	825.
3	0.83	4000	1100.
4	1.10	5000	1375.
5	1.38	6000	1650.
6	1.65	7000	1925.
7	1.93	8000	2200.
8	2.20	9000	2475.
9	2.48	10000	2750.
10	2.75	20000	5500.
11	3.03	30000	8250.
12	3.30	40000	11000.
13	3.58	50000	13750.
14	3.85	60000	16500.
15	4.13	70000	19250.
16	4.40	80000	22000.
17	4.68	90000	24750.
18	4.95	100000	27500.
19	5.23		fr. c.
20	5.50	1 hectogramme	0.03
30	8.25	2	0.06
40	11.	3	0.08
50	13.75	4	0.11
60	16.50	5	0.14
70	19 25	6	0.17
80	22.	7	0.19
90	24.75	8	0.22
100	27.50	9	0.25
200	55.	1 décagramme	0.00
300	82.50	2	0.01
400	110.	3	0.01
500	137.50	4	0.01
600	165.	5	0.01
700	192.50	6	0.02
800	220.	7	0.02
900	247.50	8	0.02
1000	275.	9	0.02

TABLE 479.

Si on payait 1 livre 5 sous, ou 15 centimes, on paiera

	fr. c.		fr. c.
1 kilogramme	0.30	2000 kilogr.	600.
2	0.60	3000	900.
3	0.90	4000	1200.
4	1.20	5000	1500.
5	1.50	6000	1800.
6	1.80	7000	2100.
7	2.10	8000	2400.
8	2.40	9000	2700.
9	2.70	10000	3000.
10	3.	20000	6000.
11	3.30	30000	9000.
12	3.60	40000	12000.
13	3.90	50000	15000.
14	4.20	60000	18000.
15	4.50	70000	21000.
16	4.80	80000	24000.
17	5.10	90000	270000.
18	5.40	100000	300000.
19	5 70		
20	6.		fr. c.
30	9.	1 hectogramme	0.03
40	12.	2	0.06
50	15.	3	0 09
60	18.	4	0.12
70	21.	5	0.15
80	24.	6	0.18
90	27.	7	0.21
100	30.	8	0.24
200	60.	9	0.27
300	90.	1 décagramme	0.00
400	120.	2	0.01
500	150.	3	0.01
600	180.	4	0 01
700	210.	5	0.02
800	240.	6	0.02
900	270.	7	0.02
1000	300.	8	0.02
		9	0.03

Si on vendait 1 livre 3 sous 3 deniers, on vendra

	fr. c.		fr. c.
1 kilogramme	0.33	2000 kilogr.	650.
2	0.65	3000	975.
3	0.98	4000	1300.
4	1.30	5000	1625.
5	1.65	6000	1950.
6	1.95	7000	2275.
7	2.28	8000	2600.
8	2.60	9000	2925.
9	2.93	10000	3250.
10	3.23	20000	6500.
11	3.58	30000	9750.
12	3.90	40000	13000.
13	4.23	50000	16250.
14	4.55	60000	19500.
15	4.88	70000	22750.
16	5.20	80000	26000.
17	5.53	90000	29250.
18	5.85	100000	32500.
19	6.18		
20	6.50		
30	9.75		
40	13.		
50	16.25		
60	19.50		
70	22.75		
80	26.		
90	29.25		
100	32.50		
200	65.		
300	97.50		
400	130.		
500	162.50		
600	195.		
700	227.50		
800	260.		
900	292.50		
1000	325.		

	fr. c.
1 hectogramme	0.03
2	0.07
3	0.10
4	0.13
5	0.16
6	0.20
7	0.23
8	0.26
9	0.29
1 décagramme	0.00
2	0.01
3	0.01
4	0.01
5	0.02
6	0.02
7	0.02
8	0.03
9	0.03

TABLE 481.

Si on payait 1 livre 3 sous 6 deniers, on paiera

	fr. c.		fr. c.
1 kilogramme	0.35	2000 kilogr.	700.
2	0.70	3000	1050.
3	1.05	4000	1400.
4	1.40	5000	1750.
5	1.75	6000	2100.
6	2.10	7000	2450.
7	2.45	8000	2800.
8	2.80	9000	3150.
9	3.15	10000	3500.
10	3.50	20000	7000.
11	3.85	30000	10500.
12	4.20	40000	14000.
13	4.55	50000	17500.
14	4.90	60000	21000.
15	5.25	70000	24500.
16	5.60	80000	28000.
17	5.95	90000	31500.
18	6.30	100000	35000
19	6.65		fr. c.
20	7.	1 hectogramme	0.04
30	10.50	2	0.07
40	14.	3	0.11
50	17.50	4	0.14
60	21.	5	0.18
70	24.50	6	0.21
80	28.	7	0.25
90	31.50	8	0.28
100	35.	9	0.32
200	70.	1 décagramme	0.00
300	105.	2	0.01
400	140.	3	0.01
500	175.	4	0.01
600	210.	5	0.02
700	245.	6	0.02
800	280.	7	0.02
900	315.	8	0.03
1000	350.	9	0.03

Si on payait 1 livre 3 sous 6 deniers, on paiera

TABLE 482.

Si on vendait 1 livre 3 sous 9 deniers, on vendra

	fr. c.		fr. c.
1 kilogramme	0.38	2000 kilogr.	750.
2	0.75	3000	1125.
3	1.13	4000	1500.
4	1.50	5000	1875.
5	1.88	6000	2250.
6	2.25	7000	2625.
7	2.63	8000	3000.
8	3.	9000	3375.
9	3.38	10000	3750.
10	3.75	20000	7500.
11	4.13	30000	11250.
12	4.50	40000	15000.
13	4.88	50000	18750.
14	5.25	60000	22500.
15	5.63	70000	26250.
16	6.	80000	30000.
17	6.38	90000	33750.
18	6.75	100000	37500.
19	7.13		
20	7.50		
30	11 25		
40	15.		
50	18.75		
60	22.50		
70	26.25		
80	30.		
90	33.75		
100	37.50		
200	75.		
300	112.50		
400	150.		
500	187.50		
600	225.		
700	262.50		
800	300.		
900	337.50		
1000	375.		

	fr. c.
1 hectogramme	0.04
2	0.08
3	0.11
4	0.15
5	0.19
6	0.23
7	0.26
8	0.30
9	0.34
1 décagramme	0.00
2	0.01
3	0.01
4	0 02
5	0.02
6	0.02
7	0.03
8	0.03
9	0.03

Si on payait 1 livre 4 sous, ou 20 centimes, on paiera

	fr. c.		fr. c.
1 kilogramme	0.40	2000 kilogr.	800.
2	0.80	3000	1200.
3	1.20	4000	1600.
4	1.60	5000	2000.
5	2.	6000	2400.
6	2.40	7000	2800.
7	2.80	8000	3200.
8	3.20	9000	3600.
9	3.60	10000	4000.
10	4.	20000	8000.
11	4.40	30000	12000.
12	4 80	40000	16000.
13	5.20	50000	20000.
14	5.60	60000	24000.
15	6	70000	28000.
16	6.40	80000	32000.
17	6.80	90000	56000.
18	7.20	100000	40000.
19	7.60		
20	8.		fr. c.
30	12.	1 hectogramme	0.0
40	16.	2	0.0
50	20.	3	0.1
60	24.	4	0.1
70	28.	5	0.2
80	32.	6	0.2
90	36.	7	0.2
100	40.	8	0.3
200	80.	9	0.3
300	120.	1 décagramme	0.0
400	160.	2	0.0
500	200.	3	0.0
600	240.	4	0.0
700	280.	5	0.0
800	320.	6	0.0
900	360.	7	0.0
1000	400.	8	0.0
		9	0.0

Si on vendait 1 livre 4 sous 5 deniers, on vendra

	fr. c.		fr. c.
1 kilogramme	0.43	2000 kilogr.	850.
2	0.85	5000	1275.
3	1.28	4000	1700.
4	1.70	5000	2125.
5	2.13	6000	2550.
6	2.55	7000	2975.
7	2.98	8000	3400.
8	3.40	9000	3825.
9	3.83	10000	4250.
10	4.25	20000	8500.
11	4.68	30000	12750.
12	5.10	40000	17000.
13	5.53	50000	21250.
14	5.95	60000	25500.
15	6.38	70000	29750.
16	6.80	80000	34000.
17	7.23	90000	38250.
18	7.65	100000	42500.
19	8.08		
20	8.50		fr. c.
30	12.75	1 hectogramme	0.04
40	17.	2	0.09
50	21.25	3	0.13
60	25.50	4	0.17
70	29.75	5	0.21
80	34.	6	0.26
90	38.25	7	0 30
100	42.50	8	0.34
200	85.	9	0.38
300	127.50	1 décagramme	0.00
400	170.	2	0.01
500	212.50	3	0.01
600	255.	4	0.02
700	297.50	5	0.02
800	340.	6	0.03
900	382.50	7	0.03
1000	425.	8	0.03
		9	0.04

TABLE 485.

Si on payait 1 livre 4 sous 6 deniers, on paiera

	fr. c.		fr. c.
1 kilogramme	0.45	2000 kilogr.	900.
2	0.90	3000	1350.
3	1.35	4000	1800.
4	1.80	5000	2250.
5	2.25	6000	2700.
6	2.70	7000	3150.
7	3.15	8000	3600.
8	3.60	9000	4050.
9	4.05	10000	4500.
10	4.50	20000	9000.
11	4.95	30000	13500.
12	5.40	40000	18000.
13	5.85	50000	22500.
14	6.30	60000	27000.
15	6.75	70000	31500.
16	7.20	80000	36000.
17	7.65	90000	40500.
18	8.10	100000	45000.
19	8.55		fr. c.
20	9.	1 hectogramme	0 05
30	13.50	2	0.09
40	18.	3	0.14
50	22.50	4	0.18
60	27.	5	0.23
70	31.50	6	0.27
80	36.	7	0.32
90	40.50	8	0.36
100	45.	9	0.41
200	90.	1 décagramme	0.00
300	135.	2	0.01
400	180.	3	0.01
500	225.	4	0.02
600	270.	5	0.02
700	315.	6	0.03
800	360.	7	0.03
900	405.	8	0.04
1000	450.	9	0.04

Si on vendait 1 livre 4 sous 9 deniers, on vendra

	fr. c.		fr. c.
1 kilogramme	0.48	2000 kilogr.	950.
2	0.95	3000	1425.
3	1.43	4000	1900.
4	1.90	5000	2375.
5	2.38	6000	2850.
6	2.85	7000	3325.
7	3.33	8000	3800.
8	3.80	9000	4275.
9	4.28	10000	4750.
10	4.75	20000	9500.
11	5.23	30000	14250.
12	5.70	40000	19000.
13	6.18	50000	23750.
14	6.65	60000	28500.
15	7.13	70000	33250.
16	7.60	80000	38000.
17	8.08	90000	42750.
18	8.55	100000	47500.
19	9 03		
20	9.50		fr. c.
30	14.25	1 hectogramme	0.05
40	19.	2	0.10
50	23.75	3	0.14
60	28.50	4	0.19
70	33.25	5	0.24
80	38.	6	0.29
90	42.75	7	0.33
100	47.50	8	0.38
200	95.	9	0.43
300	142.50	1 décagramme	0.00
400	190.	2	0.01
500	237.50	3	0.01
600	285.	4	0.02
700	332.50	5	0.02
800	380.	6	0.03
900	427.50	7	0.03
1000	475.	8	0.04
		9	0.04

Si on payait 1 livre 5 sous, ou 25 centimes, on paiera

	fr. c.		fr. c.
1 kilogramme	0.50	2000	1000.
2	1.	3000	1500.
3	1.50	4000	2000.
4	2.	5000	2500.
5	2.50	6000	3000.
6	3.	7000	3500.
7	3.50	8000	4000.
8	4.	9000	4500.
9	4.50	10000	5000.
10	5.	20000	10000.
11	5.50	30000	15000.
12	6.	40000	20000.
13	6.50	50000	25000.
14	7.	60000	30000.
15	7.50	70000	35000.
16	8.	80000	40000.
17	8.50	90000	45000.
18	9.	100000	50000.
19	9.50		fr. c.
20	10.	1 hectogramme	0.05
30	15.	2	0.10
40	20.	3	0.15
50	25.	4	0.20
60	30.	5	0.25
70	35.	6	0.30
80	40.	7	0.35
90	45.	8	0.40
100	50.	9	0.45
200	100.	1 décagramme	0 01
300	150.	2	0.01
400	200.	3	0 02
500	250.	4	0.02
600	300.	5	0.03
700	350.	6	0.03
800	400.	7	0.04
900	450.	8	0.04
1000	500.	9	0.05

Si on vendait 1 livre 5 sous 5 deniers, on vendra

	fr. c.		fr. c.
1 kilogramme	0 53	2000 kilogr.	1050.
2	1.05	3000	1575.
3	1.58	4000	2100.
4	2.10	5000	2625.
5	2.63	6000	3150.
6	3.15	7000	3675.
7	3.68	8000	4200.
8	4.20	9000	4725.
9	4.73	10000	5250.
10	5.25	20000	10500.
11	5.78	30000	15750.
12	6.30	40000	21000.
13	6.83	50000	26250.
14	7.35	60000	31500.
15	7.88	70000	36750.
16	8.40	80000	42000.
17	8.93	90000	47250.
18	9.45	100000	52500.
19	9.98		
20	10.50	1 hectogramme	0.05
30	15.75	2	0.10
40	21.	3	0.16
50	26.25	4	0.21
60	31.50	5	0.26
70	36.75	6	0.32
80	42.	7	0.37
90	47.25	8	0.42
100	52.50	9	0.47
200	105.	1 décagramme	0.01
300	157.50	2	0.01
400	210.	3	0.02
500	262 50	4	0.02
600	315.	5	0.03
700	367.50	6	0.03
800	420.	7	0.04
900	472.50	8	0.04
1000	525.	9	0.05

Si on payait 1 livre 5 sous 6 deniers, on paiera

	fr. c.			fr. c.
1 kilogramme	0.55	2000 kilogr.		1100.
2	1.10	3000		1650.
3	1.65	4000		2200.
4	2.20	5000		2750.
5	2.75	6000		3300.
6	3.30	7000		3850.
7	3.85	8000		4400.
8	4.40	9000		4950.
9	4.95	10000		5500.
10	5.50	20000		11000.
11	6.05	30000		16500.
12	6.60	40000		22000.
13	7.15	50000		27500.
14	7.70	60000		33000.
15	8.25	70000		38500.
16	8.80	80000		44000.
17	9.35	90000		49500.
18	9.90	100000		55000.
19	10.45		fr. c.	
20	11.	1 hectogramme	0.06	
30	16.50	2	0.11	
40	22.	3	0.17	
50	27.50	4	0.22	
60	33.	5	0.28	
70	38.50	6	0.33	
80	44.	7	0.39	
90	49.50	8	0.44	
100	55.	9	0.50	
200	110.	1 décagramme	0.01	
300	165.	2	0.01	
400	220.	3	0.02	
500	275.	4	0.02	
600	330.	5	0.03	
700	385.	6	0.03	
800	440.	7	0.04	
900	495.	8	0.04	
1000	550.	9	0.05	

Si on vendait 1 livre 5 sous 9 deniers, on vendra

	fr. c.		fr. c.
1 kilogramme	0.58	2000 kilogr.	1150.
2	1.15	3000	1725.
3	1.73	4000	2300.
4	2.30	5000	2875.
5	2.88	6000	3450.
6	3.45	7000	4025.
7	4.03	8000	4600.
8	4.60	9000	5175.
9	5.18	10000	5750.
10	5.75	20000	11500.
11	6.33	30000	17250.
12	6.90	40000	23000.
13	7.48	50000	28750.
14	8.05	60000	34500.
15	8.63	70000	40250.
16	9.20	80000	46000.
17	9.78	90000	51750.
18	10.35	100000	57500.
19	10.93		
20	11.50		fr. c.
30	17.25	1 hectogramme	0.06
40	23.	2	0.12
50	28.75	3	0.17
60	34.50	4	0.23
70	40.25	5	0.29
80	46.	6	0.35
90	51.75	7	0.40
100	57.50	8	0.46
200	115.	9	0.52
300	172.50	1 décagramme	0.01
400	230.	2	0.01
500	287.50	3	0.02
600	345.	4	0.02
700	402.50	5	0.03
800	460.	6	0.04
900	517.50	7	0.04
1000	575.	8	0.05
		9	0.05

TABLE 491.

Si on payait 1 livre 6 sous, ou 50 centimes, on paiera

	fr. c.		fr. c.
1 kilogramme	0.60	2000 kilogr.	1200.
2	1.20	3000	1800.
3	1.80	4000	2400.
4	2.40	5000	3000.
5	3.	6000	3600.
6	3.60	7000	4200.
7	4.20	8000	4800.
8	4.80	9000	5400
9	5.40	10000	6000.
10	6.	20000	12000.
11	6 60	30000	18000.
12	7.20	40000	24000.
13	7.80	50000	30000.
14	8.40	60000	36000.
15	9.	70000	42000.
16	9.60	80000	48000.
17	10.20	90000	54000.
18	10.80	100000	60000.
19	11.40		
20	12.		fr. c.
30	18.	1 hectogramme	0.06
40	24.	2	0.12
50	30.	3	0.18
60	36.	4	0.24
70	42.	5	0.30
80	48.	6	0.36
90	54.	7	0.42
100	60.	8	0.48
200	120.	9	0.54
300	180.	1 décagramme	0 01
400	240.	2	0.01
500	300.	3	0.02
600	360.	4	0 02
700	420.	5	0.03
800	480.	6	0.04
900	540.	7	0.04
1000	600.	8	0 05
		9	0.05

Si on vendait 1 livre 6 sous 3 deniers, on vendra

	fr. c.		fr. c.
1 kilogramme	0.63	2000 kilogr.	1250.
2	1.25	3000	1875
3	1 88	4000	2500.
4	2.50	5000	3125.
5	3.13	6000	3750.
6	3.75	7000	4375.
7	4.38	8000	5000.
8	5.	9000	5625.
9	5.63	10000	6250.
10	6.25	20000	12500.
11	6.88	30000	18750.
12	7.50	40000	25000.
13	8.13	50000	31250
14	8.75	60000	37500.
15	9.38	70000	43750
16	10.	80000	50000.
17	10.63	90000	56250
18	11.25	100000	62500.
19	11.88		
20	12 50		fr. c.
30	18.75	1 hectogramme	0.06
40	25.	2	0.13
50	31.25	3	0.19
60	37.50	4	0.25
70	43.75	5	0.31
80	50.	6	0.38
90	56.25	7	0.44
100	62.50	8	0.50
200	125.	9	0.56
300	187.50	1 décagramme	0.01
400	250.	2	0.01
500	312.50	3	0.02
600	375.	4	0.03
700	437.50	5	0.03
800	500.	6	0.04
900	562.50	7	0.04
1000	625.	8	0.05
		9	0 06

Si on payait 1 livre 6 sous 6 deniers, on paiera

	fr. c.		fr. c.
1 kilogramme	0.65	2000 kilogr.	1300.
2	1.30	3000	1950.
3	1.95	4000	2600.
4	2.60	5000	3250.
5	3.25	6000	3900.
6	3.90	7000	4550.
7	4.55	8000	5200.
8	5.20	9000	5850.
9	5.85	10000	6500.
10	6.50	20000	13000.
11	7.15	30000	19500.
12	7.80	40000	26000.
13	8.45	50000	32500.
14	9.10	60000	39000.
15	9.75	70000	45500.
16	10.40	80000	52000.
17	11.05	90000	58500.
18	11.70	100000	65000.
19	12.35		fr. c.
20	13.	1 hectogramme	0.07
30	19.50	2	0.13
40	26.	3	0.20
50	32.50	4	0.26
60	39.	5	0.33
70	45.50	6	0.39
80	52.	7	0.46
90	58.50	8	0.52
100	65.	9	0.59
200	130.	1 décagramme	0.01
300	195.	2	0.01
400	260.	3	0.02
500	325.	4	0.03
600	390.	5	0.03
700	455.	6	0.04
800	520.	7	0.05
900	585.	8	0.05
1000	650.	9	0.06

Si on payait 1 livre 6 sous 9 deniers, on paiera

	fr. c.		fr. c
1 kilogramme	0 68	2000 kilogr.	1350.
2	1.35	3000	2025.
3	2.03	4000	2700.
4	2.70	5000	3375.
5	3.38	6000	4050.
6	4.05	7000	4725.
7	4.73	8000	5400.
8	5.40	9000	6075.
9	6.08	10000	6750.
10	6.75	20000	13500.
11	7.43	30000	20250.
12	8.10	40000	27000.
13	8 78	50000	33750.
14	9 45	60000	40500.
15	10.13	70000	47250.
16	10.80	80000	54000.
17	11.48	90000	60750.
18	12.15	100000	67500.
19	12.83		
20	13.50		fr. c.
30	20.25	1 hectogramme	0.07
40	27.	2	0.14
50	33.75	3	0.20
60	40.50	4	0.27
70	47.25	5	0.34
80	54.	6	0.41
90	60.75	7	0.47
100	67.50	8	0.54
200	135.	9	0.61
300	202.50	1 décagramme	0 01
400	270.	2	0.01
500	337.50	3	0.02
600	405.	4	0.03
700	472.50	5	0.03
800	540.	6	0 04
900	607.50	7	0.05
1000	675.	8	0.05
		9	0.06

Si on vendait 1 livre 7 sous, ou 35 centimes, on vendra

		fr. c.			fr. c.
1	kilogramme	0.70	2000	kilogr.	1400.
2		1.40	3000		2100.
3		2.10	4000		2800.
4		2.80	5000		3500.
5		3.50	6000		4200.
6		4.20	7000		4900.
7		4.90	8000		5600.
8		5.60	9000		6300.
9		6.30	10000		7000.
10		7.	20000		14000.
11		7.70	30000		21000.
12		8.40	40000		28000.
13		9.10	50000		35000.
14		9.80	60000		42000.
15		10.50	70000		49000.
16		11.20	80000		56000.
17		11.90	90000		63000.
18		12.60	100000		70000.
19		13.30			
20		14.			fr. c.
30		21.	1	hectogramme	0.07
40		28.	2		0.14
50		35.	3		0.21
60		42.	4		0.28
70		49.	5		0.35
80		56.	6		0.42
90		63.	7		0.49
100		70.	8		0.56
200		140.	9		0.63
300		210.	1	décagramme	0.01
400		280.	2		0.01
500		350.	3		0.02
600		420.	4		0.03
700		490.	5		0.04
800		560.	6		0.04
900		630.	7		0.05
1000		700.	8		0.06
			9		0.06

Si on payait 1 livre 7 sous 3 deniers, on paiera

	fr. c.		fr. c.
1 kilogramme	0.73	2000 kilogr.	1450.
2	1.45	3000	2175.
3	2.18	4000	2900.
4	2.90	5000	3625.
5	3.63	6000	4350.
6	4.35	7000	5075.
7	5.08	8000	5800.
8	5.80	9000	6525.
9	6.53	10000	7250.
10	7.25	20000	14500.
11	7.98	30000	21750.
12	8.70	40000	29000.
13	9.43	50000	36250.
14	10.15	60000	43500.
15	10.88	70000	50750.
16	11.60	80000	58000.
17	12.32	90000	65250.
18	13.05	100000	72500.
19	13.78		
20	14.50		fr. c.
30	21.75	1 hectogramme	0.07
40	29.	2	0.15
50	36.25	3	0.22
60	43.50	4	0.29
70	50.75	5	0.36
80	58.	6	0.44
90	65.25	7	0.51
100	72.50	8	0.58
200	145.	9	0.65
300	217.50	1 décagramme	0.01
400	290.	2	0.01
500	362.50	3	0.02
600	435.	4	0.03
700	507.50	5	0.04
800	580.	6	0.04
900	652.50	7	0.05
1000	725.	8	0.06
		9	0.07

TABLE 497.

Si on vendait 1 livre 7 sous 6 deniers, on vendra

	fr. c.			fr. c.
1 kilogramme	0.75	2000 kilogr.		1500.
2	1.50	3000		2250.
3	2.25	4000		3000.
4	3.	5000		3750.
5	3.75	6000		4500.
6	4.50	7000		5250.
7	5.25	8000		6000.
8	6.	9000		6750.
9	6.75	10000		7500.
10	7.50	20000		15000.
11	8.25	30000		22500.
12	9.	40000		30000.
13	9.75	50000		37500.
14	10.50	60000		45000.
15	11.25	70000		52500.
16	12.	80000		60000.
17	12.75	90000		67500.
18	13.50	100000		75000.
19	14.25			fr. c.
20	15.	1 hectogramme		0.08
30	22.50	2		0.15
40	30.	3		0.23
50	37.50	4		0.30
60	45.	5		0.38
70	52.50	6		0.45
80	60.	7		0.53
90	67.50	8		0.60
100	75.	9		0.68
200	150.	1 décagramme		0.01
300	225.	2		0.02
400	300.	3		0.02
500	375.	4		0.03
600	450.	5		0.04
700	525.	6		0.05
800	600.	7		0.05
900	675.	8		0.06
1000	750.	9		0.07

Si on payait 1 livre 7 sous 9 deniers , on paiera

	fr. c.		fr. c.
1 kilogramme	0.78	2000 kilogr.	1550.
2	1.55	3000	2325.
3	2 33	4000	3100.
4	3.10	5000	3875.
5	3.88	6000	4650.
6	4.65	7000	5425.
7	5.43	8000	6200.
8	6.20	9000	6975.
9	6.98	10000	7750.
10	7.75	20000	15500.
11	8.53	30000	23250.
12	9.30	40000	31000.
13	10 08	50000	38750.
14	10.85	60000	46500.
15	11 63	70000	54250.
16	12.40	80000	62000.
17	13.18	90000	69750.
18	13.95	100000	77500.
19	14.73		
20	15.50		fr. c.
30	23.25	1 hectogramme	0.08
40	31.	2	0.16
50	38.75	3	0.23
60	46.50	4	0.31
70	54.25	5	0.40
80	62.	6	0.47
90	69.75	7	0.54
100	77.50	8	0.62
200	155.	9	0.70
300	232.50	1 décagramme	0.01
400	310.	2	0.02
500	387.50	3	0.02
600	465.	4	0.03
700	542.50	5	0 04
800	620.	6	0 05
900	697.50	7	0.05
1000	775.	8	0.06
		9	0.07

Si on vendait 1 livre 8 sous, ou 40 centimes, on vendra

	fr. c.		fr. c.
1 kilogramme	0.80	2000 kilogr.	1600.
2	1.60	3000	2400.
3	2.40	4000	3200.
4	3.20	5000	4000.
5	4.	6000	4800.
6	4.80	7000	5600.
7	5.60	8000	6400.
8	6.40	9000	7200
9	7.20	10000	8000.
10	8.	20000	16000.
11	8 80	30000	24000.
12	9.60	40000	32000.
13	10 40	50000	40000.
14	11.20	60000	48000.
15	12.	70000	56000.
16	12.80	80000	64000.
17	13.60	90000	72000.
18	14.40	100000	80000.
19	15.20		
20	16.		
30	24.		
40	32.		
50	40.		
60	48.		
70	56.		
80	64.		
90	72.		
100	80.		
200	160.		
300	240.		
400	320.		
500	400.		
600	480.		
700	560.		
800	640.		
900	720.		
1000	800.		

	fr. c.
1 hectogramme	0.08
2	0.16
3	0.24
4	0.32
5	0.40
6	0.48
7	0.56
8	0.64
9	0.72
1 décagramme	0 01
2	0.02
3	0.02
4	0 03
5	0.04
6	0.05
7	0.06
8	0.06
9	0.07

TABLE 500.

Si on payait 1 livre 8 sous 3 deniers, on paiera

	fr. c.		fr. c.
1 kilogramme	0.83	2000 kilogr.	1650.
2	1.65	3000	2475.
3	2.48	4000	3300.
4	3.30	5000	4125.
5	4.13	6000	4950.
6	4.95	7000	5775.
7	5.78	8000	6600.
8	6.60	9000	7425.
9	7.43	10000	8250.
10	8.25	20000	16500.
11	9.08	30000	24750.
12	9.90	40000	33000.
13	10.73	50000	41250.
14	11.55	60000	49500.
15	12.38	70000	57750.
16	13.20	80000	66000.
17	14.03	90000	74250.
18	14.85	100000	82500.
19	15.68		
20	16.50		fr. c.
30	24.75	1 hectogramme	0.08
40	33.	2	0.17
50	41.25	3	0.25
60	49.50	4	0.33
70	57.75	5	0.41
80	66.	6	0.50
90	74.25	7	0.58
100	82.50	8	0 66
200	165.	9	0.74
300	247.50	1 décagramme	0.01
400	330.	2	0.02
500	412.50	3	0.03
600	495.	4	0 03
700	577.50	5	0.04
800	660.	6	0.05
900	742.50	7	0.06
1000	825.	8	0.07
		9	0.07

TABLE 504.

Si on vendait 1 livre 8 sous 6 deniers, on vendra

	fr. c.		fr. c.
1 kilogramme	0 85	2000 kilogr.	1700.
2	1.70	3000	2550.
3	2.55	4000	3400.
4	3.40	5000	4250.
5	4.25	6000	5100.
6	5.10	7000	5950.
7	5.95	8000	6800.
8	6.80	9000	7650.
9	7.65	10000	8500.
10	8.50	20000	17000.
11	9.35	30000	25500.
12	10.20	40000	34000.
13	11.05	50000	42500.
14	11.90	60000	51000.
15	12.75	70000	59500.
16	13.60	80000	68000.
17	14.45	90000	76500.
18	15.30	100000	85000.
19	16.15		
20	17.		fr. c.
30	25.50	1 hectogramme	0.09
40	34.	2	0.17
50	42.50	3	0.26
60	51.	4	0.34
70	59.50	5	0.43
80	68.	6	0.51
90	76.50	7	0.60
100	85.	8	0.68
200	170.	9	0.77
300	255.	1 décagramme	0.01
400	340.	2	0.02
500	425.	3	0.03
600	510.	4	0.03
700	595.	5	0.04
800	680.	6	0.05
900	765.	7	0.06
1000	850.	8	0.07
		9	0.08

Si on payait 1 livre 8 sous 9 deniers, on paiera

	fr. c.		fr. c.
1 kilogramme	0.88	2000 kilogr.	1750.
2	1.75	3000	2625.
3	2.63	4000	3500.
4	3.50	5000	4375.
5	4.38	6000	5250.
6	5.25	7000	6125.
7	6.13	8000	7000.
8	7.	9000	7875.
9	7.88	10000	8750.
10	8.75	20000	17500.
11	9.63	30000	26250.
12	10 50	40000	35000.
13	11.38	50000	43750.
14	12.25	60000	52500.
15	13.13	70000	61250.
16	14.	80000	70000.
17	14.88	90000	78750.
18	15.75	100000	87500.
19	16.63		
20	17.50		fr. c.
30	26.25	1 hectogramme	0.09
40	35.	2	0.18
50	43.75	3	0.26
60	52.50	4	0.35
70	61.25	5	0.44
80	70.	6	0.53
90	78.75	7	0.61
100	87.50	8	0.70
200	175.	9	0.79
300	262.50	1 décagramme	0.01
400	350.	2	0.02
500	437.50	3	0.03
600	525.	4	0.04
700	612.50	5	0.04
800	700.	6	0.05
900	787.50	7	0.06
1000	875.	8	0.07
		9	0.08

Si on vendait 1 livre 9 sous, ou 45 centimes, on vendra

	fr. c.		fr. c.
1 kilogramme	0.90	2000 kilogr.	1800.
2	1.80	3000	2700.
3	2.70	4000	3600.
4	3.60	5000	4500.
5	4.50	6000	5400.
6	5.40	7000	6300.
7	6.30	8000	7200.
8	7.20	9000	8100.
9	8.10	10000	9000.
10	9.	20000	18000.
11	9.90	30000	27000.
12	10.80	40000	36000.
13	11 70	50000	45000.
14	12 60	60000	54000.
15	13.50	70000	63000.
16	14.40	80000	72000.
17	15 30	90000	81000.
18	16.20	100000	90000.

	fr. c.		fr. c.
19	17 10		
20	18.	1 hectogramme	0.09
30	27.	2	0.18
40	36.	3	0.27
50	45.	4	0.36
60	54.	5	0.45
70	63.	6	0.54
80	72.	7	0.63
90	81.	8	0.72
100	90.	9	0.81
200	180.	1 décagramme	0.01
300	270.	2	0.02
400	360.	3	0.03
500	450.	4	0.04
600	540.	5	0.05
700	630.	6	0.05
800	720.	7	0.06
900	810.	8	0.07
1000	900.	9	0.08

Si on payait 1 livre 9 sous 3 deniers, on paiera

	fr. c.		fr. c.
1 kilogramme	0.93	2000 kilogr.	1850.
2	1.85	3000	2775.
3	2.78	4000	3700.
4	3.70	5000	4625.
5	4.63	6000	5550.
6	5.55	7000	6475.
7	6.48	8000	7400.
8	7.40	9000	8325.
9	8.33	10000	9250.
10	9.25	20000	18500.
11	10.18	30000	27750.
12	11.10	40000	37000.
13	12.03	50000	46250.
14	12.95	60000	55500.
15	13 88	70000	64750.
16	14.80	80000	74000.
17	15.73	90000	83250.
18	16.65	100000	92500.
19	17.58		
20	18.50		fr. c.
30	27.75	1 hectogramme	0.09
40	37.	2	0.19
50	46.25	3	0.28
60	55.50	4	0.37
70	64.75	5	0.46
80	74.	6	0.56
90	83.25	7	0.65
100	92.50	8	0.74
200	185.	9	0.83
300	277.50	1 décagramme	0.01
400	370.	2	0.02
500	462.50	3	0 03
600	555.60	4	0.04
700	647.50	5	0.05
800	740.	6	0 06
900	832.50	7	0.07
1000	925.	8	0 07
		9	0.08

TABLE 505.

Si on vendait 1 livre 9 sous 6 deniers, on vendra

	fr. c.			fr. c.
1 kilogramme	0.95	2000 kilogr.		1900.
2	1.90	3000		2850.
3	2.85	4000		3800.
4	3.80	5000		4750.
5	4.75	6000		5700.
6	5.70	7000		6650.
7	6.65	8000		7600.
8	7.60	9000		8550.
9	8.55	10000		9500.
10	9.50	20000		19000.
11	10.45	30000		28500.
12	11.40	40000		38000.
13	12.35	50000		47500.
14	13.30	60000		57000.
15	14.25	70000		66500.
16	15.20	80000		76000.
17	16.15	90000		85500.
18	17.10	100000		95000.
19	18.05			fr. c.
20	19.	1 hectogramme		0.10
30	28.50	2		0.19
40	38.	3		0.29
50	47.50	4		0.38
60	57.	5		0.48
70	66.50	6		0.57
80	76.	7		0.67
90	85.50	8		0.76
100	95.	9		0.86
200	190.	1 décagramme		0.01
300	285.	2		0.02
400	380.	3		0.03
500	475.	4		0.04
600	570.	5		0.05
700	665.	6		0.06
800	760.	7		0.07
900	855.	8		0.08
1000	950.	9		0.09

Si on payait 1 livre 9 sous 9 deniers, on paiera

	fr. c.		fr. c.
1 kilogramme	0.98	2000 kilogr.	1950.
2	1.95	3000	2925.
3	2.95	4000	3900.
4	3 90	5000	4875.
5	4.88	6000	5850.
6	5.85	7000	6825.
7	6.83	8000	7800.
8	7.80	9000	8775.
9	8.78	10000	9750.
10	9.75	20000	19500.
11	10 75	30000	29250.
12	11.70	40000	39000.
13	12.68	50000	48750.
14	13.65	60000	58500.
15	14.63	70000	68250.
16	15.60	80000	78000.
17	16.58	90000	87750.
18	17.55	100000	97500.
19	18.52		
20	19.50		fr. c.
30	29.25	1 hectogramme	0.10
40	39.	2	0.20
50	48.75	3	0.29
60	58.50	4	0.39
70	68.25	5	0 49
80	78.	6	0.59
90	87.75	7	0.68
100	97.50	8	0.78
200	195.	9	0.88
300	292.50	1 décagramme	0.01
400	390.	2	0.02
500	487.50	3	0.03
600	585.	4	0.04
700	682.50	5	0.05
800	780.	6	0 06
900	877.50	7	0.07
1000	975.	8	0.08
		9	0.09

TABLE 507.

Si on vendait 1 livre 10 sous, ou 50 centimes, on vendra

	fr. c.		fr. c.
1 kilogramme	1.	2000 kilogr.	2000.
2	2.	3000	3000.
3	3.	4000	4000.
4	4.	5000	5000.
5	5.	6000	6000.
6	6.	7000	7000.
7	7.	8000	8000.
8	8.	9000	9000.
9	9.	10000	10000.
10	10.	20000	20000.
11	11.	30000	30000.
12	12.	40000	40000.
13	13.	50000	50000.
14	14.	60000	60000.
15	15.	70000	70000.
16	16.	80000	80000.
17	17.	90000	90000.
18	18.	100000	100000.
19	19.		

			fr. c.
20	20.	1 hectogramme	0.10
30	30.	2	0.20
40	40.	3	0.30
50	50.	4	0.40
60	60.	5	0.50
70	70.	6	0.60
80	80.	7	0.70
90	90.	8	0.80
100	100.	9	0.90
200	200.	1 décagramme	0.01
300	300.	2	0.02
400	400.	3	0.03
500	500.	4	0.04
600	600.	5	0.05
700	700.	6	0.06
800	800.	7	0.07
900	900.	8	0.08
1000	1000.	9	0.09

Si on payait 1 livre 10 sous 5 deniers, on paiera

	fr. c.		fr. c.
1 kilogramme	1.05	2000 kilogr.	2050.
2	2.05	3000	3075.
3	3.08	4000	4100.
4	4.10	5000	5125.
5	5.13	6000	6150.
6	6.15	7000	7175.
7	7.18	8000	8200.
8	8.20	9000	9225.
9	9.25	10000	10250.
10	10.23	20000	20500.
11	11.28	30000	30750.
12	12.30	40000	41000.
13	13.33	50000	51250.
14	14.35	60000	61500.
15	15.38	70000	71750.
16	16.40	80000	82000.
17	17.43	90000	92250.
18	18.45	100000	102500.
19	19.48		
20	20.50		fr. c.
30	30.75	1 hectogramme	0.10
40	41.	2	0.21
50	51.25	3	0.31
60	61.50	4	0.41
70	71.75	5	0.51
80	82.	6	0.62
90	92.25	7	0.72
100	102.50	8	0.82
200	205.	9	0.92
300	307.50	1 décagramme	0.01
400	410.	2	0.02
500	512.50	3	0.03
600	615.	4	0.04
700	717.50	5	0.05
800	820.	6	0.06
900	922.50	7	0.07
1000	1025.	8	0.08
		9	0.09

TABLE 509.

Si on vendait 1 livre 10 sous 6 deniers, on vendra

	fr. c.		fr. c.
1 kilogramme	1.05	2000 kilogr.	2100.
2	2.10	3000	3150.
3	3.15	4000	4200.
4	4.20	5000	5250.
5	5.25	6000	6300.
6	6.30	7000	7350.
7	7.35	8000	8400.
8	8.40	9000	9450.
9	9.45	10000	10500.
10	10.50	20000	21000.
11	11.55	30000	31500.
12	12.60	40000	42000.
13	13.65	50000	52500.
14	14.70	60000	63000.
15	15.75	70000	73500.
16	16.80	80000	84000.
17	17.85	90000	94500.
18	18.90	100000	105000.
19	19.95		
20	21.		fr. c.
30	31.50	1 hectogramme	0.11
40	42.	2	0.21
50	52.50	3	0.32
60	63.	4	0.42
70	73.50	5	0.53
80	84.	6	0.63
90	94.50	7	0.74
100	105.	8	0.84
200	210.	9	0.95
300	315.	1 décagramme	0.01
400	420.	2	0.02
500	525.	3	0.03
600	650.	4	0.04
700	735.	5	0.05
800	840.	6	0.06
900	945.	7	0.07
1000	1050.	8	0.08
		9	0.09

Si on payait 1 livre 10 sous 9 deniers, on paiera

	fr. c.		fr. c.
1 kilogramme	1.08	2000 kilogr.	2150.
2	2.15	3000	3225.
3	3.23	4000	4300.
4	4.30	5000	5375.
5	5.38	6000	6450.
6	6 45	7000	7525.
7	7.53	8000	8600.
8	8.60	9000	9675.
9	9.68	10000	10750.
10	10 75	20000	21500.
11	11.83	30000	32250.
12	12.90	40000	43000.
13	13.98	50000	53750.
14	15.05	60000	64500.
15	16.13	70000	75250.
16	17.20	80000	86000.
17	18.28	90000	96750.
18	19.35	100000	107500.
19	20 43		
20	21.50		fr. c.
30	32.25	1 hectogramme	0.11
40	43.	2	0.22
50	53.75	3	0.32
60	64.50	4	0.43
70	75.25	5	0.54
80	86.	6	0.65
90	96.75	7	0.75
100	107.50	8	0.86
200	215.	9	0.97
300	322.50	1 décagramme	0.01
400	430.	2	0.02
500	537.50	3	0.03
600	645.	4	0.04
700	752.50	5	0.05
800	860.	6	0.07
900	967.50	7	0.08
1000	1075.	8	0.09
		9	0.10

TABLE 514.

Si on vendait 1 livre 11 sous, ou 55 centimes, on vendra

	fr. c.		fr. c.
1 kilogramme	1.10	2000 kilogr.	2200.
2	2.20	3000	3300.
3	3 30	4000	4400.
4	4.40	5000	5500.
5	5 50	6000	6600.
6	6.60	7000	7700.
7	7.70	8000	8800.
8	8.80	9000	9900.
9	9.90	10000	11000.
10	11.	20000	22000.
11	12.10	30000	33000.
12	13.20	40000	44000.
13	14.30	50000	55000.
14	15.40	60000	66000.
15	16.50	70000	77000.
16	17.60	80000	88000.
17	18.70	90000	99000.
18	19.80	100000	110000.
19	20.90		
20	22.		fr. c.
30	33.	1 hectogramme	0 11
40	44.	2	0.22
50	55.	3	0.33
60	66.	4	0.44
70	77.	5	0.55
80	88.	6	0.66
90	99.	7	0.77
100	110.	8	0.88
200	220.	9	0.99
300	330.	1 décagramme	0.01
400	440.	2	0.02
500	550.	3	0.03
600	660.	4	0 04
700	770.	5	0.06
800	880.	6	0.07
900	990.	7	0.08
1000	1100.	8	0.09
		9	0.10

Si on vendait 1 livre 11 sous 3 deniers, on vendra

	fr. c.		fr. c.
1 kilogramme	1.15	2000 kilogr.	2250.
2	2.25	3000	3375.
3	3.38	4000	4500.
4	4.50	5000	5625.
5	5.63	6000	6750.
6	6.75	7000	7875.
7	7.88	8000	9000.
8	9.	9000	10125.
9	10.13	10000	11250.
10	11.25	20000	22500.
11	12.38	30000	33750.
12	13.50	40000	45000.
13	14.63	50000	56250.
14	15.75	60000	67500.
15	16.88	70000	78750.
16	18.	80000	90000.
17	19.13	90000	101250.
18	20.25	100000	112500.
19	21.38		
20	22.50		fr. c.
30	33.75	1 hectogramme	0.11
40	45.	2	0.23
50	56.25	3	0.34
60	67.50	4	0.45
70	78.75	5	0.56
80	90.	6	0.68
90	101.25	7	0.70
100	112.50	8	0.90
200	225.	9	1.01
300	337.50	1 décagramme	0.01
400	450.	2	0.02
500	562.50	3	0.03
600	675.	4	0 05
700	787.50	5	0.06
800	900.	6	0.07
900	1012.50	7	0.07
1000	1125.	8	0.09
		9	0.10

Si on payait 1 livre 11 sous 6 deniers, on paiera

	fr. c.		fr. c.
1 kilogramme	1.15	2000	2300.
2	2.30	3000	3450.
3	3.45	4000	4600.
4	4.60	5000	5750.
5	5.75	6000	6900.
6	6.90	7000	8050.
7	8.05	8000	9200.
8	9.20	9000	10350.
9	10.35	10000	11500.
10	11.50	20000	23000.
11	12.65	30000	34500.
12	13.80	40000	46000.
13	14.95	50000	57500.
14	16.10	60000	69000.
15	17.25	70000	80500.
16	18.40	80000	92000.
17	19.55	90000	103500.
18	20.70	100000	115000.
19	21.85		
20	23.		fr. c.
30	34.50	1 hectogramme	0.12
40	46	2	0.23
50	57.50	3	0.35
60	69.	4	0.46
70	80.50	5	0.58
80	92.	6	0.69
90	103.50	7	0.81
100	115.	8	0.92
200	230.	9	1.04
300	345.	1 décagramme	0 01
400	460.	2	0.02
500	575.	3	0 03
600	690.	4	0.03
700	805.	5	0.06
800	920.	6	0.07
900	1035.	7	0.08
1000	1150.	8	0.09
		9	0.10

Si on vendait une livre 11 sous 9 deniers, on vendra

	fr. c.			fr. c.
1 kilogramme	1.18	2000 kilogr.		2350.
2	2.35	3000		3525.
3	3.53	4000		4700.
4	4.70	5000		5875.
5	5.88	6000		7050.
6	7.05	7000		8225.
7	8.23	8000		9400.
8	9.40	9000		10575.
9	10.58	10000		11750.
10	11.75	20000		23500.
11	12.93	30000		35250.
12	14.10	40000		47000.
13	15.28	50000		58750.
14	16.45	60000		70500.
15	17.63	70000		82250.
16	18.80	80000		94000.
17	19.98	90000		105750.
18	21.15	100000		117500.
19	22.33			fr. c.
20	23.50	1 hectogramme		0.12
30	35.25	2		0.24
40	47.	3		0.35
50	58.75	4		0.47
60	70.50	5		0.59
70	82.25	6		0.71
80	94.	7		0.82
90	105.75	8		0.94
100	117.50	9		1.06
200	235.	1 décagramme		0.01
300	352.50	2		0.02
400	470.	3		0.04
500	587.50	4		0.05
600	705.	5		0.06
700	822.50	6		0.07
800	940.	7		0.08
900	1057.50	8		0.09
1000	1175.	9		0.11

Si on payait 1 livre 12 sous, ou 60 centimes, on paiera

	fr. c.		fr. c.
1 kilogramme	1.20	2000 kilogr.	2400.
2	2.40	3000	3600.
3	3.60	4000	4800.
4	4.80	5000	6000.
5	6.	6000	7200.
6	7.20	7000	8400.
7	8.40	8000	9600.
8	9.60	9000	10800.
9	10.80	10000	12000.
10	12.	20000	24000.
11	13.20	30000	36000.
12	14.40	40000	48000.
13	15.60	50000	60000.
14	16.80	60000	72000.
15	18.	70000	84000.
16	19.20	80000	96000.
17	20.40	90000	108000.
18	21.60	100000	120000.
19	22.80		
20	24.		fr. c.
30	36.	1 hectogramme	0.12
40	48.	2	0.24
50	60.	3	0.36
60	72.	4	0.48
70	84.	5	0.60
80	96.	6	0.72
90	108.	7	0.84
100	120.	8	0.96
200	240.	9	1.08
300	360.	1 décagramme	0.01
400	480.	2	0.02
500	600.	3	0.04
600	720.	4	0.05
700	840.	5	0 06
800	960.	6	0.07
900	1080.	7	0.08
1000	1200.	8	0.10
		9	0.11

Si on vendait 1 livre 12 sous 3 deniers, on vendra

	fr. c		fr. c.
1 kilogramme	1.23	2000 kilogr.	2450.
2	2.45	3000	3675.
3	3.68	4000	4900.
4	4.90	5000	6125.
5	6.13	6000	7350.
6	7.35	7000	8575.
7	8.58	8000	9800.
8	9.80	9000	11025.
9	11.03	10000	12250.
10	12.25	20000	24500.
11	13.48	30000	36750.
12	14.70	40000	49000.
13	15.93	50000	61250.
14	17.15	60000	73500.
15	18.38	70000	85750.
16	19.60	80000	98000.
17	20.83	90000	110250.
18	22.05	100000	122500.
19	23.28		
20	24.50		fr. c
30	36.75	1 hectogramme	0.12
40	49.	2	0.25
50	61 25	3	0.37
60	73.50	4	0.49
70	85.75	5	0.61
80	98.	6	0.74
90	110.25	7	0.86
100	122.50	8	0.98
200	245.	9	1.10
300	367.50	1 décagramme	0 01
400	490.	2	0.02
500	612.50	3	0.04
600	735.	4	0 05
700	857.50	5	0.06
800	980.	6	0.07
900	1102.50	7	0.09
1000	1225.	8	0.10
		9	0.11

TABLE 517.

Si on payait 1 livre 12 sous 6 deniers, on paiera

	fr. c.		fr. c.
1 kilogramme	1.25	2000 kilogr.	2500.
2	2.50	3000	3750.
3	3.75	4000	5000.
4	5.	5000	6250.
5	6.25	6000	7500.
6	7.50	7000	8750.
7	8.75	8000	10000.
8	10.	9000	11250.
9	11.25	10000	12500.
10	12.50	20000	25000.
11	13.75	30000	37500.
12	15.	40 00	50000.
13	16.25	50000	62500.
14	17.50	60000	75000.
15	18.75	70000	87500.
16	20.	80000	100000.
17	21.25	90000	112500.
18	22.50	100000	125000.
19	23.75		
20	25.		fr. c.
30	37.50	1 hectogramme	0.13
40	50.	2	0.25
50	62.50	3	0.38
60	75.	4	0.50
70	87.50	5	0.63
80	100.	6	0.75
90	112.50	7	0.88
100	125.	8	1.00
200	250.	9	1.13
300	375.	1 décagramme	0.01
400	500.	2	0.03
500	625.	3	0.04
600	750.	4	0.05
700	875.	5	0 06
800	1000.	6	0 08
900	1125.	7	0 09
1000	1250.	8	0.10
		9	0.11

Si on vendait 1 livre 12 sous 9 deniers, on vendra

	fr. c.		fr. c.
1 kilogramme	1.28	2000 kilogr.	2550.
2	2.55	3000	3825.
3	3.83	4000	5100.
4	5.10	5000	6375.
5	6.38	6000	7650.
6	7.65	7000	8925.
7	8.93	8000	10200.
8	10.20	9000	11475.
9	11.48	10000	12750.
10	12.75	20000	25500.
11	14.03	30000	38250.
12	15.30	40000	51000
13	16.58	50000	63750
14	17.85	60000	76500.
15	19.13	70000	89250.
16	20.40	80000	102000.
17	21.68	90000	114750.
18	22.93	100000	127500.
19	24.25		
20	25.50		fr. c.
30	38.25	1 hectogramme	0.13
40	51.	2	0.26
50	63.75	3	0.38
60	76.50	4	0.50
70	89.25	5	0.64
80	102.	6	0.77
90	114.75	7	0.89
100	127.50	8	1.02
200	255.	9	1.15
300	382.50	1 décagramme	0.01
400	510.	2	0.03
500	637.50	3	0.04
600	765.	4	0.05
700	892.50	5	0.06
800	1020.	6	0 08
900	1147.50	7	0 09
1000	1275.	8	0.10
		9	0.11

TABLE 319.

Si on payait 1 livre 13 sous ou 65 centimes, on paiera

	fr. c.		fr. c.
1 kilogramme	1.30	2000 kilogr.	2600.
2	2.60	3000	3900.
3	3.90	4000	5200.
4	5.20	5000	6500.
5	6.50	6000	7800.
6	7.80	7000	9100.
7	9.10	8000	10400.
8	10.40	9000	11700.
9	11.70	10000	13000.
10	13.	20000	26000.
11	14.30	30000	39000.
12	15.60	40000	52000.
13	16.90	50000	65000.
14	18.20	60000	78000.
15	19.50	70000	91000.
16	20.80	80000	104000.
17	22.10	90000	117000.
18	23.40	100000	130000.
19	24.70		
20	26.		fr. c.
30	39.	1 hectogramme	0.13
40	52.	2	0.26
50	65.	3	0.39
60	78.	4	0.52
70	91.	5	0.65
80	104.	6	0.78
90	117.	7	0.91
100	130.	8	1.04
200	260.	9	1.17
300	390.	1 décagramme	0.01
400	520.	2	0.03
500	650.	3	0.04
600	780.	4	0.05
700	910.	5	0.07
800	1040.	6	0.08
900	1170.	7	0.09
1000	1300.	8	0.10
		9	0.12

Si on vendait 1 livre 13 sous 3 deniers, on vendra

	fr. c.		fr. c.
1 kilogramme	1.33	2000 kilogr.	2650.
2	2.65	3000	3975.
3	3.98	4000	5300.
4	5.30	5000	6625.
5	6.63	6000	7950.
6	7.95	7000	9275.
7	9.28	8000	10600.
8	10.60	9000	11925.
9	11.93	10000	13250.
10	13.25	20000	26500.
11	14.58	30000	39750.
12	15.90	40000	53000.
13	17.23	50000	66250.
14	18 55	60000	79500.
15	19.88	70000	92750.
16	21.20	80000	106000.
17	22 53	90000	119250.
18	23 85	100000	132500.
19	25.18		
20	26.50		fr. c.
30	39 75	1 hectogramme	0.13
40	53.	2	0.27
50	66.25	3	0.40
60	79.50	4	0.53
70	92.75	5	0.66
80	106.	6	0.80
90	119.25	7	0.93
100	132.50	8	1.06
200	265.	9	1.19
300	397.50	1 décagramme	0.01
400	530.	2	0.03
500	662.50	3	0.04
600	795.	4	0 05
700	927.50	5	0.07
800	1060.	6	0 08
900	1192.50	7	0.09
1000	1325.	8	0.11
		9	0.12

TABLE 524.

Si on payait 1 livre 15 sous 6 deniers, on paiera

	fr. c.		fr. c.
1 kilogramme	1.35	2000 kilogr.	2700.
2	2.70	3000	4050.
3	4.05	4000	5400.
4	5.40	5000	6750.
5	6.75	6000	8100.
6	8.10	7000	9450.
7	9.45	8000	10800.
8	10.80	9000	12150.
9	12.15	10000	13500.
10	13.50	20000	27000.
11	14.85	30000	40500.
12	16.20	40000	54000.
13	17.55	50000	67500.
14	18.90	60000	81000.
15	20.25	70000	94500.
16	21.60	80000	108000.
17	22.95	90000	121500.
18	24.30	100000	135000.
19	25.65		
20	27.		fr. c.
30	40.50	1 hectogramme	0.14
40	54.	2	0.27
50	67.50	3	0.41
60	81.	4	0.54
70	94.50	5	0.68
80	108.	6	0.81
90	121.50	7	0.95
100	135.	8	1.08
200	270.	9	1.22
300	405.	1 décagramme	0.01
400	540.	2	0.03
500	675.	3	0.04
600	810.	4	0.05
700	945.	5	0.07
800	1080.	6	0.08
900	1215.	7	0.10
1000	1350.	8	0.11
		9	0.12

Si on vendait 1 livre 15 sous 9 deniers, on vendra

	fr. c.			fr. c.
1 kilogramme	1.38	2000 kilogr.		2750.
2	2.75	3000		4125.
3	4.13	4000		5500.
4	5.50	5000		6875.
5	6.88	6000		8250.
6	8.25	7000		9625.
7	9.63	8000		11000.
8	11.	9000		12375.
9	12.38	10000		13750.
10	13.75	20000		27500.
11	15.13	30000		41250.
12	16.50	40000		55000.
13	17.88	50000		68750.
14	19 25	60000		82500.
15	20 63	70000		96250.
16	22.	80000		110000.
17	23.38	90000		123750.
18	24.75	100000		137500.
19	26.13			
20	27.50			fr. c.
30	41 25	1 hectogramme		0.14
40	55.	2		0.28
50	68.75	3		0.41
60	82 50	4		0.55
70	96.25	5		0.69
80	110	6		0.83
90	123 75	7		0.96
100	137.50	8		1.10
200	275.	9		1.24
300	412.50	1 décagramme		0.01
400	550.	2		0.03
500	687.50	3		0.04
600	825.	4		0.06
700	962.50	5		0.07
800	1100.	6		0.08
900	1237.50	7		0.10
1000	1375.	8		0.11
		9		0.12

Si on payait 1 livre 14 sous ou 70 centimes, on paiera

	fr. c.		fr. c.
1 kilogramme	1.40	2000	2800.
2	2.80	3000	4200.
3	4.20	4000	5600.
4	5.60	5000	7000.
5	7.	6000	8400.
6	8.40	7000	9800.
7	9.80	8000	11200.
8	11.20	9000	12600.
9	12.60	10000	14000.
10	14.	20000	28000.
11	15.40	30000	42000.
12	16.80	40000	56000.
13	18.20	50000	70000.
14	19.60	60000	84000.
15	21.	70000	98000.
16	22.40	80000	112000.
17	23.80	90000	126000.
18	25.20	100000	140000.
19	26.60		fr. c.
20	28.	1 hectogramme	0.14
30	42.	2	0.28
40	56.	3	0.42
50	70.	4	0.56
60	84.	5	0.70
70	98.	6	0.84
80	112.	7	0.98
90	126.	8	1.12
100	140.	9	1.26
200	280.	1 décagramme	0.01
300	420.	2	0.03
400	560.	3	0.04
500	700.	4	0.06
600	840.	5	0.07
700	980.	6	0.08
800	1120.	7	0.10
900	1260.	8	0.12
1000	1400.	9	0.13

Si on vendait 1 livre 14 sous 5 deniers, on vendra

	fr. c.		fr. c.
1 kilogramme	1.43	2000 kilogr.	2850.
2	2.86	3000	4275.
3	4.27	4000	5700.
4	5.70	5000	7125.
5	7.13	6000	8550.
6	8.55	7000	9975.
7	9.97	8000	11400.
8	11.40	9000	12825.
9	12.83	10000	14250.
10	14.25	20000	28500.
11	15.67	30000	42750.
12	17.10	40000	57000.
13	18.53	50000	71250.
14	19.95	60000	85500.
15	21.37	70000	99750.
16	22.80	80000	114000.
17	24.23	90000	128250.
18	25.65	100000	142500.
19	27.07		
20	28.50		fr. c.
30	42.75	1 hectogramme	0.14
40	57.	2	0.29
50	71.25	3	0.43
60	85.50	4	0.57
70	99.75	5	0.71
80	114.	6	0.86
90	128 25	7	1.00
100	142.50	8	1.14
200	285.	9	1.28
300	427.50	1 décagramme	0.01
400	570.	2	0.03
500	712.50	3	0.04
600	855.	4	0.06
700	997.50	5	0.07
800	1140.	6	0.09
900	1282.50	7	0.10
1000	1425.	8	0.11
		9	0.13

TABLE 525.

Si on payait 1 livre 14 sous 6 deniers, on paiera

	fr. c.		fr. c.
1 kilogramme	1.45	2000 kilogr.	2900.
2	2.90	3000	4350.
3	4.35	4000	5800.
4	5.80	5000	7250.
5	7.25	6000	8700.
6	8.70	7000	10150.
7	10.15	8000	11600.
8	11 60	9000	13050.
9	13.05	10000	14500.
10	14 50	20000	29000.
11	15.95	30000	43500.
12	17.40	40000	58000.
13	18.85	50000	72500.
14	20.30	60000	87000.
15	21.75	70000	101500.
16	23.20	80000	116000.
17	24.65	90000	130500.
18	26.10	100000	145000.
19	27.55		
20	29.		fr. c
30	43.50	1 hectogramme	0.15
40	58.	2	0.29
50	72.50	3	0.44
60	87.	4	0.58
70	101.50	5	0.73
80	116.	6	0.87
90	130 50	7	1.02
100	145.	8	1.16
200	290.	9	1.31
300	435.	1 décagramme	0 02
400	580.	2	0.03
500	725.	3	0.04
600	870.	4	0.06
700	1015.	5	0.07
800	1160.	6	0 09
900	1305.	7	0.10
1000	1450.	8	0.12
		9	0.13

Si on vendait 1 livre 14 sous 9 deniers, on vendra

	fr. c.			fr. c.
1 kilogramme	1.48	2000 kilogr.		2950.
2	2.96	3000		4425.
3	4.43	4000		5900.
4	5 90	5000		7375.
5	7.38	6000		8850.
6	8.85	7000		10325.
7	10.33	8000		11800.
8	11.80	9000		13275.
9	13.28	10000		14750.
10	14.75	20000		29500.
11	16.23	30000		44250.
12	17.70	40000		59000.
13	19.18	50000		73750.
14	20.65	60000		88500.
15	22.13	70000		103250.
16	23.60	80000		118000.
17	25.08	90000		132750.
18	26.55	100000		147500.
19	28.03			
20	29.50			fr. c.
30	44.25	1 hectogramme		0.15
40	59.	2		0.30
50	73.75	3		0.44
60	88.50	4		0.59
70	103.25	5		0.74
80	118.	6		0.89
90	132.75	7		1.03
100	147.50	8		1.18
200	295.	9		1.33
300	442.50	1 décagramme		0.02
400	590	2		0.03
500	737.50	3		0.04
600	885.	4		0.06
700	1032.50	5		0.07
800	1180.	6		0.09
900	1327.50	7		0.10
1000	1475.	8		0.12
		9		0.15

TABLE 527.

Si on payait 1 livre 15 sous ou 75 centimes, on paiera

	fr. c.		fr. c.
1 kilogramme	1.50	2000 kilogr.	3000.
2	3.	3000	4500.
3	4.50	4000	6000.
4	6.	5000	7500.
5	7.50	6000	9000.
6	9.	7000	10500.
7	10.50	8000	12000.
8	12.	9000	13500.
9	13.50	10000	15000.
10	15.	20000	30000.
11	16.50	30000	45000.
12	18.	40000	60000.
13	19.50	50000	75000.
14	21.	60000	90000.
15	22.50	70000	105000.
16	24.	80000	120000.
17	25.50	90000	135000.
18	27.	100000	150000.
19	28.50		
20	30.		fr. c.
30	45.	1 hectogramme	0.15
40	60.	2	0.30
50	75.	3	0.45
60	90.	4	0.60
70	105.	5	0.75
80	120.	6	0.90
90	135.	7	1.05
100	150.	8	1.20
200	300.	9	1.35
300	450.	1 décagramme	0.02
400	600.	2	0.03
500	750.	3	0.05
600	900.	4	0.06
700	1050.	5	0.08
800	1200.	6	0.09
900	1350.	7	0.11
1000	1500.	8	0.12
		9	0 14

Si on vendait 1 livre 15 sous 5 deniers, on vendra

	fr. c.			fr. c.
1 kilogramme	1.53	2000 kilogr.	5050.	
2	3.05	3000	4575.	
3	4.58	4000	6100.	
4	6.10	5000	7625.	
5	7.63	6000	9150.	
6	9.15	7000	10675.	
7	10.68	8000	12200.	
8	12.20	9000	13725.	
9	13.73	10000	15250.	
10	15.25	20000	30500.	
11	16.78	30000	45750.	
12	18.30	40000	61000.	
13	19.83	50000	76250.	
14	21 53	60000	91500.	
15	22.88	70000	106750.	
16	24.40	80000	122000.	
17	25.93	90000	137250.	
18	27.45	100000	152500.	
19	28.98			
20	30.50			fr. c.
30	45.75	1 hectogramme		0.15
40	61.	2		0.31
50	76 25	3		0.46
60	91.50	4		0.61
70	106.75	5		0.76
80	122	6		0.92
90	137 25	7		1.07
100	152.50	8		1.22
200	305.	9		1.37
300	457.50	1 décagramme		0.02
400	610.	2		0.03
500	762.50	3		0.05
600	915.	4		0.06
700	1067 50	5		0 08
800	1220.	6		0.09
900	1372.50	7		0.11
1000	1525.	8		0 12
		9		0.14

TABLE 529.

Si on payait 1 livre 15 sous 6 deniers, on paiera

	fr. c.
1 kilogramme	1.55
2	3.10
3	4.65
4	6.20
5	7.75
6	9.30
7	10.85
8	12.40
9	13.95
10	15.50
11	17.05
12	18.60
13	20.15
14	21.70
15	23.25
16	24.80
17	26.35
18	27.90
19	29.45
20	31
30	46.50
40	62.
50	77.50
60	93.
70	108.50
80	124.
90	139.50
100	155.
200	310.
300	465.
400	620.
500	775.
600	930.
700	1085.
800	1240.
900	1395.
1000	1550.

	fr. c.
2000 kilogr.	3100.
3000	4650.
4000	6200.
5000	7750.
6000	9300.
7000	10850.
8000	12400.
9000	13950.
10000	15500.
20000	31000.
30000	46300.
40000	62000.
50000	77500.
60000	93000.
70000	108500.
80000	124000.
90000	139500.
100000	155000.

	fr. c.
1 hectogramme	0.16
2	0.31
3	0.47
4	0.62
5	0.78
6	0.93
7	1.09
8	1.24
9	1.40
1 décagramme	0.02
2	0.03
3	0.05
4	0.06
5	0.08
6	0.09
7	0.11
8	0.12
9	0.14

Si on vendait 1 livre 15 sous 9 deniers, on vendra

	fr. c.		fr. c.
1 kilogramme	1.58	2000 kilogr.	3150.
2	3.15	3000	4725.
3	4.73	4000	6300.
4	6.30	5000	7875.
5	7.88	6000	9450.
6	9.45	7000	11025.
7	11.03	8000	12600.
8	12.60	9000	14175.
9	14.18	10000	15750.
10	15.75	20000	31500.
11	17.33	30000	47250.
12	18 90	40000	63000
13	20.48	50000	78750.
14	22.05	60000	94500.
15	23.63	70000	110250.
16	25.20	80000	126000.
17	26.78	90000	141750.
18	28.35	100000	157500.
19	29 93		
20	31 50		fr. c.
30	47.25	1 hectogramme	0.16
40	63.	2	0.32
50	78.75	3	0.47
60	94.50	4	0.63
70	110.25	5	0.79
80	126.	6	0.95
90	141.75	7	1.10
100	157.50	8	1.26
200	315.	9	1.42
300	472.50	1 décagramme	0.02
400	630.	2	0.03
500	787.50	3	0.05
600	945.	4	0.06
700	1102.50	5	0 08
800	1260.	6	0 10
900	1417.50	7	0.11
1000	1575.	8	0.13
		9	0.14

Si on payait 1 livre 16 sous, ou 80 centimes, on paiera

	fr. c.		fr. c.
1 kilogramme	1.60	2000 kilogr.	3200.
2	3.20	3000	4800.
3	4.80	4000	6400.
4	6.40	5000	8000.
5	8.	6000	9600.
6	9.60	7000	11200.
7	11.20	8000	12800.
8	12.80	9000	14400.
9	14.40	10000	16000.
10	16.	20000	32000.
11	17.60	30000	48000.
12	19.20	40000	64000.
13	20.80	50000	80000.
14	22.40	60000	96000.
15	24.	70000	112000.
16	25.60	80000	128000.
17	27.20	90000	144000.
18	28.80	100000	160000.
19	30.40		
20	32.		fr. c.
30	48.	1 hectogramme	0.16
40	64.	2	0.32
50	80.	3	0.48
60	96	4	0.64
70	112.	5	0.80
80	128.	6	0.96
90	144.	7	1.12
100	160.	8	1.28
200	320.	9	1.44
300	480.	1 décagramme	0 02
400	640.	2	0.03
500	800.	3	0.05
600	960.	4	0.06
700	1120.	5	0.08
800	1280.	6	0.10
900	1440.	7	0.11
1000	1600.	8	0.13
		9	0.14

Si on vendait 1 livre 16 sous 5 deniers, on vendra

	fr. c.		fr. c.
1 kilogramme	1.63	2000 kilogr.	5250.
2	3.25	3000	4875.
5	4.88	4000	6500.
4	6.50	5000	8125.
5	8.13	6000	9750.
6	9.75	7000	11375.
7	11.38	8000	13000.
8	13.	9000	14625.
9	14.63	10000	16250.
10	16.25	20000	32500.
11	17.88	30000	48750.
12	19.50	40000	65000.
13	21.13	50000	81250.
14	22.75	60000	97500.
15	24.38	70000	113750.
16	26.	80000	130000.
17	27.63	90000	146250.
18	29.25	100000	162500.
19	50.88		
20	32 50		fr. c.
30	48.75	1 hectogramme	0.16
40	65.	2	0.33
50	81.25	5	0.49
60	97.50	4	0.65
70	113.75	5	0.81
80	130.	6	0.98
90	146.25	7	1.14
100	162.50	8	1.50
200	325.	9	1.46
300	487.50	1 décagramme	0 02
400	650.	2	0.03
500	812.50	5	0.05
600	975.	4	0 07
700	1137.50	5	0.08
800	1300.	6	0.10
900	1462.50	7	0.11
1000	1625.	8	0.13
		9	0.15

Si on payait 1 livre 16 sous 6 deniers, on paiera

	fr. c.		fr. c.
1 kilogramme	1.65	2000	3300.
2	3.30	3000	4950.
3	4.95	4000	6600.
4	6.60	5000	8250.
5	8.25	6000	9900.
6	9.90	7000	11550.
7	11.55	8000	13200.
8	13.20	9000	14850.
9	14.85	10000	16500.
10	16.50	20000	33000.
11	18.15	30000	49500.
12	19.80	40000	66000.
13	21.45	50000	82500.
14	23.10	60000	99000.
15	24.75	70000	115500.
16	26.40	80000	132000.
17	28.05	90000	148500.
18	29.70	100000	165000.
19	31.35		
20	33.		
30	49.50		
40	66.		
50	82.50		
60	99.		
70	115.50		
80	132.		
90	148.50		
100	165.		
200	330.		
300	495.		
400	660.		
500	825.		
600	990.		
700	1155		
800	1320.		
900	1485.		
1000	1650.		

	fr. c.
1 hectogramme	0.17
2	0.33
3	0.50
4	0.66
5	0.83
6	0.99
7	1.16
8	1.32
9	1.49
1 décagramme	0.02
2	0.03
3	0.05
4	0.07
5	0.08
6	0.10
7	0.12
8	0.13
9	0.15

Si on vendait 1 livre 16 sous 9 deniers, on vendra

	fr. c.			fr. c.
1 kilogramme	1.68	2000 kilogr.		3350.
2	3.35	3000		5025.
3	5.03	4000		6700.
4	6.70	5000		8375.
5	8.38	6000		10050.
6	10.05	7000		11725.
7	11.73	8000		13400.
8	13.40	9000		15075.
9	15.08	10000		16750.
10	16.75	20000		33500.
11	18.43	30000		50250.
12	20.10	40000		67000.
13	21.78	50000		83750.
14	23.45	60000		100500.
15	25.13	70000		117250.
16	26.80	80000		134000.
17	28.48	90000		150750.
18	30.15	100000		167500.
19	31.83			
20	33.50			fr. c.
30	50.25	1 hectogramme		0.17
40	67.	2		0.34
50	83.75	3		0.50
60	100.50	4		0.67
70	117.25	5		0.84
80	134.	6		1.01
90	150.75	7		1.17
100	167.50	8		1.34
200	335.	9		1.51
300	502.50	1 décagramme		0.02
400	670.	2		0.03
500	837.50	3		0.05
600	1005.	4		0 07
700	1172.50	5		0.08
800	1340.	6		0.10
900	1507.50	7		0.12
1000	1675.	8		0.13
		9		0.15

Si on payait 1 livre 17 sous, ou 85 centimes, on paiera

	fr. c.		fr. c.
1 kilogramme	1.70	2000 kilogr.	3400.
2	3.40	3000	5100.
3	5.10	4000	6800.
4	6.80	5000	8500.
5	8.50	6000	10200.
6	10.20	7000	11900.
7	11.90	8000	13600.
8	13.60	9000	15300.
9	15.30	10000	17000.
10	17.	20000	34000.
11	18.70	30000	51000.
12	20.40	40000	68000.
13	22.10	50000	85000.
14	23.80	60000	102000.
15	25.50	70000	119000.
16	27.20	80000	136000.
17	28.90	90000	153000.
18	30.60	100000	170000.
19	32.30		
20	34.		fr. c.
30	51.	1 hectogramme	0.17
40	68.	2	0.34
50	85.	3	0.51
60	102.	4	0.68
70	119.	5	0.85
80	136.	6	1.02
90	153.	7	1.19
100	170.	8	1.36
200	340.	9	1.53
300	510.	1 décagramme	0.02
400	680.	2	0.03
500	850.	3	0.05
600	1020.	4	0.07
700	1190.	5	0.09
800	1360.	6	0.10
900	1530.	7	0.12
1000	1700.	8	0.14
		9	0.15

Si on vendait une livre 17 sous 3 deniers, on vendra

	fr. c.			fr. c.
1 kilogramme	1.73	2000 kilogr.	3450.
2	3.45	3000	5175.
3	5.18	4000	6900.
4	6.90	5000	8625.
5	8.63	6000	10350.
6	10.35	7000	12075.
7	12.08	8000	13800.
8	13.80	9000	15525.
9	15.53	10000	17250.
10	17.25	20000	34500.
11	18.98	30000	51750.
12	20.70	40000	69000.
13	22.43	50000	86250.
14	24.15	60000	103500.
15	25.88	70000	120750.
16	27.60	80000	138000.
17	29.33	90000	155250.
18	31.05	100000	172500.
19	32 78		
20	34.50		fr. c.
30	51.75	1 hectogramme	0.17
40	69.	2	0.35
50	86.25	3	0.52
60	103.50	4	0.69
70	120.75	5	0.86
80	138.	6	1.04
90	155.25	7	1.21
100	172.50	8	1.38
200	345.	9	1.55
300	517.50	1 décagramme	0.02
400	690.	2	0.03
500	862.50	3	0.03
600	1035.	4	0.07
700	1207.50	5	0.09
800	1380.	6	0.10
900	1552.50	7	0.12
1000	1725.	8	0 14
		9	0.16

TABLE 537.

Si on payait 1 livre 17 sous 6 deniers, on paiera

	fr. c.		fr. c.
1 kilogramme	1.75	2000 kilogr.	3500.
2	3.50	3000	5250.
3	5.25	4000	7000.
4	7.	5000	8750.
5	8.75	6000	10500.
6	10.50	7000	12250.
7	12.25	8000	14000.
8	14.	9000	15750.
9	15.75	10000	17500.
10	17.50	20000	35000.
11	19.25	30000	52500.
12	21.	40000	70000.
13	22.75	50000	87500.
14	24.50	60000	105000.
15	26.25	70000	122500.
16	28.	80000	140000.
17	29.75	90000	157500.
18	31.50	100000	175000
19	33.25		fr. c.
20	35.	1 hectogramme	0.18
30	52.50	2	0.35
40	70.	3	0.53
50	87.50	4	0.70
60	105.	5	0.88
70	122.50	6	1.05
80	140.	7	1.23
90	157.50	8	1.40
100	175.	9	1.58
200	350.	1 décagramme	0.02
300	525.	2	0.04
400	700.	3	0.05
500	875.	4	0.07
600	1050.	5	0.09
700	1225.	6	0.11
800	1400.	7	0.12
900	1575.	8	0.14
1000	1750.	9	0.16

Si on vendait 1 livre 17 sous 9 deniers, on vendra

	fr. c.			fr. c.
1 kilogramme	1.78	2000 kilogr.		3550.
2	3.55	3000		5325.
3	5.33	4000		7100.
4	7.10	5000		8875.
5	8 88	6000		10650.
6	10.65	7000		12425.
7	12.43	8000		14200.
8	14.20	9000		15975.
9	15.98	10000		17750.
10	17.75	20000		35500.
11	19 53	30000		53250.
12	21.30	40000		71000.
13	23.08	50000		88750.
14	24.85	60000		106500.
15	26.63	70000		124250.
16	28.40	80000		142000.
17	30.18	90000		159750.
18	31.95	100000		177500.
19	33.73			
20	35.50			fr. c.
30	53.25	1 hectogramme		0.18
40	71.	2		0.36
50	88.75	3		0.53
60	106.50	4		0.71
70	124.25	5		0.89
80	142.	6		1.07
90	159.75	7		1.24
100	177.50	8		1.42
200	355.	9		1.60
300	532.50	1 décagramme		0 02
400	710.	2		0.04
500	887.50	3		0.05
600	1065.	4		0.07
700	1242.50	5		0.09
800	1420.	6		0.11
900	1597.50	7		0.12
1000	1775.	8		0.14
		9		0.16

TABLE 559.

Si on payait 1 livre 18 sous ou 90 centimes, on paiera

	fr. c.		fr. c.
1 kilogramme	1.80	2000	3600.
2	3.60	3000	5400.
3	5.40	4000	7200.
4	7.20	5000	9000.
5	9.	6000	10800.
6	10.80	7000	12600.
7	12.60	8000	14400.
8	14.40	9000	16200.
9	16.20	10000	18000.
10	18.	20000	36000.
11	19.80	30000	54000.
12	21.60	40000	72000.
13	23.40	50000	90000.
14	25.20	60000	108000.
15	27.	70000	126000.
16	28.80	80000	144000.
17	30.60	90000	162000.
18	32.40	100000	180000.
19	34.20		
20	36.		fr. c.
30	54.	1 hectogramme	0.18
40	72.	2	0.36
50	90.	3	0.54
60	108.	4	0.72
70	126.	5	0.90
80	144.	6	1.08
90	162.	7	1.26
100	180.	8	1.44
200	360.	9	1.62
300	540.	1 décagramme	0.02
400	720.	2	0.04
500	900.	3	0.05
600	1080.	4	0.07
700	1260.	5	0.09
800	1440.	6	0.11
900	1620.	7	0.13
1000	1800.	8	0.14
		9	0.16

Si on vendait 1 livre 18 sous 3 deniers, on vendra

	fr. c.		fr. c.
1 kilogramme	1.83	2000 kilogr.	3650.
2	3.65	3000	5475.
3	5.48	4000	7300.
4	7.30	5000	9125.
5	9.13	6000	10950.
6	10.95	7000	12775.
7	12.78	8000	14600.
8	14.60	9000	16425.
9	16.43	10000	18250.
10	18.25	20000	36500.
11	20.08	30000	54750.
12	21.90	40000	73000.
13	23.73	50000	91250.
14	25.55	60000	109500.
15	27.38	70000	127750.
16	29.20	80000	146000.
17	31.03	90000	164250.
18	32.85	100000	182500.
19	34.68		
20	36.50		fr. c.
30	54.75	1 hectogramme	0.18
40	73.	2	0.37
50	91.25	3	0.55
60	109.50	4	0.73
70	127.75	5	0.91
80	146.	6	1.10
90	164.25	7	1.28
100	182.50	8	1.46
200	365.	9	1.64
300	547.50	1 décagramme	0.02
400	730	2	0.04
500	912.50	3	0.06
600	1095.	4	0.07
700	1277.50	5	0.09
800	1460.	6	0.11
900	1642.50	7	0.13
1000	1825.	8	0.15
		9	0.16

Si on payait 1 livre 18 sous 6 deniers, on paiera

	fr. c.		fr. c.
1 kilogramme	1.85	2000 kilogr.	3700.
2	3.70	3000	5550.
3	5.55	4000	7400.
4	7.40	5000	9250.
5	9.25	6000	11100.
6	11.10	7000	12950.
7	12.95	8000	14800.
8	14.80	9000	16650.
9	16.65	10000	18500.
10	18.50	20000	37000.
11	20.35	30000	55500.
12	22.20	40000	74000.
13	24.05	50000	92500.
14	25.90	60000	111000.
15	27.75	70000	129500.
16	29.60	80000	148000.
17	31.45	90000	166500.
18	33.30	100000	185000.

	fr. c.		fr. c.
19	35.15		
20	37.	1 hectogramme	0.19
30	55.50	2	0.37
40	74.	3	0.56
50	92.50	4	0.74
60	111.	5	0.93
70	129.50	6	1.11
80	148.	7	1.30
90	166.50	8	1.48
100	185.	9	1.67
200	370.	1 décagramme	0.02
300	555.	2	0.04
400	740.	3	0.06
500	925.	4	0.07
600	1110.	5	0.09
700	1295.	6	0.11
800	1480.	7	0.13
900	1665.	8	0.15
1000	1850.	9	0.17

Si on vendait 1 livre 18 sous 9 deniers, on vendra

	fr. c.		fr. c
1 kilogramme	1.88	2000 kilogr.	3750.
2	3.75	3000	5625.
3	5.63	4000	7500.
4	7.50	5000	9375.
5	9.38	6000	11250.
6	11.25	7000	13125.
7	13.12	8000	15000.
8	15.	9000	16875.
9	16.88	10000	18750.
10	18.75	20000	37500.
11	20.62	30000	56250.
12	22.50	40000	75000.
13	24.38	50000	93750.
14	26.25	60000	112500.
15	28.12	70000	131250.
16	30.	80000	150000.
17	31.88	90000	168750.
18	33.75	100000	187500.
19	35.62		
20	37.50		fr. c.
30	56.25	1 hectogramme	0.19
40	75	2	0.38
50	93 75	3	0.56
60	112.50	4	0.75
70	131.25	5	0.94
80	150.	6	1.13
90	168.75	7	1.31
100	187.50	8	1.50
200	375.	9	1.69
300	562.50	1 décagramme	0.02
400	750.	2	0 04
500	937.50	3	0.06
600	1125.	4	0 08
700	1312.50	5	0.09
800	1500.	6	0.11
900	1687.50	7	0.13
1000	1875.	8	0.15
		9	0.17

TABLE 545.

Si on payait 1 livre 19 sous, ou 95 centimes, on paiera

	fr. c.
1 kilogramme	1.90
2	3.80
3	5.70
4	7 60
5	9.50
6	11.40
7	13 30
8	15 20
9	17.10
10	19.
11	20.90
12	22.80
13	24.70
14	26 60
15	28.50
16	30.40
17	32.50
18	34.20
19	36 10
20	38.
30	57.
40	76.
50	95.
60	114.
70	133.
80	152.
90	171.
100	190.
200	380.
300	570.
400	760.
500	950.
600	1140.
700	1330.
800	1520.
900	1710.
1000	1900.

	fr. c.
2000 kilogr.	3800.
3000	5700.
4000	7600.
5000	9500.
6000	11400.
7000	13300.
8000	15200.
9000	17100.
10000	19000.
20000	38000.
30000	57000.
40000	76000.
50000	95000.
60000	114000.
70000	133000.
80000	152000.
90000	171000.
100000	190000.

	fr. c.
1 hectogramme	0.19
2	0.38
3	0 57
4	0.76
5	0.95
6	1.14
7	1.33
8	1.52
9	1.71
1 décagramme	0.02
2	0.04
3	0 06
4	0 08
5	0.10
6	0.11
7	0.13
8	0.15
9	0.17

Si on vendait 1 livre 19 sous 5 deniers, on vendra

	fr. c.		fr. c.
1 kilogramme	1.95	2000 kilogr.	3850.
2	3.85	3000	5775.
3	5.77	4000	7700.
4	7.70	5000	9625.
5	9 65	6000	11550.
6	11.55	7000	13475.
7	13.47	8000	15400.
8	15 40	9000	17325.
9	17.33	10000	19250.
10	19.25	20000	38500.
11	21.17	30000	57750.
12	23.10	40000	77000.
13	25.03	50000	96250.
14	26.95	60000	115500.
15	28.87	70000	134750.
16	50.80	80000	154000.
17	52 73	90000	173250.
18	34 65	100000	192500.
19	36.57		
20	38.50		fr. c.
30	57.75	1 hectogramme	0.19
40	77.	2	0.39
50	96.25	3	0.58
60	115.50	4	0.77
70	134.75	5	0.96
80	154.	6	1.16
90	173.25	7	1.35
100	192.50	8	1.54
200	385.	9	1.73
300	577.50	1 décagramme	0.02
400	770.	2	0.04
500	962.50	3	0.06
600	1155.	4	0.08
700	1347.50	5	0.10
800	1540.	6	0.12
900	1732.50	7	0.14
1000	1925.	8	0.15
		9	0.17

TABLE 545.

Si on payait 1 livre 19 sous 6 deniers, on paiera

	fr. c.
1 kilogramme	1.95
2	3.90
3	5.85
4	7.80
5	9.75
6	11.70
7	13.65
8	15.60
9	17.55
10	19.50
11	21.45
12	23.40
13	25.35
14	27.30
15	29.25
16	31.20
17	33.15
18	35.10
19	37.05
20	39.
30	58.50
40	78.
50	97.50
60	117.
70	136.50
80	156.
90	175.50
100	195.
200	390.
300	585.
400	780.
500	975.
600	1170.
700	1365.
800	1560.
900	1755.
1000	1950.

	fr. c.
2000 kilogr.	3900.
3000	5850.
4000	7800.
5000	9750.
6000	11700.
7000	13650.
8000	15600.
9000	17550.
10000	19500.
20000	39000.
30000	58500.
40000	78000.
50000	97500.
60000	117000.
70000	136500.
80000	156000.
90000	175500.
100000	195000.

	fr. c.
1 hectogramme	0.20
2	0.39
3	0.59
4	0.78
5	0.98
6	1.17
7	1.37
8	1.56
9	1.76
1 décagramme	0.02
2	0.04
3	0.06
4	0.08
5	0.10
6	0.12
7	0.14
8	0.16
9	0.18

TABLE 546.

Si on vendait 1 livre 19 sous 9 deniers, on vendra

	fr. c.			fr. c.
1 kilogramme	1.98	2000 kilogr.	3950.	
2	3.95	3000	5925.	
3	5.92	4000	7900.	
4	7.90	5000	9875.	
5	9.88	6000	11850.	
6	11.85	7000	13825.	
7	13.82	8000	15800.	
8	15.80	9000	17775.	
9	17.78	10000	19750.	
10	19.75	20000	39500.	
11	21.72	30000	59250.	
12	23.70	40000	79000.	
13	25.68	50000	98750.	
14	27.65	60000	118500.	
15	29.62	70000	138250.	
16	31.60	80000	158000.	
17	33.58	90000	177750.	
18	35.55	100000	197500.	
19	37 52			
20	39.50			fr. c.
30	59.25	1 hectogramme	0.20	
40	79.	2	0.40	
50	98.75	3	0.59	
60	118 50	4	0.79	
70	138.25	5	0.99	
80	158.	6	1.19	
90	177.75	7	1.38	
100	197.50	8	1.58	
200	395.	9	1.78	
300	592.50	1 décagramme	0.02	
400	790.	2	0.04	
500	987.50	3	0 06	
600	1185.	4	0 08	
700	1382.50	5	0.10	
800	1580.	6	0.12	
900	1777.50	7	0.14	
1000	1975.	8	0.16	
		9	0.18	

TABLE 547.

Si on payait 1 livre 1 franc, on paiera

	fr. c.		fr. c.
1 kilogramme	2.	2000 kilogr.	4000.
2	4.	3000	6000.
3	6.	4000	8000.
4	8.	5000	10000.
5	10.	6000	12000.
6	12.	7000	14000.
7	14.	8000	16000.
8	16.	9000	18000.
9	18.	10000	20000.
10	20.	20000	40000.
11	22.	30000	60000.
12	24.	40000	80000.
13	26.	50000	100000.
14	28.	60000	120000.
15	30.	70000	140000.
16	32.	80000	160000.
17	34.	90000	180000.
18	36.	100000	200000.
19	38.		
20	40.		fr. c.
30	60.	1 hectogramme	0.20
40	80.	2	0.40
50	100.	3	0.60
60	120.	4	0.80
70	140.	5	1.
80	160.	6	1.20
90	180.	7	1.40
100	200.	8	1.60
200	400.	9	1.80
300	600.	1 décagramme	0.02
400	800.	2	0.04
500	1000.	3	0.06
600	1200.	4	0.08
700	1400.	5	0.10
800	1600.	6	0.12
900	1800.	7	0.14
1000	2000.	8	0.16
		9	0.18

Si on vendait 1 livre 2 francs, on vendra

	fr. c.		fr. c.
1 kilogramme	4.	2000 kilogr.	8000.
2	8.	3000	12000.
3	12.	4000	16000.
4	16.	5000	20000.
5	20.	6000	24000.
6	24.	7000	28000.
7	28.	8000	32000.
8	32.	9000	36000.
9	36.	10000	40000.
10	40	20000	80000.
11	44.	30000	120000.
12	48.	40000	160000.
13	52.	50000	200000.
14	56.	60000	240000.
15	60.	70000	280000.
16	64.	80000	320000.
17	68.	90000	360000.
18	72.	100000	400000.
19	76.		
20	80.		fr. c.
30	120.	1 hectogramme	0.40
40	160.	2	0.80
50	200.	3	1.20
60	240.	4	1.60
70	280.	5	2.
80	320.	6	2.40
90	360.	7	2.80
100	400.	8	3.20
200	800.	9	3.60
300	1200.	1 décagramme	0.04
400	1600.	2	0.08
500	2000.	3	0.12
600	2400.	4	0.16
700	2800.	5	0.20
800	3200.	6	0.24
900	3600.	7	0.28
1000	4000.	8	0.32
		9	0.36

Si on payait 1 livre 5 francs, on paiera

	fr. c.		fr. c.
1 kilogramme	6.	2000 kilogr.	12000.
2	12.	3000	18000.
3	18.	4000	24000.
4	24.	5000	30000.
5	30.	6000	36000.
6	36.	7000	42000.
7	42.	8000	48000.
8	48.	9000	54000.
9	54.	10000	60000.
10	60.	20000	120000.
11	66.	30000	180000.
12	72.	40000	240000.
13	78.	50000	300000.
14	84.	60000	360000.
15	90.	70000	420000.
16	96.	80000	480000.
17	102.	90000	540000.
18	108.	100000	600000.
19	114.		
20	120.		fr. c.
30	180.	1 hectogramme	0.60
40	240.	2	1.20
50	300.	3	1.80
60	360.	4	2.40
70	420.	5	3.
80	480.	6	3.60
90	540.	7	4.20
100	600.	8	4.80
200	1200.	9	5.40
300	1800.	1 décagramme	0.06
400	2400.	2	0.12
500	3000.	3	0.18
600	3600.	4	0.24
700	4200.	5	0.30
800	4800.	6	0.36
900	5400.	7	0.42
1000	6000.	8	0.48
		9	0.54

Si on vendait 1 livre 4 francs, on vendra

	fr. c.		fr. c.
1 kilogramme	8.	2000 kilogr.	16000.
2	16.	3000	24000.
3	24.	4000	32000.
4	32.	5000	40000.
5	40.	6000	48000.
6	48.	7000	56000.
7	56.	8000	64000.
8	64.	9000	72000.
9	72.	10000	80000.
10	80.	20000	160000.
11	88.	30000	240000.
12	96.	40000	320000.
13	104.	50000	400000.
14	112.	60000	480000.
15	120.	70000	560000.
16	128.	80000	640000.
17	136.	90000	720000.
18	144.	100000	800000.
19	152.		
20	160.		fr. c.
30	240.	1 hectogramme	0.80
40	320.	2	1.60
50	400.	3	2.40
60	480.	4	3.20
70	560.	5	4.00
80	640.	6	4.80
90	720.	7	5.60
100	800.	8	6.40
200	1600.	9	7.20
300	2400.	1 décagramme	0.08
400	3200.	2	0.16
500	4000.	3	0.24
600	4800.	4	0.32
700	5600.	5	0.40
800	6400.	6	0.48
900	7200.	7	0.56
1000	8000.	8	0.64
		9	0.72

TABLE 551.

Si on payait 1 livre 5 francs, on paiera

	fr. c.		fr. c.
1 kilogramme	10.	2000 kilogr.	20000.
2	20.	3000	30000.
3	30.	4000	40000.
4	40.	5000	50000.
5	50.	6000	60000.
6	60.	7000	70000.
7	70.	8000	80000.
8	80.	9000	90000.
9	90.	10000	100000.
10	100.	20000	200000.
11	110.	30000	300000.
12	120.	40000	400000.
13	130.	50000	500000.
14	140.	60000	600000.
15	150.	70000	700000.
16	160.	80000	800000.
17	170.	90000	900000.
18	180.	100000	1000000.
19	190.		
20	200.		fr. c.
30	300.	1 hectogramme	1.
40	400.	2	2.
50	500.	3	3.
60	600.	4	4.
70	700.	5	5.
80	800.	6	6.
90	900.	7	7.
100	1000.	8	8.
200	2000.	9	9.
300	3000.	1 décagramme	0 10
400	4000.	2	0.20
500	5000.	3	0.30
600	6000.	4	0 40
700	7000.	5	0.50
800	8000.	6	0.60
900	9000.	7	0.70
1000	10000.	8	0.80
		9	0.90

Si on vendait 1 livre 6 francs, on vendra

	fr. c.		fr. c.
1 kilogramme	12.	2000 kilogr.	24000.
2	24.	3000	36000.
3	36.	4000	48000.
4	48.	5000	60000.
5	60.	6000	72000.
6	72.	7000	84000.
7	84.	8000	96000.
8	96.	9000	108000.
9	108.	10000	120000.
10	120.	20000	240000.
11	132.	30000	360000.
12	144.	40000	480000.
13	156.	50000	600000.
14	168.	60000	720000.
15	180.	70000	840000.
16	192.	80000	960000.
17	204.	90000	1080000.
18	216.	100000	1200000.
19	228.		
20	240.		fr. c.
30	360.	1 hectogramme	1.20
40	480.	2	2.40
50	600.	3	3.60
60	720.	4	4.80
70	840.	5	6.00
80	960.	6	7.20
90	1080.	7	8.40
100	1200.	8	9.60
200	2400.	9	10.80
300	3600.	1 décagramme	0.12
400	4800.	2	0.24
500	6000.	3	0.36
600	7200.	4	0.48
700	8400.	5	0.60
800	9600.	6	0.72
900	10800.	7	0.84
1000	12000.	8	0.96
		9	1.08

Si on payait 1 livre 7 francs, on paiera

		fr. c.			fr. c.
1	kilogramme	14.	2000	kilogr.	28000.
2		28.	3000		42000.
3		42.	4000		56000.
4		56.	5000		70000.
5		70.	6000		84000.
6		84.	7000		98000.
7		98.	8000		112000.
8		112.	9000		126000.
9		126.	10000		140000.
10		140.	20000		280000.
11		154.	30000		420000.
12		168.	40000		560000.
13		182.	50000		700000.
14		196.	60000		840000.
15		210.	70000		980000.
16		224.	80000		1120000.
17		238.	90000		1260000.
18		252.	100000		1400000.
19		266.			
20		280.			fr. c.
30		420.	1	hectogramme	1.40
40		560.	2		2.80
50		700.	3		4.20
60		840.	4		5.60
70		980.	5		7.00
80		1120.	6		8.40
90		1260.	7		9.80
100		1400.	8		11.20
200		2800.	9		12.60
300		4200.	1	décagramme	0.14
400		5600.	2		0.28
500		7000.	3		0.42
600		8400.	4		0.56
700		9800.	5		0.70
800		11200.	6		0.84
900		12600.	7		0.98
1000		14000.	8		1.12
			9		1.26

Si on vendait 1 livre 8 francs, on vendra

	fr. c.
1 kilogramme	16.
2	32.
3	48.
4	64.
5	80.
6	96.
7	112.
8	128.
9	144.
10	160.
11	176.
12	192.
13	208.
14	224.
15	240.
16	256.
17	272.
18	288.
19	304.
20	320.
30	480.
40	640.
50	800.
60	960.
70	1120.
80	1280.
90	1440.
100	1600.
200	3200.
300	4800.
400	6400.
500	8000.
600	9600.
700	11200.
800	12800.
900	14400.
1000	16000.

	fr. c.
2000 kilogr.	32000.
3000	48000.
4000	64000.
5000	80000.
6000	96000.
7000	112000.
8000	128000.
9000	144000.
10000	160000.
20000	320000.
30000	480000.
40000	640000.
50000	800000.
60000	960000.
70000	1120000.
80000	1280000.
90000	1440000.
100000	1600000.

	fr. c.
1 hectogramme	1.60
2	3.20
3	4.80
4	6.40
5	8.00
6	9.60
7	11.20
8	12.80
9	14.40
1 décagramme	0.16
2	0.32
3	0.48
4	0.64
5	0.80
6	0.96
7	1.12
8	1.28
9	1.44

TABLE 555.

Si on payait 1 livre 9 francs, on paiera

	fr. c.		fr. c.
1 kilogramme	18.	2000 kilogr.	36000.
2	36.	3000	54000.
3	54.	4000	72000.
4	72.	5000	90000.
5	90.	6000	108000.
6	108.	7000	126000.
7	126.	8000	144000.
8	144.	9000	162000.
9	162.	10000	180000.
10	180.	20000	360000.
11	198.	30000	540000.
12	216.	40000	720000.
13	234.	50000	900000.
14	252.	60000	1080000.
15	270.	70000	1260000.
16	288.	80000	1440000.
17	306.	90000	1620000.
18	324.	100000	1800000.
19	342.		
20	360.		fr. c.
30	540.	1 hectogramme	1.80
40	720.	2	3.60
50	900.	3	5.40
60	1080.	4	7.20
70	1260.	5	9.00
80	1440.	6	10.80
90	1620.	7	12.60
100	1800.	8	14.40
200	3600.	9	16.20
300	5400.	1 décagramme	0.18
400	7200.	2	0.36
500	9000.	3	0.54
600	10800.	4	0.72
700	12600.	5	0 90
800	14400.	6	1 08
900	16200.	7	1.26
1000	18000.	8	1.44
		9	1.62

Si on vendait 1 livre 10 francs, on vendra

	fr. c.			fr. c.
1 kilogramme	20.	2000 kilogr.		40000.
2	40.	3000		60000.
3	60.	4000		80000.
4	80.	5000		100000.
5	100.	6000		120000.
6	120.	7000		140000.
7	140.	8000		160000.
8	160.	9000		180000.
9	180.	10000		200000.
10	200.	20000		400000.
11	220.	30000		600000.
12	240.	40000		800000.
13	260.	50000		1000000.
14	280.	60000		120 000.
15	300.	70000		1400000.
16	320.	80000		1600000.
17	340.	90000		1800000.
18	360.	100000		2000000.
19	380.			
20	400.			fr. c.
30	600.	1 hectogramme		2.
40	800.	2		4.
50	1000.	3		6.
60	1200.	4		8.
70	1400.	5		10.
80	1600.	6		12.
90	1800.	7		14.
100	2000.	8		16.
200	4000.	9		18.
300	6000.	1 décagramme		0.20
400	8000.	2		0.40
500	10000.	3		0 60
600	12000.	4		0.80
700	14000.	5		1.
800	16000.	6		1.20
900	18000.	7		1.40
1000	20000.	8		1.60
		9		1.80

TABLE 557.

Si on payait 1 livre 11 francs, on paiera

	fr. c.		fr. c.
1 kilogramme	22.	2000 kilogr.	44000.
2	44.	3000	66000.
3	66.	4000	88000.
4	88.	5000	110000.
5	110.	6000	132000.
6	132.	7000	154000.
7	154.	8000	176000.
8	176.	9000	198000.
9	198.	10000	220000.
10	220.	20000	440000.
11	242.	30000	660000.
12	264.	40000	880000.
13	286.	50000	1100000.
14	308.	60000	1320000.
15	330.	70000	1540000.
16	352.	80000	1760000.
17	374.	90000	1980000.
18	396.	100000	2200000.
19	418.		
20	440.		fr. c
30	660.	1 hectogramme	2.20
40	880.	2	4.40
50	1100.	3	6.60
60	1320.	4	8.80
70	1540.	5	11.
80	1760.	6	13.20
90	1980.	7	15.40
100	2200.	8	17.60
200	4400.	9	19.80
300	6600.	1 décagramme	0.22
400	8800.	2	0.44
500	11000.	3	0.66
600	13200.	4	0.88
700	15400.	5	1.10
800	17600.	6	1.32
900	19800.	7	1.54
1000	22000.	8	1.76
		9	1.98

Si on vendait 1 livre 12 francs, on vendra

	fr. c.		fr. c.
1 kilogramme	24.	2000 kilogr.	48000.
2	48.	3000	72000.
3	72.	4000	96000.
4	96.	5000	120000.
5	120.	6000	144000.
6	144.	7000	168000.
7	168.	8000	192000.
8	192.	9000	216000.
9	216.	10000	240000.
10	240.	20000	480000.
11	264.	30000	720000.
12	288.	40000	960000.
13	312.	50000	1200000.
14	336.	60000	1440000.
15	360.	70000	1680000.
16	384.	80000	1920000.
17	408.	90000	2160000.
18	432.	100000	2400000.
19	456.		
20	480.		fr. c.
30	720.	1 hectogramme	2.40
40	960.	2	4.80
50	1200.	3	7.20
60	1440.	4	9.60
70	1680.	5	12.
80	1920.	6	14.40
90	2160.	7	16.80
100	2400.	8	19.20
200	4800.	9	21.60
300	7200.	1 décagramme	0.24
400	9600.	2	0.48
500	12000.	3	0.72
600	14400.	4	0.96
700	16800.	5	1.20
800	19200.	6	1.44
900	21600.	7	1.68
1000	24000.	8	1.92
		9	2.16

TABLE 559.

Si on payait 1 livre 13 francs, on paiera

	fr. c.		fr. c.
1 kilogramme	26.	2000 kilogr.	52000.
2	52.	3000	78000.
3	78.	4000	10400.
4	104.	5000	15000.
5	130.	6000	15600.
6	156.	7000	18200.
7	182.	8000	20800.
8	208.	9000	23400.
9	234.	10000	26000.
10	260.	20000	52000.
11	286.	30000	78000.
12	312.	40000	104000.
13	338.	50000	130000.
14	364.	60000	156000.
15	390.	70000	182000.
16	416.	80000	208000.
17	442.	90000	234000.
18	468.	100000	260000.
19	494.		

	fr. c.
1 hectogramme	2 60
2	5.20
3	7.80
4	10.40
5	13.
6	15 60
7	18.20
8	20.80
9	23.40
1 décagramme	0.26
2	0.52
3	0.78
4	1.04
5	1.30
6	1.56
7	1.82
8	2.08
9	2.34

	fr. c.
20	520.
30	780.
40	1040.
50	1300.
60	1560.
70	1820.
80	2080.
90	2340.
100	2600.
200	5200.
300	7800.
400	10400.
500	13000.
600	15600.
700	18200.
800	20800.
900	23400.
1000	26000.

Si on vendait 1 livre 14 francs, on vendra

	fr. c.		fr. c.
1 kilogramme	28.	2000 kilogr.	56000.
2	56.	3000	84000.
3	84.	4000	112000.
4	112.	5000	140000.
5	140.	6000	168000.
6	168.	7000	196000.
7	196.	8000	224000.
8	224.	9000	252000.
9	252.	10000	280000.
10	280.	20000	560000.
11	308.	30000	840000.
12	336.	40000	1120000.
13	364.	50000	1400000.
14	392.	60000	1680000.
15	420.	70000	1960000.
16	448.	80000	2240000.
17	476.	90000	2520000.
18	504.	100000	2800000.
19	552.		
20	560.		fr. c.
30	840.	1 hectogramme	2.80
40	1120.	2	5.60
50	1400.	3	8.40
60	1680.	4	11.20
70	1960.	5	14.
80	2240.	6	16.80
90	2520.	7	19.60
100	2800.	8	22.40
200	5600.	9	25.20
300	8400.	1 décagramme	0.28
400	11200.	2	0.56
500	14000.	3	0.84
600	16800.	4	1.12
700	19600.	5	1.40
800	22400.	6	1.68
900	25200.	7	1.96
1000	28000.	8	2.24
		9	2.52

TABLE 561.

Si on payait 1 livre 15 francs, on paiera

	fr. c.			fr. c.
1 kilogramme	30.		2000 kilogr.	60000.
2	60.		3000	90000.
3	90.		4000	120000.
4	120.		5000	150000.
5	150.		6000	180000.
6	180.		7000	210000.
7	210.		8000	240000.
8	240.		9000	270000.
9	270.		10000	300000.
10	300.		20000	600000.
11	330.		30000	900000.
12	360.		40000	1200000.
13	390.		50000	1500000.
14	420.		60000	1800000.
15	450.		70000	2100000.
16	480.		80000	2400000.
17	510.		90000	2700000.
18	540.		100000	3000000.
19	570.			
20	600.			fr. c.
30	900.		1 hectogramme	3.
40	1200.		2	6.
50	1500.		3	9.
60	1800.		4	12.
70	2100.		5	15.
80	2400.		6	18.
90	2700.		7	21.
100	3000.		8	24.
200	6000.		9	27.
300	9000.		1 décagramme	0 30
400	12000.		2	0.60
500	15000.		3	0.90
600	18000.		4	1.20
700	21000.		5	1.50
800	24000.		6	1.80
900	27000.		7	2.10
1000	30000.		8	2.40
			9	2.70

Si on vendait 1 livre 16 francs, on vendra

	fr. c.		fr. c.
1 kilogramme	32.	2000 kilogr.	64000.
2	64.	3000	96000.
3	96.	4000	128000.
4	128.	5000	160000.
5	160.	6000	192000.
6	192.	7000	224000.
7	224.	8000	256000.
8	256.	9000	288000.
9	288.	10000	320000.
10	320.	20000	640000.
11	352.	30000	960000.
12	384.	40000	1280000.
13	416.	50000	1600000.
14	448.	60000	1920000.
15	480.	70000	2240000.
16	512.	80000	2560000.
17	544.	90000	2880000.
18	576.	100000	3200000.
19	608.		
20	640.		fr. c.
30	960.	1 hectogramme	3.20
40	1280.	2	6.40
50	1600.	3	9.60
60	1920.	4	12.80
70	2240.	5	16.
80	2560.	6	19.20
90	2880.	7	22.40
100	3200.	8	25.60
200	6400.	9	28.80
300	9600.	1 décagramme	0.32
400	12800.	2	0.64
500	16000.	3	0.96
600	19200.	4	1.28
700	22400.	5	1.60
800	25600.	6	1.92
900	28800.	7	2.24
1000	32000.	8	2.56
		9	2.88

TABLE 565.

Si on payait 1 livre 17 francs, on paiera

	fr. c.			fr. c.
1 kilogramme	54.	2000 kilogr.		68000.
2	68.	3000		102000.
3	102.	4000		136000.
4	156.	5000		170000.
5	170.	6000		204000.
6	204.	7000		238000.
7	238.	8000		272000.
8	272.	9000		306000.
9	306.	10000		340000.
10	340.	20000		680000.
11	374.	30000		1020000.
12	408.	40000		1360000.
13	442.	50000		1700000.
14	476.	60000		2040000.
15	510.	70000		2380000.
16	544.	80000		2720000.
17	578.	90000		3060000.
18	612.	100000		3400000.
19	646.			
20	680.			fr. c.
30	1020.	1 hectogramme		3.40
40	1360.	2		6.80
50	1700.	3		10.20
60	2040.	4		13 60
70	2380.	5		17.
80	2720.	6		20.40
90	3060.	7		23.80
100	3400.	8		27.20
200	6800.	9		30.60
300	10200.	1 décagramme		0.34
400	13600.	2		0.68
500	17000.	3		1.02
600	20400.	4		1.36
700	23800.	5		1.70
800	27200.	6		2.04
900	30600.	7		2.38
1000	34000.	8		2.72
		9		3.06

Si on vendait 1 livre 18 francs, on vendra

	fr. c.		fr. c.
1 kilogramme	36.	2000 kilogr.	72000.
2	72.	3000	108000.
3	108.	4000	144000.
4	144.	5000	180000.
5	180.	6000	216000.
6	216.	7000	252000.
7	252.	8000	288000.
8	288.	9000	324000.
9	324.	10000	360000.
10	360.	20000	720000.
11	396.	30000	1080000.
12	432.	40000	1440000.
13	468.	50000	1800000.
14	504.	60000	2160000.
15	540.	70000	2520000.
16	576.	80000	2880000.
17	612.	90000	3240000.
18	648.	100000	3600000.
19	684.		
20	720.		fr. c.
30	1080.	1 hectogramme	3.60
40	1440.	2	7.20
50	1800.	3	10.80
60	2160.	4	14.40
70	2520.	5	18.00
80	2880.	6	21.60
90	3240.	7	25.20
100	3600.	8	28.80
200	7200.	9	32.40
300	10800.	1 décagramme	0.36
400	14400.	2	0.72
500	18000.	3	1.08
600	21600.	4	1.44
700	25200.	5	1.80
800	28800.	6	2.16
900	32400.	7	2.52
1000	36000.	8	2.88
		9	3.24

TABLE 565.

Si on payait 1 livre 19 francs, on paiera

	fr. c.			fr. c.
1 kilogramme	38.	2000 kilogr.		76000.
2	76.	3000		114000.
3	114.	4000		152000.
4	152.	5000		190000.
5	190.	6000		228000.
6	228.	7000		266000.
7	266.	8000		304000.
8	304.	9000		342000.
9	342.	10000		380000.
10	380.	20000		760000.
11	418.	30000		1140000.
12	456.	40000		1520000.
13	494.	50000		1900000.
14	532.	60000		2280000.
15	570.	70000		2660000.
16	608.	80000		3040000.
17	646.	90000		3420000.
18	684.	100000		3800000.
19	722.			
20	760.			fr. c.
30	1140.	1 hectogramme		3 80
40	1520.	2		7.60
50	1900.	3		11.40
60	2280.	4		15.20
70	2660.	5		19.00
80	3040.	6		22.80
90	3420.	7		26.60
100	3800.	8		30.40
200	7600.	9		34.20
300	11400.	1 décagramme		0.38
400	15200.	2		0.76
500	19000.	3		1.14
600	22800.	4		1.52
700	26600.	5		1.90
800	30400.	6		2.28
900	34200.	7		2.66
1000	38000.	8		3.04
		9		3.42

Si on vendait 1 livre 20 francs , on vendra

	fr. c.			fr. c.
1 kilogramme	40.	2000 kilogr.	80000.	
2	80.	3000	120000.	
3	120.	4000	160000.	
4	160.	5000	200000.	
5	200.	6000	240000.	
6	240.	7000	280000.	
7	280.	8000	320000.	
8	320.	9000	360000.	
9	360.	10000	400000.	
10	400.	20000	800000.	
11	440.	30000	1200000.	
12	480.	40000	1600000.	
13	520.	50000	2000000.	
14	560.	60000	2400000.	
15	600.	70000	2800000.	
16	640.	80000	3200000.	
17	680.	90000	3600000.	
18	720.	100000	4000000.	
19	760.			
20	800.			fr. c.
30	1200.	1 hectogramme	4.	
40	1600.	2	8.	
50	2000.	3	12.	
60	2400.	4	16.	
70	2800.	5	20.	
80	3200.	6	24.	
90	3600.	7	28.	
100	4000.	8	32.	
200	8000.	9	36.	
300	12000.	1 décagramme	0.40	
400	16000.	2	0.80	
500	20000.	3	1.20	
600	24000.	4	1.60	
700	28000.	5	2.	
800	32000.	6	2.40	
900	36000.	7	2.80	
1000	40000.	8	3.20	
		9	3.60	

TABLE 567.

Si on payait 1 livre 21 francs, on paiera

		fr. c.			fr. c.
1	kilogramme	42.	2000	kilogr.	84000.
2		84.	3000		126000.
3		126.	4000		168000.
4		168.	5000		210000.
5		210.	6000		252000.
6		252.	7000		294000.
7		294.	8000		336000.
8		336.	9000		378000.
9		378.	10000		420000.
10		420.	20000		840000.
11		462.	30000		1260000.
12		504.	40000		1680000.
13		546.	50000		2100000.
14		588.	60000		2520000.
15		630.	70000		2940000.
16		672.	80000		3360000.
17		714.	90000		3780000.
18		756.	100000		4200000.
19		798.			

		fr. c.			fr. c.
20		840.	1	hectogramme	4.20
30		1260.	2		8.40
40		1680.	3		12.60
50		2100.	4		16.80
60		2520.	5		21.
70		2940.	6		25.20
80		3360.	7		29.40
90		3780.	8		33.60
100		4200.	9		37.80
200		8400.	1	décagramme	0.42
300		12600.	2		0.84
400		16800.	3		1.26
500		21000.	4		1.68
600		25200.	5		2.10
700		29400.	6		2.52
800		33600.	7		2.94
900		37800.	8		3.36
1000		42000.	9		3.78

Si on vendait 1 livre 22 francs, on vendra

	fr. c.			fr. c.
1 kilogramme	44.	2000 kilogr.		88000.
2	88.	3000		132000.
3	132.	4000		176000.
4	176.	5000		220000.
5	220.	6000		264000.
6	264.	7000		308000.
7	308.	8000		352000.
8	352.	9000		396000.
9	396.	10000		440000.
10	440.	20000		880000.
11	484.	30000		1320000.
12	528.	40000		1760000.
13	572.	50000		2200000.
14	616.	60000		2640000.
15	660.	70000		3080000.
16	704.	80000		3520000.
17	748.	90000		3960000.
18	792.	100000		4400000.

	fr. c.
19	836.
20	880.
30	1320.
40	1760.
50	2200.
60	2640.
70	3080.
80	3520.
90	3960.
100	4400.
200	8800.
300	13200.
400	17600.
500	22000.
600	26400.
700	30800.
800	35200.
900	39600.
1000	44000.

		fr. c.
1 hectogramme		4.40
2		8.80
3		13.20
4		17.60
5		22.
6		26.40
7		30.80
8		35.20
9		39.60
1 décagramme		0.44
2		0.88
3		1.32
4		1.76
5		2.20
6		2.64
7		3.08
8		3.52
9		3.96

TABLE 569.

Si on payait 1 livre 25 francs, on paiera

	fr. c.			fr. c.
1 kilogramme	46.		2000 kilogr.	92000.
2	92.		3000	138000.
3	138.		4000	184000.
4	184.		5000	230000.
5	230.		6000	276000.
6	276.		7000	322000.
7	322.		8000	368000.
8	368.		9000	414000.
9	414.		10000	460000.
10	460.		20000	920000.
11	506.		30000	1380000.
12	552.		40000	1840000.
13	598.		50000	2300000.
14	644.		60000	2760000.
15	690.		70000	3220000.
16	736.		80000	3680000.
17	782.		90000	4140000.
18	828.		100000	4600000.

	fr. c.			fr. c.
19	874.			
20	920.			
30	1380.		1 hectogramme	4.60
40	1840.		2	9.20
50	2300.		3	13.80
60	2760.		4	18.40
70	3220.		5	23.
80	3680.		6	27.60
90	4140.		7	32.20
100	4600.		8	36.80
200	9200.		9	41.40
300	13800.		1 décagramme	0.46
400	18400.		2	0.92
500	23000.		3	1.38
600	27600.		4	1.84
700	32200.		5	2.30
800	36800.		6	2.76
900	41400.		7	3.22
1000	46000.		8	3.68
			9	4.14

Si on vendait 1 livre 24 francs, on vendra

	fr. c.			fr. c.
1 kilogramme	48.	2000 kilogr.	96000.
2	96.	3000	144000.
3	144.	4000	192000.
4	192.	5000	240000.
5	240.	6000	288000.
6	288.	7000	336000.
7	336.	8000	384000.
8	384.	9000	432000.
9	432.	10000	480000.
10	480.	20000	960000.
11	528.	30000	1440000.
12	576.	40000	1920000.
13	624.	50000	2400000.
14	672.	60000	2880000.
15	720.	70000	3360000.
16	768.	80000	3840000.
17	816.	90000	4320000.
18	864.	100000	4800000.
19	912.		
20	960.		fr. c.
30	1440.	1 hectogramme	4.80
40	1920.	2	9.60
50	2400.	3	14.40
60	2880.	4	19.20
70	3360.	5	24.
80	3840.	6	28.80
90	4320.	7	33.60
100	4800.	8	38.40
200	9600.	9	43.20
300	14400.	1 décagramme	0.48
400	19200.	2	0.96
500	24000.	3	1.44
600	28800.	4	1.92
700	33600.	5	2.40
800	38400.	6	2.88
900	43200.	7	3.36
1000	48000.	8	3.84
		9	4.32

TABLE 574.

Si on payait 1 livre 25 francs, on paiera

	fr. c.		fr. c.
1 kilogramme	50.	2000 kilogr.	100000.
2	100.	3000	150000.
3	150.	4000	200000.
4	200.	5000	250000.
5	250.	6000	300000.
6	300.	7000	350000.
7	350.	8000	400000.
8	400.	9000	450000.
9	450.	10000	500000.
10	500.	20000	1000000.
11	550.	30000	1500000.
12	600.	40000	2000000.
13	650.	50000	2500000.
14	700.	60000	3000000.
15	750.	70000	3500000.
16	800.	80000	4000000.
17	850.	90000	4500000.
18	900.	100000	5000000.
19	950.		
			fr. c.
20	1000.	1 hectogramme	5.
30	1500.	2	10.
40	2000.	3	15.
50	2500.	4	20.
60	3000.	5	25.
70	3500.	6	30.
80	4000.	7	35.
90	4500.	8	40.
100	5000.	9	45.
200	10000.	1 décagramme	0.50
300	15000.	2	1.
400	20000.	3	1.50
500	25000.	4	2.
600	30000.	5	2.50
700	35000.	6	3.
800	40000.	7	3.50
900	45000.	8	4.
1000	50000.	9	4.50

Si on vendait 1 livre 26 francs, on vendra

	fr. c.			fr. c.
1 kilogramme	52.	2000 kilogr.	104000.	
2	104.	3000	156000.	
3	156.	4000	208000.	
4	208.	5000	260000.	
5	260.	6000	312000.	
6	312.	7000	364000.	
7	364.	8000	416000.	
8	416.	9000	468000.	
9	468.	10000	520000.	
10	520.	20000	1040000.	
11	572.	30000	1560000.	
12	624.	40000	2080000.	
13	676.	50000	2600000.	
14	728.	60000	3120000.	
15	780.	70000	3640000.	
16	832.	80000	4160000.	
17	884.	90000	4680000.	
18	936.	100000	5200000.	
19	988.			fr. c.
20	1040.	1 hectogramme	5.20	
30	1560.	2	10.40	
40	2080.	3	15.60	
50	2600.	4	20.80	
60	3120.	5	26.00	
70	3640.	6	31.20	
80	4160.	7	36.40	
90	4680.	8	41.60	
100	5200.	9	46.80	
200	10400.	1 décagramme	0.52	
300	15600.	2	1.04	
400	20800.	3	1.56	
500	26000.	4	2.08	
600	31200.	5	2.60	
700	36400.	6	3.12	
800	41600.	7	3.64	
900	46800.	8	4.16	
1000	52000.	9	4.68	

TABLE 573.

Si on payait 1 livre 27 francs, on paiera

	fr. c.			fr. c.
1 kilogramme	54.	2000 kilogr.		108000.
2	108.	3000		162000.
3	162.	4000		216000.
4	216.	5000		270000.
5	270.	6000		324000.
6	324.	7000		378000.
7	578.	8000		432000.
8	432.	9000		486000.
9	486.	10000		540000.
10	540.	20000		1080000.
11	594.	30000		1620000.
12	648.	40000		2160000.
13	702.	50000		2700000.
14	756.	60000		3240000.
15	810.	70000		3780000.
16	864.	80000		4320000.
17	918.	90000		4860000.
18	972.	100000		5400000.
19	1026.			
20	1080.			fr. c.
30	1620.	1 hectogramme		5.40
40	2160.	2		10.80
50	2700.	3		16.20
60	3240.	4		21 60
70	3780.	5		27.
80	4320.	6		32.40
90	4860.	7		37.80
100	5400.	8		43.20
200	10800.	9		48.60
300	16200.	1 décagramme		0.54
400	21600.	2		1.08
500	27000.	3		1.62
600	32400.	4		2.16
700	37800.	5		2.70
800	43200.	6		3.24
900	48600.	7		3.78
1000	54000.	8		4.32
		9		4.86

Si on vendait 1 livre 28 francs, on vendra

	fr. c.			fr. c.
1 kilogramme	56.		2000 kilogr.	112000.
2	112.		3000	168000.
3	168.		4000	224000.
4	224.		5000	280000.
5	280.		6000	336000.
6	336.		7000	392000.
7	392.		8000	448000.
8	448.		9000	504000.
9	504.		10000	560000.
10	560.		20000	1120000.
11	616.		30000	1680000.
12	672.		40000	2240000.
13	728.		50000	2800000.
14	784.		60000	3360000.
15	840.		70000	3920000.
16	896.		80000	4480000.
17	952.		90000	5040000.
18	1008.		100000	5600000.
19	1064.			
20	1120.			fr. c.
30	1680.		1 hectogramme	5.60
40	2240		2	11.20
50	2800.		3	16.80
60	3360.		4	22.40
70	3920.		5	28.
80	4480.		6	33.60
90	5040.		7	39.20
100	5600.		8	44.80
200	11200.		9	50.40
300	16800.		1 décagramme	0.56
400	22400.		2	1.12
500	28000.		3	1.68
600	33600.		4	2.24
700	39200.		5	2.80
800	44800.		6	3.36
900	50400.		7	3.92
1000	56000.		8	4.48
			9	5.04

TABLE 575.

Si on payait 1 livre 29 francs, on paiera

	fr. c.			fr. c.
1 kilogramme	58.	2000 kilogr.	116000.	
2	116.	3000	174000.	
3	174.	4000	232000.	
4	232.	5000	290000.	
5	290.	6000	348000.	
6	348.	7000	406000.	
7	406.	8000	464000.	
8	464.	9000	522000.	
9	522.	10000	580000.	
10	580.	20000	1160000.	
11	638.	30000	1740000.	
12	696.	40000	2320000.	
13	754.	50000	2900000.	
14	812.	60000	3480000.	
15	870.	70000	4060000.	
16	928.	80000	4640000.	
17	986.	90000	5220000.	
18	1044.	100000	5800000.	
19	1102.			
20	1160.			fr. c.
30	1740.	1 hectogramme	5.80	
40	2320.	2	11.60	
50	2900.	3	17.40	
60	3480.	4	25.20	
70	4060.	5	29.	
80	4640.	6	34.80	
90	5220.	7	40.60	
100	5800.	8	46.40	
200	11600.	9	52.20	
300	17400.	1 décagramme	0.58	
400	23200.	2	1.16	
500	29000.	3	1.74	
600	34800.	4	2.32	
700	40600.	5	2.90	
800	46400.	6	3.48	
900	52200.	7	4.06	
1000	58000.	8	4.64	
		9	5.22	

Si on vendait 1 livre 60 francs, on vendra

	fr. c.		fr. c.
1 kilogramme	60.	2000 kilogr.	120000.
2	120.	3000	180000.
3	180.	4000	240000.
4	240.	5000	300000.
5	300.	6000	360000.
6	360.	7000	420000.
7	420.	8000	480000.
8	480.	9000	540000.
9	540.	10000	600000.
10	600.	20000	1200000.
11	660.	30000	1800000.
12	720.	40000	2400000.
13	780.	50000	3000000.
14	840.	60000	3600000.
15	900.	70000	4200000.
16	960.	80000	4800000.
17	1020.	90000	5400000.
18	1080.	100000	6000000.
19	1140.		
20	1200.		fr. c.
30	1800.	1 hectogramme	6.
40	2400.	2	12.
50	3000.	3	18.
60	3600.	4	24.
70	4200.	5	30.
80	4800.	6	36.
90	5400.	7	42.
100	6000.	8	48.
200	12000.	9	54.
300	18000.	1 décagramme	0.60
400	24000.	2	1.20
500	30000.	3	1.80
600	36000.	4	2 40
700	42000.	5	3.
800	48000.	6	3.60
900	54000.	7	4.20
1000	60000.	8	4.80
		9	5.40

TABLE 577.

Si on payait 1 livre 31 francs, on paiera

	fr. c.			fr. c.
1 kilogramme	62.	2000 kilogr.	124000.
2	124.	3000	186000.
3	186.	4000	248000.
4	248.	5000	310000.
5	310.	6000	372000.
6	372.	7000	434000.
7	434.	8000	496000.
8	496.	9000	558000.
9	558.	10000	620000.
10	620.	20000	1240000.
11	682.	30000	1860000.
12	744.	40000	2480000.
13	806.	50000	3100000.
14	868.	60000	3720000.
15	930.	70000	4340000.
16	992.	80000	4960000.
17	1054.	90000	5580000.
18	1116.	100000	6200000.
19	1178.		
20	1240.		fr. c.
30	1860.	1 hectogramme	6.20
40	2480.	2	12.40
50	3100.	3	18.60
60	3720.	4	24.80
70	4340.	5	31.
80	4960.	6	37.20
90	5580.	7	43.40
100	6200.	8	49 60
200	12400.	9	55.80
300	18600.	1 décagramme	0.62
400	24800.	2	1.24
500	31000.	3	1.86
600	37200.	4	2.48
700	43400.	5	3.10
800	49600.	6	3.72
900	55800.	7	4.34
1000	62000.	8	4.96
		9	5 58

Si on vendait 1 livre 32 francs, on vendra

	fr. c.		fr. c.
1 kilogramme	64.	2000 kilogr.	128000.
2	128.	3000	192000.
3	192.	4000	256000.
4	256.	5000	320000.
5	320.	6000	384000.
6	384.	7000	448000.
7	448.	8000	512000.
8	512.	9000	576000.
9	576.	10000	640000.
10	640.	20000	1280000.
11	704.	30000	1920000.
12	768.	40000	2560000.
13	852.	50000	3200000.
14	896.	60000	3840000.
15	960.	70000	4480000.
16	1024.	80000	5120000.
17	1088.	90000	5760000.
18	1152.	100000	6400000
19	1216.		
20	1280.		fr. c.
30	1920.	1 hectogramme	6.40
40	2560.	2	12.80
50	3200.	3	19.20
60	3840.	4	25.60
70	4480.	5	32.
80	5120.	6	38.40
90	5760.	7	44.80
100	6400.	8	51.20
200	12800.	9	57.60
300	19200.	1 décagramme	0.64
400	25600.	2	1.28
500	32000.	3	1.92
600	38400.	4	2.56
700	44800.	5	3.20
800	51200.	6	3.84
900	57600.	7	4.48
1000	64000.	8	5.12
		9	5.76

Si on payait 1 livre 33 francs, on paiera

	fr. c.		fr. c.
1 kilogramme	66.	2000 kilogr.	132000.
2	132.	3000	198000.
3	198.	4000	264000.
4	264.	5000	330000.
5	330.	6000	396000.
6	396.	7000	462000.
7	462.	8000	528000.
8	528.	9000	594000.
9	594.	10000	660000.
10	660.	20000	1320000.
11	726.	30000	1980000.
12	792.	40000	2640000.
13	858.	50000	3300000.
14	924.	60000	3960000.
15	990.	70000	4620000.
16	1056.	80000	5280000.
17	1122.	90000	5940000.
18	1188.	100000	6600000.
19	1254.		
20	1320.		fr. c
30	1980.	1 hectogramme	6.60
40	2640.	2	13.20
50	3300.	3	19.80
60	3960.	4	26.40
70	4620.	5	33.
80	5280.	6	39.60
90	5940.	7	46.20
100	6600.	8	52.80
200	13200.	9	59.40
300	19800.	1 décagramme	0.66
400	26400.	2	1.32
500	33000.	3	1.98
600	39600.	4	2.64
700	46200.	5	3.30
800	52800.	6	3.96
900	59400.	7	4.62
1000	66000.	8	5.28
		9	5.94

Si on vendait 1 litre 34 francs, on vendra

	fr. c.		fr. c.
1 kilogramme	68.	2000 kilogr.	136000.
2	136.	3000	204000.
3	204.	4000	272000.
4	272.	5000	340000.
5	340.	6000	408000.
6	408.	7000	476000.
7	476.	8000	544000.
8	544.	9000	612000.
9	612.	10000	680000.
10	680.	20000	1360000.
11	748.	30000	2040000.
12	816.	40000	2720000.
13	884.	50000	3400000.
14	952.	60000	4080000.
15	1020.	70000	4760000.
16	1088.	80000	5440000.
17	1156.	90000	6120000.
18	1224.	100000	6800000.
19	1292.		
20	1360.		fr. c.
30	2040.	1 hectogramme	6.80
40	2720.	2	13.60
50	3400.	3	20.40
60	4080.	4	27.20
70	4760.	5	34.
80	5440.	6	40.80
90	6120.	7	47.60
100	6800.	8	54.40
200	13600.	9	61.20
300	20400.	1 décagramme	0.68
400	27200.	2	1.36
500	34000.	3	2.04
600	40800.	4	2.72
700	47600.	5	3.40
800	54400.	6	4.08
900	61200.	7	4.76
1000	68000.	8	5.44
		9	6.12

TABLE 581.

Si on payait 1 livre 55 francs, on paiera

	fr. c.			fr. c.
1 kilogramme	70.		2000 kilogr.	140000.
2	140.		3000	210000.
5	210.		4000	280000.
4	280.		5000	350000.
5	350.		6000	420000.
6	420.		7000	490000.
7	490.		8000	560000.
8	560.		9000	630000.
9	630.		10000	700000.
10	700.		20000	1400000.
11	770.		50000	2100000.
12	840.		40000	2800000.
13	910.		50000	3500000.
14	980.		60000	4200000.
15	1050.		70000	4900000.
16	1120.		80000	5600000.
17	1190.		90000	6500000.
18	1260.		100000	7000000.
19	1530.			fr. c.
20	1400.		1 hectogramme	7.
50	2100.		2	14.
40	2800.		5	21.
50	3500.		4	28.
60	4200.		5	35.
70	4900.		6	42.
80	5600.		7	49.
90	6300.		8	56.
100	7000.		9	63.
200	14000.		1 décagramme	0.70
500	21000.		2	1.40
400	28000.		5	2.10
500	35000.		4	2.80
600	42000.		5	3.50
700	49000.		6	4.20
800	56000.		7	4.90
900	63000.		8	5.60
1000	70000.		9	6.30

Si on vendait 1 livre 36 francs, on vendra

	fr. c.			fr. c.
1 kilogramme	72.	2000 kilogr.	144000.
2	144.	3000	216000.
3	216.	4000	288000.
4	288.	5000	360000.
5	360.	6000	432000.
6	432.	7000	504000.
7	504.	8000	576000.
8	576.	9000	648000.
9	648.	10000	720000.
10	720.	20000	1440000.
11	792.	30000	2160000.
12	864.	40000	2880000.
13	936.	50000	3600000.
14	1008.	60000	4320000.
15	1080.	70000	5040000.
16	1152.	80000	5760000.
17	1224.	90000	6480000
18	1296.	100000	7200000.
19	1368.		
20	1440.		fr. c.
30	2160.	1 hectogramme	7.20
40	2880.	2	14.40
50	3600.	3	21.60
60	4320.	4	28.80
70	5040.	5	36.
80	5760.	6	43.20
90	6480.	7	50.40
100	7200.	8	57.60
200	14400.	9	64.80
300	21600.	1 décagramme	0.72
400	28800.	2	1.44
500	36000.	3	2.16
600	43200.	4	2.88
700	50400.	5	3.60
800	57600.	6	4.32
900	64800.	7	5.04
1000	72000.	8	5.76
		9	6.48

Si on payait 1 livre 57 francs, on paiera

	fr. c.			fr. c.
1 kilogramme	74.	2000 kilogr.	148000.
2	148.	5000	222000.
5	222.	4000	296000.
4	296.	5000	570000.
5	570.	6000	444000.
6	444.	7000	518000.
7	518.	8000	592000.
8	592.	9000	666000.
9	666.	10000	740000.
10	740.	20000	1480000.
11	814.	50000	2220000.
12	888.	40000	2960000.
15	962.	50000	5700000.
14	1056.	60000	4440000.
15	1110.	70000	5180000.
16	1184.	80000	5920000.
17	1258.	90000	6660000.
18	1552.	100000	7400000.

	fr. c.			fr. c.
19	1406.		
20	1480.	1 hectogramme	7.40
50	2220.	2	14.80
40	2960.	5	22.20
50	5700.	4	29.60
60	4440.	5	57.
70	5180.	6	44.40
80	5920.	7	51.80
90	6660.	8	59.20
100	7400.	9	66.60
200	14800.	1 décagramme	0.74
300	22200.	2	1.48
400	29600.	5	2.22
500	37000.	4	2.96
600	44400.	5	5.70
700	51800.	6	4.44
800	59200.	7	5.18
900	66600.	8	5.92
1000	74000.	9	6.66

Si on vendait 1 livre 38 francs, on vendra

	fr. c.			fr. c.
1 kilogramme	76.	2000 kilogr.		152000.
2	152.	3000		228000.
3	228.	4000		304000.
4	304.	5000		380000.
5	380.	6000		456000.
6	456.	7000		532000.
7	552.	8000		608000.
8	608.	9000		684000.
9	684.	10000		760000.
10	760.	20000		1520000.
11	836.	30000		2280000.
12	912.	40000		3040000.
13	988.	50000		3800000.
14	1064.	60000		4560000.
15	1140.	70000		5320000.
16	1216.	80000		6080000.
17	1292.	90000		6840000.
18	1368.	100000		7600000.
19	1444.			
20	1520.			fr. c.
30	2280.	1 hectogramme		7.60
40	3040.	2		15.20
50	3800.	3		22.80
60	4560.	4		30.40
70	5320.	5		38.
80	6080.	6		45.60
90	6840.	7		53 20
100	7600.	8		60.80
200	15200.	9		68.40
300	22800.	1 décagramme		0.76
400	30400.	2		1.52
500	38000.	3		2.28
600	45600.	4		3.04
700	53200.	5		3.80
800	60800.	6		4.56
900	68400.	7		5.32
1000	76000.	8		6.08
		9		6.84

TABLE 585.

Si on payait 1 livre 39 francs, on paiera

	fr. c.		fr. c.
1 kilogramme	78.	2000 kilogr.	156000.
2	156.	3000	234000.
3	254.	4000	312000.
4	312.	5000	390000.
5	390.	6000	468000.
6	468.	7000	546000.
7	546.	8000	624000.
8	624.	9000	702000.
9	702.	10000	780000.
10	780.	20000	1560000.
11	858.	30000	2340000.
12	936.	40000	3120000.
13	1014.	50000	3900000.
14	1092.	60000	4680000.
15	1170.	70000	5460000.
16	1248.	80000	6240000.
17	1326.	90000	7020000.
18	1404.	100000	7800000.
19	1482.		
20	1560.		fr. c.
30	2340.	1 hectogramme	7.80
40	3120.	2	15.60
50	3900.	3	23.40
60	4680.	4	31.20
70	5460.	5	39.
80	6240.	6	46.80
90	7020.	7	54.60
100	7800.	8	62.40
200	15600.	9	70.20
300	23400.	1 décagramme	0.78
400	31200.	2	1.56
500	39000.	3	2.34
600	46800.	4	3.12
700	54600.	5	3.90
800	62400.	6	4.68
900	70200.	7	5.46
1000	78000.	8	6.24
		9	7.02

Si on vendait 1 livre 40 francs, on vendra

	fr. c.			fr. c.
1 kilogramme	80.	2000 kilogr.		160000.
2	160.	3000		240000.
3	240.	4000		320000.
4	320.	5000		400000.
5	400.	6000		480000.
6	480.	7000		560000.
7	560.	8000		640000.
8	640.	9000		720000.
9	720.	10000		800000.
10	800.	20000		1600000.
11	880.	30000		2400000.
12	960.	40000		3200000.
13	1040.	50000		4000000.
14	1120.	60000		4800000.
15	1200.	70000		5600000.
16	1280.	80000		6400000.
17	1360.	90000		7200000.
18	1440..	100000		8000000.
19	1520.			fr. c.
20	1600.	1 hectogramme		8.
30	2400.	2		16.
40	3200.	3		24.
50	4000.	4		32.
60	4800.	5		40.
70	5600.	6		48.
80	6400.	7		56.
90	7200.	8		64.
100	8000.	9		72.
200	16000.	1 décagramme		0.80
300	24000.	2		1.60
400	32000.	3		2.40
500	40000.	4		3.20
600	48000.	5		4.
700	56000.	6		4.80
800	64000.	7		5.60
900	72000.	8		6.40
1000	80000.	9		7.20

TABLE 587.

Si on payait 1 livre 41 francs, on paiera

	fr. c.			fr. c.
1 kilogramme	82.		2000 kilogr.	164000.
2	164.		3000	246000.
3	246.		4000	328000.
4	328.		5000	410000.
5	410.		6000	492000.
6	492.		7000	574000.
7	574.		8000	656000.
8	656.		9000	738000.
9	738.		10000	820000.
10	820.		20000	1640000.
11	902.		30000	2460000.
12	984.		40000	3280000.
13	1066.		50000	4100000.
14	1148.		60000	4920000.
15	1230.		70000	5740000.
16	1312.		80000	6560000.
17	1394.		90000	7380000.
18	1476.		100000	8200000.
19	1558.			
20	1640.			fr. c.
30	2460.		1 hectogramme	8.20
40	3280.		2	16.40
50	4100.		3	24.60
60	4920.		4	32.80
70	5740.		5	41.
80	6560.		6	49.20
90	7380.		7	57.40
100	8200.		8	65.60
200	16400.		9	73.80
300	24600.		1 décagramme	0.82
400	32800.		2	1.64
500	41000.		3	2 46
600	49200.		4	3.28
700	57400.		5	4.10
800	65600		6	4.92
900	73800.		7	5.74
1000	82000.		8	6.56
			9	7.38

Si on vendait 1 livre 42 francs, on vendra

	fr. c.			fr. c.
1 kilogramme	84.	2000 kilogr.	168000.
2	168.	3000	252000.
3	252.	4000	336000.
4	336.	5000	420000.
5	420.	6000	504000.
6	504.	7000	588000.
7	588.	8000	672000.
8	672.	9000	756000.
9	756.	10000	840000.
10	840.	20000	1680000.
11	924.	30000	2520000.
12	1008.	40000	3360000.
13	1092.	50000	4200000.
14	1176.	60000	5040000.
15	1260.	70000	5880000.
16	1344.	80000	6720000.
17	1428.	90000	7560000.
18	1512.	100000	8400000.
19	1596.		
20	1680.		fr. c.
30	2520.	1 hectogramme	8.40
40	3360.	2	16.80
50	4200.	3	25.20
60	5040.	4	33.60
70	5880.	5	42.
80	6720.	6	50.40
90	7560.	7	58.80
100	8400.	8	67.20
200	16800.	9	75.60
300	25200.	1 décagramme	0.84
400	33600.	2	1.68
500	42000.	3	2.52
600	50400.	4	3.36
700	58800.	5	4.20
800	67200.	6	5.04
900	75600.	7	5.88
1000	84000.	8	6.72
		9	7.56

TABLE 589.

Si on payait 1 livre 43 francs, on paiera

	fr. c.			fr. c.
1 kilogramme	86.	2000 kilogr.		172000.
2	172.	3000		258000.
3	258.	4000		344000.
4	344.	5000		430000.
5	430.	6000		516000.
6	516.	7000		602000.
7	602.	8000		668000.
8	688.	9000		774000.
9	774.	10000		860000.
10	860.	20000		1720000.
11	946.	30000		2580000.
12	1032.	40000		3440000.
13	1118.	50000		4300000.
14	1204.	60000		5160000.
15	1290.	70000		6020000.
16	1376.	80000		6880000.
17	1462.	90000		7740000.
18	1548.	100000		8600000.
19	1634.			
20	1720.			fr. c.
30	2580.	1 hectogramme		8.60
40	3440.	2		17.20
50	4300.	3		25.80
60	5160.	4		34.40
70	6020.	5		43.
80	6880.	6		51.60
90	7740.	7		60.20
100	8600.	8		68.80
200	17200.	9		77.40
300	25800.	1 décagramme		0.86
400	34400.	2		1.72
500	43000.	3		2.58
600	51600.	4		3.44
700	60200.	5		4.30
800	68800.	6		5.16
900	77400.	7		6.02
1000	86000.	8		6.88
		9		7.74

Si on vendait 1 livre 44 francs, on vendra

	fr. c.		fr. c.
1 kilogramme	88.	2000 kilogr.	176000.
2	176.	3000	264000.
3	264.	4000	352000.
4	352.	5000	440000.
5	440.	6000	528000.
6	528.	7000	616000.
7	616.	8000	704000.
8	704.	9000	792000.
9	792.	10000	880000.
10	880.	20000	1760000.
11	968.	30000	2640000.
12	1056.	40000	3520000.
13	1144.	50000	4400000.
14	1232.	60000	5280000.
15	1320.	70000	6160000.
16	1408.	80000	7040000.
17	1496.	90000	7920000.
18	1584.	100000	8800000.
19	1672.		
20	1760.		fr. c.
30	2640.	1 hectogramme	8.80
40	3520.	2	17.60
50	4400.	3	26.40
60	5280.	4	35.20
70	6160.	5	44.00
80	7040.	6	52.80
90	7920.	7	61.60
100	8800.	8	70.40
200	17600.	9	79.20
300	26400.	1 décagramme	0.88
400	35200.	2	1.76
500	44000.	3	2.64
600	52800.	4	3.52
700	61600.	5	4.40
800	70400.	6	5.28
900	79200.	7	6.16
1000	88000.	8	7.04
		9	7.92

Si on payait 1 livre 45 francs, on paiera

	fr. c.		fr. c.
1 kilogramme	90.	2000 kilogr.	180000.
2	180.	3000	270000.
3	270.	4000	360000.
4	360.	5000	450000.
5	450.	6000	540000.
6	540.	7000	630000.
7	630.	8000	720000.
8	720.	9000	810000.
9	810.	10000	900000.
10	900.	20000	1800000.
11	990.	30000	2700000.
12	1080.	40000	3600000.
13	1170.	50000	4500000.
14	1260.	60000	5400000.
15	1350.	70000	6300000.
16	1440.	80000	7200000.
17	1530.	90000	8100000.
18	1620.	100000	9000000.
19	1710.		
20	1800.		fr. c.
30	2700.	1 hectogramme	9.00
40	3600.	2	18.00
50	4500.	3	27.00
60	5400.	4	36.00
70	6300.	5	45.00
80	7200.	6	54.00
90	8100.	7	63.00
100	9000.	8	72.00
200	18000.	9	81.00
300	27000.	1 décagramme	0.90
400	36000.	2	1.80
500	45000.	3	2.70
600	54000.	4	3.60
700	63000.	5	4.50
800	72000.	6	5.40
900	81000.	7	6.30
1000	90000.	8	7.20
		9	8.10

Si on vendait 1 livre 46 francs, on vendra

	fr. c.			fr. c.
1 kilogramme	92.	2000 kilogr.		184000.
2	184.	3000		276000.
3	276.	4000		368000.
4	368.	5000		460000.
5	460.	6000		552000.
6	552.	7000		644000.
7	644.	8000		736000.
8	736.	9000		828000.
9	828.	10000		920000.
10	920.	20000		1840000.
11	1012.	30000		2760000.
12	1104.	40000		3680000.
13	1196.	50000		4600000.
14	1288.	60000		5520000.
15	1380.	70000		6440000.
16	1472.	80000		7360000.
17	1564.	90000		8280000.
18	1656.	100000		9200000.
19	1748.			fr. c.
20	1840.	1 hectogramme		9.20
30	2760.	2		18.40
40	3680.	3		27.60
50	4600.	4		36.80
60	5520.	5		46.00
70	6440.	6		55.20
80	7360.	7		64.40
90	8280.	8		73.60
100	9200.	9		82.80
200	18400.	1 décagramme		0.92
300	27600.	2		1.84
400	36800.	3		2.76
500	46000.	4		3.68
600	55200.	5		4.60
700	64400.	6		5.52
800	73600.	7		6.44
900	82800.	8		7.36
1000	92000.	9		8.28

Si on payait 1 livre 47 francs, on paiera

		fr. c.			fr. c.
1	kilogramme	94.	2000	kilogr.	188000.
2		188.	3000		282000.
3		282.	4000		376000.
4		376.	5000		470000.
5		470.	6000		564000.
6		564.	7000		658000.
7		658.	8000		752000.
8		752.	9000		846000.
9		846.	10000		940000.
10		940.	20000		1880000.
11		1034.	30000		2820000.
12		1128.	40000		3760000.
13		1222.	50000		4700000.
14		1316	60000		5640000.
15		1410.	70000		6580000.
16		1504.	80000		7520000.
17		1598.	90000		8460000.
18		1692.	100000		9400000.
19		1786.			
20		1880.			fr. c.
30		2820.	1	hectogramme	9.40
40		3760.	2		18.80
50		4700.	3		28.20
60		5640.	4		37.60
70		6580.	5		47.00
80		7520.	6		56.40
90		8460.	7		65.80
100		9400.	8		75.20
200		18800.	9		84.60
300		28200.	1	décagramme	0.94
400		37600.	2		1.88
500		47000.	3		2.82
600		56400	4		3.76
700		65800.	5		4.70
800		75200.	6		5.64
900		84600.	7		6.58
1000		94000.	8		7.52
			9		8.46

Si on vendait 1 livre 48 francs , on vendra

	fr. c.		fr. c.
1 kilogramme	96.	2000 kilogr.	192000.
2	192.	3000	288000.
3	288.	4000	384000.
4	384.	5000	480000.
5	480.	6000	576000.
6	576.	7000	672000.
7	672.	8000	768000.
8	768.	9000	864000.
9	864.	10000	960000.
10	960.	20000	1920000.
11	1056.	30000	2880000.
12	1152.	40000	3840000.
13	1248.	50000	4800000.
14	1344.	60000	5760000.
15	1440.	70000	6720000.
16	1536.	80000	7680000.
17	1632.	90000	8640000.
18	1728.	100000	9600000.
19	1824.		
20	1920.		fr. c.
30	2880.	1 hectogramme	9.60
40	3840.	2	19.20
50	4800.	3	28.80
60	5760.	4	38.40
70	6720.	5	48.00
80	7680.	6	57.60
90	8640.	7	67.20
100	9600.	8	76.80
200	19200.	9	86.40
300	28800.	1 décagramme	0.96
400	38400.	2	1.92
500	48000.	3	2.88
600	57600.	4	3.84
700	67200.	5	4.80
800	76800.	6	5.76
900	86400.	7	6.72
1000	96000.	8	7.68
		9	8.64

Si on payait 1 livre 49 francs, on paiera

	fr. c.		fr. c.
1 kilogramme	98.	2000	196000.
2	196.	3000	294000.
3	294.	4000	392000.
4	392.	5000	490000.
5	490.	6000	588000.
6	588.	7000	686000.
7	686.	8000	784000.
8	784.	9000	882000.
9	882.	10000	980000.
10	980.	20000	1960000.
11	1078.	30000	2940000.
12	1176.	40000	3920000.
13	1274.	50000	4900000.
14	1372.	60000	5880000.
15	1470.	70000	6860000.
16	1568.	80000	7840000.
17	1666.	90000	8820000.
18	1764.	100000	9800000.
19	1862.		fr. c.
20	1960.	1 hectogramme	9.80
30	2940.	2	19.60
40	3920.	3	29.40
50	4900.	4	39.20
60	5880.	5	49.00
70	6860.	6	58.80
80	7840.	7	68.60
90	8820.	8	78.40
100	9800.	9	88.20
200	19600.	1 décagramme	0.98
300	29400.	2	1.96
400	39200.	3	2.94
500	49000.	4	3.92
600	58800.	5	4.90
700	68600.	6	5.88
800	78400.	7	6.86
900	88200.	8	7.84
1000	98000.	9	8.82

Si on vendait 1 livre 50 francs, on vendra

	fr. c.			fr. c.
1 kilogramme	100.	2000 kilogr.	200000.	
2	200.	3000	300000.	
3	300.	4000	400000.	
4	400.	5000	500000.	
5	500.	6000	600000.	
6	600.	7000	700000.	
7	700.	8000	800000.	
8	800.	9000	900000.	
9	900.	10000	1000000.	
10	1000.	20000	2000000.	
11	1100.	30000	3000000.	
12	1200.	40000	4000000.	
13	1300.	50000	5000000.	
14	1400.	60000	6000000.	
15	1500.	70000	7000000.	
16	1600.	80000	8000000.	
17	1700.	90000	9000000.	
18	1800.	100000	10000000.	
19	1900.			
20	2000.		fr. c.	
30	3000.	1 hectogramme	10.00	
40	4000.	2	20.00	
50	5000.	3	30.00	
60	6000.	4	40.00	
70	7000.	5	50.00	
80	8000.	6	60.00	
90	9000.	7	70.00	
100	10000.	8	80.00	
200	20000.	9	90.00	
300	30000.	1 décagramme	1.00	
400	40000.	2	2.00	
500	50000.	3	3.00	
600	60000.	4	4 00	
700	70000.	5	5.00	
800	80000.	6	6.00	
900	90000.	7	7.00	
1000	100000.	8	8.00	
		9	9.00	

Si on payait 1 livre 51 francs, on paiera

	fr. c.			fr. c.
1 kilogramme	102.		2000 kilogr.	204000.
2	204.		3000	306000.
3	306.		4000	408000.
4	408.		5000	510000.
5	510.		6000	612000.
6	612.		7000	714000.
7	714.		8000	816000.
8	816.		9000	918000.
9	918.		10000	1020000.
10	1020.		20000	2040000.
11	1122.		30000	3060000.
12	1224.		40000	4080000.
13	1326.		50000	5100000.
14	1428.		60000	6120000.
15	1530.		70000	7140000.
16	1632.		80000	8160000.
17	1734.		90000	9180000.
18	1836.		100000	10200000.
19	1938.			fr. c.
20	2040.		1 hectogramme	10.20
30	3060.		2	20.40
40	4080.		3	30.60
50	5100.		4	40.80
60	6120.		5	51.00
70	7140.		6	61.20
80	8160.		7	71.40
90	9180.		8	81.60
100	10200.		9	91.80
200	20400.		1 décagramme	1.02
300	30600.		2	2.04
400	40800.		3	3.06
500	51000.		4	4.08
600	61200.		5	5.10
700	71400.		6	6.12
800	81600.		7	7.14
900	91800.		8	8.16
1000	102000.		9	9.18

Si on vendait une livre 52 francs, on vendra

	fr. c.			fr. c.
1 kilogramme	104.		2000 kilogr.	208000.
2	208.		3000	312000.
3	312.		4000	416000.
4	416.		5000	520000.
5	520.		6000	624000.
6	624.		7000	728000.
7	728.		8000	832000.
8	832.		9000	936000.
9	956.		10000	1040000.
10	1040.		20000	2080000.
11	1144.		30000	3120000.
12	1248.		40000	4160000.
13	1352.		50000	5200000.
14	1456.		60000	6240000.
15	1560.		70000	7280000.
16	1664.		80000	8320000.
17	1768.		90000	9360000.
18	1872.		100000	10400000.
19	1976.			fr. c.
20	2080.		1 hectogramme	10.40
30	3120.		2	20.80
40	4160.		3	31.20
50	5200.		4	41.60
60	6240.		5	52.00
70	7280.		6	62.40
80	8320.		7	72.80
90	9360.		8	83.20
100	10400.		9	93.60
200	20800.		1 décagramme	1.04
300	31200.		2	2.08
400	41600.		3	3.12
500	52000.		4	4.16
600	62400.		5	5.20
700	72800.		6	6.24
800	83200.		7	7.28
900	93600.		8	8.32
1000	104000.		9	9.36

TABLE 599.

Si on payait 1 livre 53 francs, on paiera

		fr. c.			fr. c.
1	kilogramme	106.	2000	kilogr.	212000.
2		212.	3000		318000.
3		318.	4000		424000.
4		424.	5000		530000.
5		530.	6000		636000.
6		636.	7000		742000.
7		742.	8000		848000.
8		848.	9000		954000.
9		954.	10000		1060000.
10		1060.	20000		2120000.
11		1166.	30000		3180000.
12		1272.	40000		4240000.
13		1378.	50000		5300000.
14		1484.	60000		6360000.
15		1590.	70000		7420000.
16		1696.	80000		8480000.
17		1802.	90000		9540000.
18		1908.	100000		10600000.
19		2014.			fr. c.
20		2120.	1	hectogramme	10.60
30		3180.	2		21.20
40		4240.	3		31.80
50		5300.	4		42.40
60		6360.	5		53.
70		7420.	6		63.60
80		8480.	7		74.20
90		9540.	8		84.80
100		10600.	9		95.40
200		21200.	1	décagramme	1.06
300		31800.	2		2.12
400		42400.	3		3.18
500		53000.	4		4.24
600		63600.	5		5.30
700		74200.	6		6.36
800		84800.	7		7.42
900		95400.	8		8.48
1000		106000.	9		9.54

Si on vendait 1 livre 54 francs, on vendra

	fr. c.		fr. c.
1 kilogramme	108.	2000 kilogr.	216000.
2	216.	3000	324000.
3	324.	4000	432000.
4	432.	5000	540000.
5	540.	6000	648000.
6	648.	7000	756000.
7	756.	8000	864000.
8	864.	9000	972000.
9	972.	10000	1080000.
10	1080.	20000	2160000.
11	1188.	30000	3240000.
12	1296.	40000	4320000.
13	1404.	50000	5400000.
14	1512.	60000	6480000.
15	1620.	70000	7560000.
16	1728.	80000	8640000.
17	1836.	90000	9720000.
18	1944.	100000	10800000.
19	2052.		
20	2160.		fr. c.
30	3240.	1 hectogramme	10.80
40	4320.	2	21.60
50	5400.	3	32.40
60	6480.	4	43.20
70	7560.	5	54.
80	8640.	6	64.80
90	9720.	7	75.60
100	10800.	8	86.40
200	21600.	9	97.20
300	32400.	1 décagramme	1.08
400	43200.	2	2.16
500	54000.	3	3.24
600	64800.	4	4.32
700	75600.	5	5.40
800	86400.	6	6.48
900	97200.	7	7.56
1000	108000.	8	8.64
		9	9.72

TABLE 601.

Si on payait 1 livre 55 francs, on paiera

	fr. c.		fr. c.
1 kilogramme	110.	2000 kilogr.	220000.
2	220.	3000	330000.
3	330.	4000	440000.
4	440.	5000	550000.
5	550.	6000	660000.
6	660.	7000	770000.
7	770.	8000	880000.
8	880.	9000	990000.
9	990.	10000	1100000.
10	1100.	20000	2200000.
11	1210.	30000	3300000.
12	1320.	40000	4400000.
13	1430.	50000	5500000.
14	1540.	60000	6600000.
15	1650.	70000	7700000.
16	1760.	80000	8800000.
17	1870.	90000	9900000.
18	1980.	100000	11000000.
19	2090.		
20	2200.		fr. c.
30	3300.	1 hectogramme	11.
40	4400.	2	22.
50	5500.	3	33.
60	6600.	4	44.
70	7700.	5	55.
80	8800.	6	66.
90	9900.	7	77.
100	11000.	8	88.
200	22000.	9	99.
300	33000.	1 décagramme	1.10
400	44000.	2	2.20
500	55000.	3	3.30
600	66000.	4	4.40
700	77000.	5	5.50
800	88000.	6	6.60
900	99000.	7	7.70
1000	110000.	8	8.80
		9	9.90

Si on vendait 1 livre 56 francs, on vendra

	fr. c.			fr. c.
1 kilogramme	112.	2000 kilogr.	224000.	
2	224.	3000	336000.	
3	336.	4000	448000.	
4	448.	5000	560000.	
5	560.	6000	672000.	
6	672.	7000	784000.	
7	784.	8000	896000.	
8	896.	9000	1008000.	
9	1008.	10000	1120000.	
10	1120.	20000	2240000.	
11	1232.	30000	3360000.	
12	1344.	40000	4480000.	
13	1456.	50000	5600000.	
14	1568.	60000	6720000.	
15	1680.	70000	7840000.	
16	1792.	80000	8960000.	
17	1904.	90000	10080000.	
18	2016.	100000	11200000.	
19	2128.			
20	2240.			fr. c.
30	3360.	1 hectogramme	11.20	
40	4480.	2	22.40	
50	5600.	3	33.60	
60	6720.	4	44.80	
70	7840.	5	56.	
80	8960.	6	67.20	
90	10080.	7	78.40	
100	11200.	8	89.60	
200	22400.	9	100.80	
300	33600.	1 décagramme	1.12	
400	44800.	2	2.24	
500	56000.	3	3.36	
600	67200.	4	4.48	
700	78400.	5	5.60	
800	89600.	6	6.72	
900	100800.	7	7 84	
1000	112000.	8	8 96	
		9	10.08	

Si on payait 1 livre 57 francs, on paiera

	fr. c.			fr. c.
1 kilogramme	114.	2000 kilogr.		228000.
2	228.	3000		342000.
3	342.	4000		456000.
4	456.	5000		570000.
5	570.	6000		684000.
6	684.	7000		798000.
7	798.	8000		912000.
8	912.	9000		1026000.
9	1026.	10000		1140000.
10	1140.	20000		2280000.
11	1254.	30000		3420000.
12	1368.	40000		4560000.
13	1482.	50000		5700000.
14	1596.	60000		6840000.
15	1710.	70000		7980000.
16	1824.	80000		9120000.
17	1938.	90000		10260000.
18	2052.	100000		11400000.
19	2166.			
20	2280.			fr. c.
30	3420.	1 hectogramme		11.40
40	4560.	2		22.80
50	5700.	3		34.20
60	6840.	4		45.60
70	7980.	5		57.
80	9120.	6		68.40
90	10260.	7		79.80
100	11400.	8		91.20
200	22800.	9		102.60
300	34200.	1 décagramme		1.14
400	45600.	2		2.28
500	57000.	3		3.42
600	68400.	4		4.56
700	79800.	5		5.70
800	91200.	6		6.84
900	102600.	7		7.98
1000	114000.	8		9.12
		9		10.26

Si on vendait 1 livre 58 francs, on vendra

	fr. c.		fr. c.
1 kilogramme	116.	2000 kilogr.	232000.
2	232.	3000	348000.
3	348.	4000	464000.
4	464.	5000	580000.
5	580.	6000	696000.
6	696.	7000	812000.
7	812.	8000	928000.
8	928.	9000	1044000.
9	1044.	10000	1160000.
10	1160.	20000	2320000.
11	1276.	30000	3480000.
12	1392.	40000	4640000.
13	1508.	50000	5800000.
14	1624.	60000	6960000.
15	1740.	70000	8120000.
16	1856.	80000	9280000.
17	1972.	90000	10440000.
18	2088.	100000	11600000.
19	2204.		
20	2320.		

	fr. c
1 hectogramme	11.60
2	23.20
3	34.80
4	46.40
5	58.
6	69.60
7	81 20
8	92.80
9	104.40
1 décagramme	1.16
2	2.32
3	3.48
4	4.64
5	5.80
6	6.96
7	8.12
8	9.28
9	10.44

	fr. c.
30	3480.
40	4640.
50	5800.
60	6960.
70	8120.
80	9280.
90	10440.
100	11600.
200	23200.
300	34800.
400	46400.
500	58000.
600	69600.
700	81200.
800	92800.
900	104400.
1000	116000.

Si on payait 1 livre 59 francs, on paiera

	fr. c.		fr. c.
1 kilogramme	118.	2000 kilogr.	236000.
2	256.	3000	354000.
3	354.	4000	472000.
4	472.	5000	590000.
5	590.	6000	708000.
6	708.	7000	826000.
7	826.	8000	944000.
8	944.	9000	1062000.
9	1062.	10000	1180000.
10	1180.	20000	2360000.
11	1298.	30000	3540000.
12	1416	40000	4720000.
13	1534.	50000	5900000.
14	1652.	60000	7080000.
15	1770.	70000	8260000.
16	1888.	80000	9440000.
17	2006.	90000	10620000.
18	2124.	100000	11800000.
19	2242.		

	fr. c.
20	2360.
30	3540.
40	4720.
50	5900.
60	7080.
70	8260.
80	9440.
90	10620.
100	11800.
200	23600.
300	35400.
400	47200
500	59000.
600	70800.
700	82600.
800	94400.
900	106200.
1000	118000.

	fr. c.
1 hectogramme	11.80
2	23.60
3	35.40
4	47.20
5	59.
6	70.80
7	82.60
8	94.40
9	106.20
1 décagramme	1.18
2	2.36
3	3.54
4	4.72
5	5.90
6	7.08
7	8.26
8	9.44
9	10.62

Si on vendait 1 livre 60 francs, on vendra

	fr. c.		fr. c.
1 kilogramme	120.	2000 kilogr.	240000.
2	240.	3000	360000.
3	360.	4000	480000.
4	480.	5000	600000.
5	600.	6000	720000.
6	720.	7000	840000.
7	840.	8000	960000.
8	960.	9000	1080000.
9	1080.	10000	1200000.
10	1200.	20000	2400000.
11	1320.	30000	3600000.
12	1440.	40000	4800000.
13	1560.	50000	6000000.
14	1680.	60000	7200000.
15	1800.	70000	8400000.
16	1920.	80000	9600000.
17	2040.	90000	10800000.
18	2160.	100000	12000000.
19	2280.		
20	2400.		fr. c.
30	3600.	1 hectogramme	12.
40	4800.	2	24.
50	6000.	3	36.
60	7200.	4	48.
70	8400.	5	60.
80	9600.	6	72.
90	10800.	7	84.
100	12000.	8	96.
200	24000.	9	108.
300	36000.	1 décagramme	1.20
400	48000.	2	2.40
500	60000.	3	3 60
600	72000.	4	4.80
700	84000.	5	6.
800	96000.	6	7.20
900	108000.	7	8.40
1000	120000.	8	9.60
		9	10.80

TABLE 607.

Si on payait 1 livre 61 francs, on paiera

	fr. c.
1 kilogramme	122.
2	244.
3	366.
4	488.
5	610.
6	732.
7	854.
8	976.
9	1098.
10	1220.
11	1342.
12	1464.
13	1586.
14	1708.
15	1830.
16	1952.
17	2074.
18	2196.
19	2318.
20	2440.
30	3660.
40	4880.
50	6100.
60	7320.
70	8540.
80	9760.
90	10980.
100	12200.
200	24400.
300	36600.
400	48800.
500	61000.
600	73200.
700	85400.
800	97600.
900	109800.
1000	122000.

	fr. c.
2000 kilogr.	244000.
3000	366000.
4000	488000.
5000	610000.
6000	732000.
7000	854000.
8000	976000.
9000	1098000.
10000	1220000.
20000	2440000.
30000	3660000.
40000	4880000.
50000	6100000.
60000	7320000.
70000	8540000.
80000	9760000.
90000	10980000.
100000	12200000.

	fr. c.
1 hectogramme	12.20
2	24.40
3	36.60
4	48.80
5	61.
6	73.20
7	85.40
8	97.60
9	109.80
1 décagramme	1.22
2	2.44
3	3.66
4	4.88
5	6.10
6	7.32
7	8.54
8	9.76
9	10.98

Si on vendait 1 livre 62 francs, on vendra

	fr. c.		fr. c.
1 kilogramme	124.	2000 kilogr.	248000.
2	248.	3000	372000.
3	372.	4000	496000.
4	496.	5000	620000.
5	620.	6000	744000.
6	744.	7000	868000.
7	868.	8000	992000.
8	992.	9000	1116000.
9	1116.	10000	1240000.
10	1240.	20000	2480000.
11	1364.	30000	3720000.
12	1488.	40000	4960000.
13	1612.	50000	6200000.
14	1736.	60000	7440000.
15	1860.	70000	8680000.
16	1984.	80000	9920000.
17	2108.	90000	11160000.
18	2232.	100000	12400000.
19	2356.		
20	2480.		fr. c.
30	3720.	1 hectogramme	12.40
40	4960.	2	24.80
50	6200.	3	37.20
60	7440.	4	49.60
70	8680.	5	62.
80	9920.	6	74.40
90	11160.	7	86.80
100	12400.	8	99.20
200	24800.	9	111.60
300	37200.	1 décagramme	1.24
400	49600.	2	2.48
500	62000.	3	3.72
600	74400.	4	4.96
700	86800.	5	6.20
800	99200.	6	7.44
900	111600.	7	8.68
1000	124000.	8	9.92
		9	11.16

TABLE 609.

Si on payait 1 livre 63 francs, on paiera

	fr. c.			fr. c.
1 kilogramme	126.		2000 kilogr.	252000.
2	252.		3000	378000.
3	378.		4000	504000.
4	504.		5000	630000.
5	630.		6000	756000.
6	756.		7000	882000.
7	882.		8000	1008000.
8	1008.		9000	1134000.
9	1134.		10000	1260000.
10	1260.		20000	2520000.
11	1386.		30000	3780000.
12	1512.		40000	5040000.
13	1658.		50000	6300000.
14	1764.		60000	7560000.
15	1890.		70000	8820000.
16	2016.		80000	10080000.
17	2142.		90000	11340000.
18	2268.		100000	12600000.
19	2394.			
20	2520.			fr. c.
30	3780.		1 hectogramme	12.60
40	5040.		2	25.20
50	6300.		3	37.80
60	7560.		4	50.40
70	8820.		5	63.
80	10080.		6	75.60
90	11340.		7	88.20
100	12600.		8	100.80
200	25200.		9	113.40
300	37800.		1 décagramme	1.26
400	50400.		2	2.52
500	63000.		3	3.78
600	75600.		4	5.04
700	88200.		5	6.30
800	100800.		6	7.56
900	113400.		7	8.82
1000	126000.		8	10.08
			9	11.34

Si on vendait une livre 64 francs, on vendra

	fr. c.			fr. c.
1 kilogramme	128.		2000 kilogr.	256000.
2	256.		3000	384000.
3	384.		4000	512000.
4	512.		5000	640000.
5	640:		6000	768000.
6	768.		7000	896000.
7	896.		8000	1024000.
8	1024.		9000	1152000.
9	1152.		10000	1280000.
10	1280.		20000	2560000.
11	1408.		30000	3840000.
12	1536.		40000	5120000.
13	1664.		50000	6400000.
14	1792.		60000	7680000.
15	1920.		70000	8960000.
16	2048.		80000	10240000.
17	2176.		90000	11520000.
18	2304.		100000	12800000.
19	2452.			fr. c.
20	2560.		1 hectogramme	12.80
30	3840.		2	25.60
40	5120.		3	38.40
50	6400.		4	51.20
60	7680.		5	64.00
70	8960.		6	76.80
80	10240.		7	89.60
90	11520.		8	102.40
100	12800.		9	115.20
200	25600.		1 décagramme	1.28
300	38400.		2	2.56
400	51200.		3	3.84
500	64000.		4	5.12
600	76800.		5	6.40
700	89600.		6	7.68
800	102400.		7	8.96
900	115200.		8	10.24
1000	128000.		9	11.52

Si on payait 1 livre 65 francs, on paiera

	fr. c.		fr. c.
1 kilogramme	150.	2000 kilogr.	260000.
2	260.	3000	390000.
3	390.	4000	520000.
4	520.	5000	650000.
5	650.	6000	780000.
6	780.	7000	910000.
7	910.	8000	1040000.
8	1040.	9000	1170000.
9	1170.	10000	1300000.
10	1300.	20000	2600000.
11	1430.	30000	3900000.
12	1560.	40 00	5200000.
13	1690.	50000	6500000.
14	1820.	60000	7800000.
15	1950.	70000	9100000.
16	2080.	80000	10400000.
17	2210.	90000	11700000.
18	2340.	100000	13000000.
19	2470.		
20	2600.		fr. c.
30	3900.	1 hectogramme	13.
40	5200.	2	26.
50	6500.	3	39.
60	7800.	4	52.
70	9100.	5	65.
80	10400.	6	78.
90	11700.	7	91.
100	13000.	8	104.
200	26000.	9	117.
300	39000.	1 décagramme	1.30
400	52000.	2	2.60
500	65000.	3	3.90
600	78000.	4	5.20
700	91000.	5	6.50
800	104000.	6	7.80
900	117000.	7	9.10
1000	130000.	8	10.40
		9	11.70

Si on vendait 1 litre 66 francs, on vendra

	fr. c.		fr. c.
1 kilogramme	132.	2000 kilogr.	264000.
2	264.	3000	396000.
3	396.	4000	528000.
4	528.	5000	660000.
5	660.	6000	792000.
6	792.	7000	924000.
7	924.	8000	1056000.
8	1056.	9000	1188000.
9	1188.	10000	1320000.
10	1320.	20000	2640000.
11	1452.	30000	3960000.
12	1584.	40000	5280000.
13	1716.	50000	6600000.
14	1848.	60000	7920000.
15	1980.	70000	9240000.
16	2112.	80000	10560000.
17	2244.	90000	11880000.
18	2376.	100000	13200000.
19	2508.		
20	2640.		fr. c.
30	3960.	1 hectogramme	13.20
40	5280.	2	26.40
50	6600.	3	39.60
60	7920.	4	52.80
70	9240.	5	66.
80	10560.	6	79.20
90	11880.	7	92.40
100	13200.	8	105.60
200	26400.	9	118.80
300	39600.	1 décagramme	1.32
400	52800.	2	2.64
500	66000.	3	3.96
600	79200.	4	5.28
700	92400.	5	6.60
800	105600.	6	7.92
900	118800.	7	9.24
1000	132000.	8	10.56
		9	11.88

TABLE 615.

Si on payait 1 livre 67 francs, on paiera

	fr. c.			fr. c.
1 kilogramme	134.	2000 kilogr.		268000.
2	268.	3000		402000.
3	402.	4000		536000.
4	536.	5000		670000.
5	670.	6000		804000.
6	804.	7000		938000.
7	938.	8000		1072000.
8	1072.	9000		1206000.
9	1206.	10000		1340000.
10	1340.	20000		2680000.
11	1474.	30000		4020000.
12	1608.	40000		5360000.
13	1742.	50000		6700000.
14	1876.	60000		8040000.
15	2010.	70000		9380000.
16	2144.	80000		10720000.
17	2278.	90000		12060000.
18	2412.	100000		13400000.
19	2546.			
20	2680.			fr. c.
30	4020.	1 hectogramme		13.40
40	5360.	2		26.80
50	6700.	3		40.20
60	8040.	4		53.60
70	9380.	5		67.
80	10720.	6		80.40
90	12060.	7		93.80
100	13400.	8		107.20
200	26800.	9		120.60
300	40200.	1 décagramme		1.34
400	53600.	2		2.68
500	67000.	3		4.02
600	80400.	4		5.36
700	93800.	5		6.70
800	107200.	6		8.04
900	120600.	7		9.38
1000	134000.	8		10.72
		9		12 06

Si on vendait 1 livre 68 francs , on vendra

	fr. c.			fr. c.
1 kilogramme	136.	2000 kilogr.		272000.
2	272.	3000		408000.
3	408.	4000		544000.
4	544.	5000		680000.
5	680.	6000		816000.
6	816.	7000		952000.
7	952.	8000		1088000.
8	1088.	9000		1224000.
9	1224.	10000		1360000.
10	1360.	20000		2720000.
11	1496.	30000		4080000.
12	1632.	40000		5440000.
13	1768.	50000		6800000.
14	1904.	60000		8160000.
15	2040.	70000		9520000.
16	2176.	80000		10880000.
17	2312.	90000		12240000.
18	2448.	100000		13600000.
19	2584.			
20	2720.			fr. c.
30	4080.	1 hectogramme		13.60
40	5440.	2		27.20
50	6800.	3		40.80
60	8160.	4		54.40
70	9520.	5		68.
80	10880.	6		81.60
90	12240.	7		95.20
100	13600.	8		108.80
200	27200.	9		122.40
300	40800.	1 décagramme		1.36
400	54400.	2		2.72
500	68000.	3		4.08
600	81600.	4		5.44
700	95200.	5		6.80
800	108800.	6		8.16
900	122400.	7		9.52
1000	136000.	8		10.88
		9		12.24

TABLE 615.

Si on payait 1 livre 69 francs, on paiera

	fr. c.		fr. c.
1 kilogramme	138.	2000 kilogr.	276000.
2	276.	3000	414000.
3	414.	4000	552000.
4	552.	5000	690000.
5	690.	6000	828000.
6	828.	7000	966000.
7	966.	8000	1104000.
8	1104.	9000	1242000.
9	1242.	10000	1380000.
10	1380.	20000	2760000.
11	1518.	30000	4140000.
12	1656.	40000	5520000.
13	1794.	50000	6900000.
14	1932.	60000	8280000.
15	2070.	70000	9660000.
16	2208.	80000	11040000.
17	2346.	90000	12420000.
18	2484.	100000	13800000.
19	2622.		
20	2760.		fr. c.
30	4140.	1 hectogramme	13.80
40	5520.	2	27.60
50	6900.	3	41.40
60	8280.	4	55.20
70	9660.	5	69.
80	11040.	6	82.80
90	12420.	7	96.60
100	13800.	8	110.40
200	27600.	9	124.20
300	41400.	1 décagramme	1.38
400	55200.	2	2.76
500	69000.	3	4.14
600	82800.	4	5.52
700	96600.	5	6.90
800	110400.	6	8.28
900	124200.	7	9.66
1000	138000.	8	11.04
		9	12.42

Si on vendait 1 livre 70 francs, on vendra

	fr. c.			fr. c.
1 kilogramme	140.	2000 kilogr.		280000.
2	280.	3000		420000.
3	420.	4000		560000.
4	560.	5000		700000.
5	700.	6000		840000.
6	840.	7000		980000.
7	980.	8000		1120000.
8	1120.	9000		1260000.
9	1260.	10000		1400000.
10	1400.	20000		2800000.
11	1540.	30000		4200000.
12	1680.	40000		5600000.
13	1820.	50000		7000000.
14	1960.	60000		8400000.
15	2100.	70000		9800000.
16	2240.	80000		11200000.
17	2380.	90000		12600000.
18	2520.	100000		14000000.
19	2660.			
20	2800.			fr. c.
30	4200.	1 hectogramme		14.
40	5600.	2		28.
50	7000.	3		42.
60	8400.	4		56.
70	9800.	5		70.
80	11200.	6		84.
90	12600.	7		98.
100	14000.	8		112.
200	28000.	9		126.
300	42000.	1 décagramme		1.40
400	56000.	2		2.80
500	70000.	3		4.20
600	84000.	4		5 60
700	98000.	5		7.
800	112000.	6		8.40
900	126000.	7		9.80
1000	140000.	8		11 20
		9		12.60

TABLE 617.

Si on payait 1 livre 80 francs, on paiera

	fr. c.			fr. c.
1 kilogramme	160.		2000 kilogr.	320000.
2	320.		3000	480000.
3	480.		4000	640000.
4	640.		5000	800000.
5	800.		6000	960000.
6	960.		7000	1120000.
7	1120.		8000	1280000.
8	1280.		9000	1440000.
9	1440.		10000	1600000.
10	1600.		20000	3200000.
11	1760.		30000	4800000.
12	1920.		40000	6400000.
13	2080.		50000	8000000.
14	2240.		60000	9600000.
15	2400.		70000	11200000.
16	2560.		80000	12800000.
17	2720.		90000	14400000.
18	2880.		100000	16000000.
19	3040.			
20	3200.			fr. c.
30	4800.		1 hectogramme	16.
40	6400.		2	32.
50	8000.		3	48.
60	9600.		4	64.
70	11200.		5	80.
80	12800.		6	96.
90	14400.		7	112.
100	16000.		8	128.
200	32000.		9	144.
300	48000.		1 décagramme	1.60
400	64000.		2	3.20
500	80000.		3	4.80
600	96000.		4	6.40
700	112000.		5	8.
800	128000.		6	9.60
900	144000.		7	11.20
1000	160000.		8	12.80
			9	14.40

Si on vendait 1 livre 90 francs, on vendra

	fr. c.			fr. c.
1 kilogramme	180.	2000 kilogr.		360000.
2	360.	3000		540000.
3	540.	4000		720000.
4	720.	5000		900000.
5	900.	6000		1080000.
6	1080.	7000		1260000.
7	1260.	8000		1440000.
8	1440.	9000		1620000.
9	1620.	10000		1800000.
10	1800.	20000		3600000.
11	1980.	30000		5400000.
12	2160.	40000		7200000.
13	2340.	50000		9000000.
14	2520.	60000		10800000.
15	2700.	70000		12600000.
16	2880.	80000		14400000.
17	3060.	90000		16200000.
18	3240.	100000		18000000.

	fr. c.
19	3420.
20	3600.
30	5400.
40	7200.
50	9000.
60	10800.
70	12600.
80	14400.
90	16200.
100	18000.
200	36000.
300	54000.
400	72000.
500	90000.
600	108000.
700	126000.
800	144000.
900	162000.
1000	180000.

	fr. c.
1 hectogramme	18.
2	36.
3	54.
4	72.
5	90.
6	108.
7	126.
8	144.
9	162.
1 décagramme	1.80
2	3.60
3	5.40
4	7.20
5	9.
6	10.80
7	12.60
8	14.40
9	16.20

TABLE 619.

Si on payait 1 livre 100 francs, on paiera

	fr. c.			fr. c.
1 kilogramme	200.		2000 kilogr.	400000.
2	400.		3000	600000.
3	600.		4000	800000.
4	800.		5000	1000000.
5	1000.		6000	1200000.
6	1200.		7000	1400000.
7	1400.		8000	1600000.
8	1600.		9000	1800000.
9	1800.		10000	2000000.
10	2000.		20000	4000000.
11	2200.		30000	6000000.
12	2400.		40000	8000000.
13	2600.		50000	10000000.
14	2800.		60000	12000000.
15	3000.		70000	14000000.
16	3200.		80000	16000000.
17	3400.		90000	18000000.
18	3600.		100000	20000000.
19	3800.			

			fr. c.
20	4000.	1 hectogramme	20.
30	6000.	2	40.
40	8000.	3	60.
50	10000.	4	80.
60	12000.	5	100.
70	14000.	6	120.
80	16000.	7	140.
90	18000.	8	160.
100	20000.	9	180.
200	40000.	1 décagramme	2.
300	60000.	2	4.
400	80000.	3	6.
500	100000.	4	8.
600	120000.	5	10.
700	140000.	6	12.
800	160000.	7	14.
900	180000.	8	16.
1000	200000.	9	18.

FIN.

BAR-SUR-SEINE. — IMP. DE SAILLARD.